化学工业出版社"十四五"普通高等教育规划教材

普通高等教育"新工科"系列精品教材

材料成形原理

贺战文　主　编

李　晖　杨军胜　副主编

化学工业出版社

·北京·

内 容 简 介

高等学校教材《材料成形原理》系统阐述了材料成形的核心理论与应用，涵盖液态金属结构、凝固理论与温度场、结晶动力学与组织控制、铸件组织及缺陷控制、焊接冶金与性能等关键内容。本书为材料成形工艺优化提供理论支撑，注重理论与工程实践结合，从基础理论延伸至实际工艺；体现多学科交叉，融合热力学、动力学、传热学等知识；融入思政元素，体现学科育人价值。

本书可供高等学校材料成型与控制工程、金属材料、机械设计制造及自动化等专业教学使用，也可供材料成形教学、科研人员参考。

图书在版编目（CIP）数据

材料成形原理 / 贺战文主编；李晖，杨军胜副主编.
北京：化学工业出版社，2025. 8. --（化学工业出版社
"十四五"普通高等教育规划教材）（普通高等教育"新
工科"系列精品教材）. -- ISBN 978-7-122-48303-4

Ⅰ. TB3

中国国家版本馆 CIP 数据核字第 2025Z892M3 号

责任编辑：李玉晖   装帧设计：韩　飞
责任校对：李露洁

出版发行：化学工业出版社
　　　　　（北京市东城区青年湖南街 13 号　邮政编码 100011）
印　　装：大厂回族自治县聚鑫印刷有限责任公司
787mm×1092mm　1/16　印张 13¼　字数 323 千字
2025 年 10 月北京第 1 版第 1 次印刷

购书咨询：010-64518888   售后服务：010-64518899
网　　址：http://www.cip.com.cn
凡购买本书，如有缺损质量问题，本社销售中心负责调换。

定　　价：53.00 元

前 言

在材料科学与工程领域，材料成形作为关键环节，决定了材料能否转化为满足各种工程需求的零部件与产品。从日常使用的电子产品外壳，到汽车发动机的关键部件，再到航空航天领域的高精尖零件，材料成形无处不在，其重要性不言而喻。《材料成形原理》作为材料成形及控制工程专业的核心理论课程，致力于揭示材料成形过程中的内在规律与物理本质，为后续的工艺学习与实践操作筑牢根基。

本书系统阐述了材料成形过程中能量流、物质流和信息流的规律，深入剖析其物理本质。在内容编排上，全面涵盖液态成形、塑性成形、焊接成形等主要成形方法的基本原理以及各种成形技术的基本原理、理论基础。通过对这些内容的学习，读者能够深入理解材料成形过程中涉及的传热、传质、能量传递以及冶金反应等物理、化学现象，掌握材料在不同成形条件下的组织演变与性能变化规律。

本书包括以下主要内容：

1) 液态金属和合金的结构、性质，液态金属与合金凝固结晶的基本规律及结晶过程中的伴随现象，冶金处理对凝固组织与材料性能的影响。

2) 液态成形过程中的物理、化学冶金现象和内部规律，成形质量分析和控制方法。

3) 金属塑性成形的力学基础、塑性成形的基本原理和分析方法。

本书不仅详细阐述基本理论知识，还辅以大量实际工程案例与应用分析，帮助读者更好地理解抽象的原理，学会运用理论知识解决实际问题。本书在每一章的最后都引入了课程思政内容，将课程思政元素有机融入本书。在讲述材料成形技术发展历程时，展现我国材料领域先辈们攻坚克难、勇于创新的奋斗精神。在分析工程案例中，强调质量意识、安全意识与环保理念。通过课程思政的浸润，让读者在掌握专业知识的同时，实现思想道德素养的同步提升。希望读者能充分利用本书资源，积极探索学习。愿本书成为读者开启材料成形知识大门的钥匙，助力读者在材料科学领域不断前行，为我国材料事业的发展贡献力量。

本书由武汉轻工大学贺战文担任主编，编写第一、三、四、五、六、七、八和第十一章；武汉轻工大学杨军胜编写第二章；陈继兵编写第九章；李晖编写第十章。全书由贺战文统稿，由陆家居校稿。

本书的编写得到了武汉轻工大学教材建设基金资助项目的资助，在此表示感谢！

尽管编者全力以赴，但书中难免存在不足之处，恳请广大读者提出宝贵意见与建议，以便后续修订完善。

贺战文

目 录

第四章 单相及多相合金的结晶 ——————————————————— 048

第五章 铸件与焊缝宏观组织及其控制 ——————————————— 068

第六章 铸件缺陷的形成机理及控制 ——————————————————— 078

第十章 塑性与屈服准则 —————————— 179

第十一章 本构方程 ———————————————— 193

绪　论

一、材料成形基本原理及其理论指导意义

（一）材料成形技术简介

材料是现代文明各个领域不可缺少的物质基础。而材料的应用价值，体现在形成一定形状、轮廓、尺寸并具备应有使用性能的零件、部件、构建，以特定方式组合、装配而构成各种装置、设备、仪器、设施、器件或用具，从而服务于各行各业。使材料成为零件、部件、构建等制品的工艺称为"材料成形"。材料成形一般包括传统的铸造、锻压、焊接、粉末冶金成形。随着科学技术的发展，新材料新工艺不断涌现，材料成形的内涵和外延有了很大的拓宽，材料成形向精密、柔性、复合、高效、清洁、优质方向发展。

材料成形与各行各业密不可分。可以毫不夸张地说，没有材料成形就没有现代工业、现代农业、交通运输、城市建设、能源与矿产等国民经济的基础设施和精良装备；没有材料成形就没有现代通信、自动控制、航海、航空、航天等高技术领域的存在；没有材料成形，人民生活需求及国防建设就没有保障。

（二）材料成形基本原理

材料成形是一个材料、能量、信息不断变化的过程。不管何种材料，不管采用什么方式成形，成形过程均遵循金属学、冶金学、物理化学、热力学、塑性力学等的基本定律。材料成形原理是上述基础理论在材料成形中的应用而形成的技术理论。不同的材料种类（金属、非金属、复合材料）和材料形态（液态、固态、粉末、半固态）的成形，形成了相应的材料成形原理。如金属学、冶金学、热力学、物理化学等在指导铸造工艺、焊接工艺设计时形成了铸件成形原理、焊接冶金原理；塑性力学在塑性成形中的应用形成了塑性成形原理；冶金学、热力学等在粉末成形、烧结中的应用形成了粉末冶金原理；物理化学、热力学、黏性流体力学等在聚合物成形中的应用形成聚合物成形原理。

（三）材料成形原理的理论指导意义

材料成形原理是指导材料成形工艺设计，进行质量分析与控制，正确选择成形方法设备的理论依据，也是新材料、新工艺开发的理论指导。

① 对液态成形的指导作用通过对液态金属结晶机理、凝固规律的认识以及凝固温度场的分析，为铸造工艺及模具设计、焊接方法与设备选择、铸件结构设计与性能分析、焊接接头设计与性能分析奠定了理论基础，也为快速凝固、定向凝固、激光表面重熔与焊接等新工艺开发提供了理论指导。

② 对塑性成形的指导作用通过对塑性成形过程应力应变场的分析，为塑性成形工艺及模具设计、成形设备选择、冲压件和锻件性能分析奠定了理论基础，同时也为无模成形、激光成形、电磁成形、液压成形等新工艺开发提供了理论指导。

二、材料成形原理的发展

（一）凝固理论的发展概况

凝固——从液态向固态转变的相变过程，广泛存在于自然界和工程技术领域。从钢铁、非铁金属（或合金）冶金生产中单铸锭及连铸锭的结晶到材料成形领域铸件及焊缝的凝固，以及非晶、微晶材料的快速凝固，半导体及各种功能晶体的液相生长，高分子材料塑料、橡胶在模具中的固化，均属凝固过程。由于大多数物质的凝固属结晶过程，所以凝固多以晶体生长规律和结晶体的内部结构、形貌、成分和缺陷为研究对象。

实现对凝固过程的控制是人们长期追求的目标，其历史可以追溯到公元前 2000 多年前的青铜器时代。从精美的铸造文物及 2500 年前的《考工记》记载可以看出，我国古代对合金的成分控制、冶炼技术及凝固收缩的控制等方面已积累了丰富的经验。当然，现代凝固理论和技术的迅速发展与材料科学的进步密切相关，其发展大体经历了以下几个阶段：

20 世纪 20 年代 Kossel 和 Stranski 提出完整晶体生长的微观理论；40 代 Frank 发展了缺陷晶体生长的微观理论。这些工作为后来的晶体生长界面理论奠定了基础。20 世纪 50～60 年代是经典凝固理论的诞生时期。50 年代半导体的问世及 60 年代激光晶体的发展，要求生长单晶并有效地控制晶体的结构与成分，于是展开了围绕传热、传质的液、固成分分布和界面稳定性的研究。在 Chalmers 的指导下，Tiller、Jackson 和 Ruter 在对凝固界面附近溶质分布求解的基础上提出了著名的"成分过冷"理论，首次将传质和传热因素结合起来分析凝固过程的组织形态问题。此后，Jackson 和 Hunt 提出了枝晶和共晶合金凝固过程扩散场的理论解，并在此基础上获得枝晶及共晶间距与凝固条件（温度梯度和凝固速率）的关系式，得到许多实验结果的支持。Femings 等从工程的角度出发，进一步考虑了凝固过程两相区内的液相流动效应，提出局部溶质再分配方程等理论模型，推动了凝固理论的发展。俄裔捷克工程师 Chvorinov 巧妙地引入铸件模数的概念，导出了著名的平方根定律，至今仍是铸造工艺设计的理论依据之一。

20 世纪 60 年代以来，人们把研究工作的重点放在经典凝固理论的应用上。通过大量的实验研究，Chalmers 及大野笃美等人提出"激冷等轴晶游离"理论，Jackson、Southi 等人提出"枝晶熔断"及"结晶雨"理论，以此为指导可有效控制结晶过程和凝固组织。在这些理论的基础上，机械及超声波振动、机械及电磁液相搅拌、孕育处理、变质处理等技术得以发展与推广并仍在不断改进及完善，使人们在控制铸锭、铸件凝固组织形貌和细化晶粒方面更加得心应手，这些理论和技术在控制焊缝结晶组织上也得到了很好的运用。半固态铸造、定向凝固、激光小体积高能量重熔条件下的凝固（表面处理或焊接），零维（粉体）、低维（线材、薄带及表面膜）和体材的快速凝固等先进工艺和技术均在这一时期诞生。

在最近的 20 余年中，凝固理论和技术研究进入了新的历史发展时期。计算机技术的应用，使人们能够直观定量地描述液态金属的凝固过程和预测凝固缺陷，从而逐步实现科学地进行工艺设计。由于对高性能先进材料的需求和技术的进步，在极端条件下的凝固过程（快速凝固、极低速凝固）、特殊条件下的凝固过程（微重力凝固、超重力凝固、超高压凝固），以及纤维增强及颗粒增强金属基复合材料的凝固等方面进行了大量的研究。在这些凝固条件下，某些普通凝固过程中影响较小并在经典凝固理论中忽略了的因素变成主要影响因素。为了解释各种极端和特殊条件下的实验现象，人们在尝试建立新的理论模型。

（二）成形过程化学冶金理论的发展概况

铸件浇注前的金属熔炼过程至液态金属充型后的凝固阶段，熔焊中熔滴、熔池的形成至凝固成焊缝，熔融的金属与周围的气相介质、液相熔渣及固相型壁所构成的多相体系中，发生了复杂的物理冶金、化学冶金反应。这些反应既服从于冶金学的一般原理，又有受成形工艺条件局限的特殊性。例如熔滴、熔池金属与周围介质间的化学冶金反应，由于熔体的高过热度、大比表面积和短暂的存在时间等特点，焊接化学冶金不仅要依据化学热力学中反应过程自由能的变化准则来判断冶金反应的方向，还要考虑参与反应的各相在熔体中的质量传输、界面反应速度、电弧机械力作用等动力学因素。

近几十年来，计算机技术的发展应用和相关学科的进步，为成形冶金过程研究打开了方便之门。建立在各种物理模型上的复杂的数理方程，借助计算机可进行数值求解，使研究由定性阶段进入定量阶段。随着成形工艺过程数据库、专家系统的建立与完善，成形过程的数值模拟在越来越多的研究领域中得以实现。人们可以对冶金反应的微观、宏观过程进行定量认识与动态模拟，可以逼真地展现各种工艺条件不凝固缺陷的形成过程、成形工件内应力与应变的形成过程，从而可以对各种工艺条件下的铸件与焊缝质量、焊接热影响区组织与性能进行预测。通过多种因素的综合数值模拟和少量的验证性试验，人们在成形过程研究领域已经步入"更真实、更准确、更便捷的高速公路"，使不可见的过程实现可视化。

（三）金属塑性成形理论的发展概况

金属的塑性加工已有悠久的历史。早在公元前 2000 多年前的青铜器时代，我国劳动人民就已经发现铜具有塑性变形的性能，并掌握了锤击金属以制造兵器和工具的技术。

随着近代科学技术的发展，人们赋予了塑性加工技术以崭新的内涵。但是，作为这门技术的理论基础——金属塑性成形原理则发展得较晚，直到 20 世纪 40 年代才逐步形成独立的学科。它是在塑性变形的物理、物理-化学和力学的基础上发展起来的一门新兴的工程应用技术理论科学。

金属塑性变形的物理及物理-化学基础属于金属学及金属物理范畴。20 世纪 30 年代提出的位错理论可以解释塑性变形过程中很多现象，特别是对塑性变形的微观机理有了科学的解释。对于金属的塑性，人们也有了更深刻的认识。塑性，作为金属状态属性，不仅取决于金属材料本身（如晶格类型、化学成分和组织结构等），还取决于变形的外部条件（如变形温度、变形速度及力学状态等），这一认识使人们对塑性变形的物理本质了解更为充分。

塑性成形力学是塑性成形原理的另一个重要内容，它是在塑性理论的发展和应用中逐渐形成的。塑性理论的发展历史可追溯到 1864 年，法国工程师屈雷斯加（H. Tresca）首次提出了最大切应力屈服准则——屈雷斯加屈服准则。1870 年，圣维南（B. Saint-Venant）提出了应力-应变速率方程（塑性流动方程）。列维（M. Lev）于 1871 年提出了应力-应变增量关系。后来一段时间塑性理论发展缓慢，直到 20 世纪初才有所进展。1913 年，密塞斯（von Mises）

从纯数学角度提出了另一新的屈服准则——密塞斯屈服准则。1923 年，汉基（H. Hencky）和普朗特（L. Prandtl）论述了平面塑性变形中滑移线的几何性质。1930 年劳斯（A. Reuss）根据朗特的观点提出了考虑弹性应变增量的应力-应变关系。至此，塑性理论的基础已经奠定。

随着计算机技术的发展，有限元方法在塑性成形力学分析中起到了重要的作用，它可以模拟材料的变形和在流动过程中发生的一系列现象，帮助人们分析缺陷产生的原因和采取相应的预防措施；还可以对模具的受力状况进行分析，通过改进结构来提高模具的强度。塑性成形力学理论将随着对大量工程问题的进一步认识、研究和解决而得到不断的完善与发展。

三、材料成形原理课程的任务与内容

"材料成形原理"是材料成形及控制工程专业的技术基础课。本课程的任务是对材料的凝固成形、焊接成形、塑性成形、粉末成形和聚合物成形等近代材料成形技术中共同的物理现象、基本规律以及各种成形技术的基本原理、理论基础、分析问题的方法加以阐述，使学生对材料成形过程及原理有深入的理解，以进行后续的成形加工方法、设备控制等课程的学习，为开发新材料和新的成形技术奠定理论基础。

本书共 11 章，着重介绍铸件形成、焊接冶金、塑性成形等各种材料成形的基本原理。本书主要内容为：

1）液态金属和合金的结构、性质，液态金属与合金凝固结晶的基本规律及结晶过程中的伴随现象，冶金处理对凝固组织与材料性能的影响。

2）液态成形过程中的物理、化学冶金现象和内部规律，成形质量分析和控制方法。

3）塑性成形的物理基础，从微观上研究塑性变形机理及变形条件对塑性和变形抗力的影响；阐明塑性变形的力学基础，分析塑性变形力学问题的各种解法。

第一章

液态金属的结构与性质

第一节　引　　言

　　自然界有千万种不同的液体，按液体结构和内部作用力可将其分为：原子液体（如液态金属、液化惰性气体）、分子液体（如极性与非极性分子液体）、离子液体（如各种简单的及复杂的熔盐）等。从表观上看，液体与气体一样可完全占据容器的空间并取得容器内腔的形状。但液体与固体一样具有自由表面，而气体却不具有自由表面；与固体相像，液体可压缩性很低，而这一点与气体又恰恰相反；液体最显著的性质之一是具有流动性，不能够像固体那样承受切应力，表明液体的原子或分子之间的结合力没有固体中强，这一点类似于气体。液体的结构特征是"远程无序"而"近程有序"。液体的性质包括：密度、黏度、电导率、热导率和扩散系数等物理性质；等压热容、等容热容、熔化和气化潜热、表面张力等物理化学性质；蒸气压、膨胀和压缩系数及其他热力学性质等。

　　材料成形过程大多经历液-固转变。工程技术及研究人员为了更好地掌握凝固、冶金等方面的规律和原理，往往需要对液体的结构和性质有较为深入的了解和认识。比如：

　　1）凝固过程的形核及晶体生长的热力学与液体的界面张力、潜热等性质有关。

　　2）探索凝固的微观机制需要人们深入地了解熔体的结构信息。

　　3）成分偏析、固-液界面类型及晶体生长方式受液体的原子扩散系数、界面张力、传热系数、结晶潜热、黏度等性质共同控制。

　　4）性能优异的非晶、微晶、纳米晶材料的凝固，以及诸种低维功能晶体的液相生长也受到与传热及（或）传质相关的液相性质和微观结构的制约。

　　5）铸造合金及焊接熔池的精炼，其去除有害杂质和气体的效果，除受热力学因素影响外，还受到反应物和生成物在金属熔体及渣相中的扩散速度的影响。

　　6）熔炼炉的"大熔池"及焊接的"小熔池"熔渣的工艺性，如覆盖性（影响对合金液的保护能力）、成形性、分离性（脱渣难易程度）等，与熔渣-金属液之间的界面张力、渣液自身的表面张力、熔渣的黏度、熔渣-金属的熔点之差等因素相关。

7）重力浇注及压力充型铸件外部轮廓和尺寸精度、内部缩孔及缩松的控制，与合金熔体的黏度、表面张力、界面张力、熔点、比热容、结晶潜热、热导率等性质密切相关。

液态物理学研究指出，液态物质的各项物理性质及热力学性质主要取决于其液体结构。虽然对液态的认识比固态和气态要肤浅得多，目前仍没有成熟的理论模型给予液体结构满意的描述，但对液体的研究从未间断过，取得了许多瞩目的阶段性成就，特别是近30多年来对液体结构的研究有了许多新的突破。本章将以液态金属为例，概要介绍有关液体结构的知识，并适当体现近年来新的突破和成果。对液体的性质，主要讨论与液态成形相关的黏度和表面张力。

第二节 液态金属的结构

一、液体与固体、气体结构比较及衍射特征

现代晶体学表明，晶体的原子以一定方式周期排列在三维空间的晶格节点上，表现出平移、对称性特征，同时原子以某种模式在平衡位置上做热振动。相对于晶体这种原子有序排列，气体的分子、原子不停地做无规律运动，其分子平均间距比分子的尺寸要大得多，气体分子的统计分布相对于任何一个分子而言是均匀的，在空间分布以完全无序为特征。液体的原子分布相对于周期有序的晶态固体是不规则的，液体结构宏观上不具备平移、对称性，表现出长程无序特征；而相对于完全无序的气体，液体中存在着许多不停"游荡"着的局域有序的原子集团，液体结构表现出局域范围的近程有序（Short Range Ordering）。

图 1-1 所示为描述不同类型物质结构的示意图以及对应的偶分布函数特征。对于粒子数为 N、体积为 V 的任一体系，偶分布函数 $g(r)$ 的物理意义是距某一参考粒子 r 处找到另一个粒子的概率。换言之，表示离开参考原子（处于坐标原点 $r=0$）距离为 r 位置的数密度 $\rho(r)$ 对于平均数密度 $\rho_0(=N/V)$ 的相对偏差。若 $g(r)=1$，则表示该位置的原子数密度等于整体液体系统的平均数密度 ρ_0。对于气体，由于其粒子（分子或原子）统计分布的均匀性，其偶分布函数 $g(r)$ 在任何位置均相等，呈一条直线 $g(r)=1$，图中 a_0 表示体中粒子的平均自由程。晶态固体因原子以特定方式周期排列，其 $g(r)$ 为以相应的规律分立的锐峰。液体的 $g(r)$ 出现若干渐衰的钝化峰直至几个原子间后趋于直线 $g(r)=1$，表明液体的原子集团（短程有序的局域范围）半径只有几个原子间距大小。非晶固体的 $g(r)$ 与液体相似，但往往以第二峰劈裂为特征。对液体（或非晶固体），对应于 $g(r)$ 第一峰的位置，$r=r_1$ 表示参考原子至其周围第一配位层各原子的平均原子间距，由于衍射所获得的 $g(r)$ 具有统计平均意义，r_1 也表示某液体的平均原子间距。

对应于 $g(r)$，通常将 $4\pi r^2 \rho_0 g(r)$ 称为径向分布函数（Radical Distribution Function——RDF），它表示在 r 和 $r+dr$ 之间的球壳中原子数的多少。图 1-2 中带点的曲线为稍高于熔点时各种液态碱金属的径向分布函数 RDE，不带点的抛物线为 $4\pi r^2 \rho_0$，即 $g(r)=1$，的情况 RDF 第一峰之下的积分面积，即所谓位数 N_1，它表示参考原子周围最近（即第一

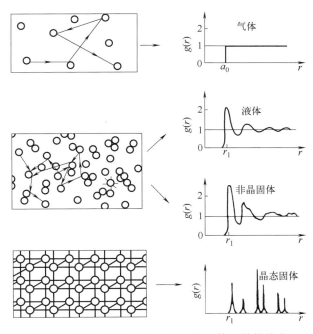

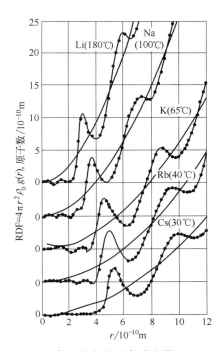

图 1-1　气体、液体、非晶及晶态固体的结构特点
及衍射特征

图 1-2　稍高于熔点时液态碱金属（Li、Na、
K、Rb、Cs）的径向分布函数（RDF）

壳层）原子数，见图 1-3。B_1 与 r_1 一起被认为是液体最重要的结构参数，因为它们描述了液体的原子排布情况。

二、由物质熔化过程认识液态金属结构

物质熔化时体积变化、熵变（及焓变）一般均不大（表 1-1）。金属熔化时典型的体积变化 $\Delta V_m/V$（多为增大）为 3%～5%，表明液体的原子间距接近于固体，在熔点附近其系统混乱度只是稍大于固体而远小于气体的混乱度。另一方面，金属熔化潜热 ΔH_m 比其汽化潜热 ΔH_b 小得多（表 1-2），为汽化潜热的 1/15～1/30，表明汽化时其内部原子结合键只有部分被破坏。表 1-1 及表 1-2 中，T_m 为熔化温度（Melting Temperature），T_b 为汽化温度（Boiling Temperature）。

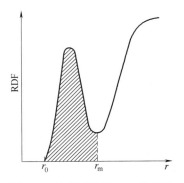

图 1-3　液体配位数 N_1 的求法

$$N_1 = \int_{r_0}^{r_m} 4\pi\rho_0 g(r) r^2 \, dr$$

表 1-1　几类晶体物质熔化过程的体积变化（$\Delta V_m/V$）及熵变（ΔS_m）

晶态物质	结构类型	T_m/K	$\Delta V_m/V$/%	ΔS_m/(J·K^{-1}·mol^{-1})	晶态物质	结构类型	T_m/K	$\Delta V_m/V$/%	ΔS_m/(J·K^{-1}·mol^{-1})
Na	bcc	370	2.6	7.03	Zn	hcp	692	4.08	10.7
Sc	bcc	302	2.6	6.95	Sn	complex	505	2.4	13.8
Fe	bcc/fcc	1809	3.6	7.61	Ga	complex	303	−2.9	18.5
Al	fcc	931	6.9	11.6	N$_2$	—	63.1	7.5	2.7
Ag	fcc	1234	3.51	9.16	Ar	—	83.78	14.4	3.36
Cu	fcc	1356	3.96	9.71	CH$_4$	—	90.67	8.7	2.47
Mg	hcp	924	2.95	9.71					

表 1-2　几种晶体物质的熔化潜热（ΔH_m）和汽化潜热（ΔH_b）

金属	晶体结构	熔点 /℃	熔化潜热 $\Delta H_m/(kJ \cdot mol^{-1})$	沸点 /℃	汽化潜热 $\Delta H_b/(kJ \cdot mol^{-1})$	$\dfrac{\Delta H_b}{\Delta H_m}$	熔化体积变化率 /%
Pb	fcc	327	4.77	1687	177.95	37.0	3.6
Zn	hcp	420	7.12	906	113.40	15.9	4.2
Mg	hcp	650	8.96	1103	128.70	14.4	4.2
Al	fcc	660	10.45	2480	290.93	27.8	6.0
Ag	fcc	961	11.30	2163	250.62	22.2	4.1
Au	fcc	1063	12.37	2950	324.50	26.2	5.1
Cu	fcc	1083	13.10	2595	304.30	23.2	4.2
Ni	fcc	1453	17.47	2914	369.25	21.1	4.5
Fe	fcc/bcc	1535	15.17	3070	339.83	22.4	3.0
Ti	hcp/bcc	1680	18.70	3262	397.00	21.2	3.7

由此可见，金属的熔化并不是原子间结合键的全部破坏，液态金属内原子的局域分布仍具有一定的规律性。可以说，在熔点（或液相线）附近，液态金属（或合金）的原子集团内短程结构类似于固体，而与气体截然不同。但需要指出，在液-气临界点 T_e，液体与气体的结构往往难以分辨，说明接近 T_e 时，液体的结构更接近于气体。

三、液态金属结构的理论模型

描述液体结构的理论模型中多数以像液态金属这样的简单液体为研究对象。下面就几种典型模型做简要介绍。

（一）无规密堆硬球模型（RGP：Random Close Packing，Bernal 多面体）

Bernal 领导的小组提出以无规堆积的硬球描述液体的结构。在构建液体结构几何模型的实验中，他们用无规密堆铁球灌以油漆，固化后球与球相邻处留下漆斑，由此构建以球的中心为各个结点的间隙多面体，并统计配位数分布及平均值。其研究结果指出，液态结构中存在五种间隙多面体类型（图 1-4）。

Bernal 认为，这些多面体显然相互关联，彼此分享相接触的多边形面及其交线，构成了液体的空间网络拓扑结构。这种液体结构状态为单一的、随时间和空间变化的相，多面体的体积和比例也随温度而连续改变。

无规密堆硬球模型形象地描述了液体远程无序而近程有序特征，为奠定液体结构的统计几何基础做出了重要贡献。此外，因按其统计结果获得的偶分布函数 $g(r)$ 与液态 Ar 的衍射实验结果能很好地吻合，对液体及非晶的衍射方法和结果的可信度提供了直观的例证。因此，无规密堆硬球模型被视为液体结构模型的一个重要里程碑。但它不能解释晶体熔化相变的不连续性，而且难以描述液体分子或原子不停地做热振动的特征。

（二）液态金属结构的晶体缺陷模型

在研究熔化现象及其规律的过程中发现，金属熔化时体积和能量的改变很小。液体与固体金属的这些相似性激发人们发展了各种缺陷模型。它们几乎与每一种晶体缺陷相对应，诸如点阵空位、位错和晶界等模型。

1. 微晶模型

液态金属由很多微小晶体和面缺陷组成。在微晶体中，金属原子或离子组成完整的晶体点阵，这些微晶体之间以界面相连接。微晶的存在能解释液态金属的短程有序性，因而该模型能较好地描述近液相线（低温）液态金属的微观结构。但是，该模型对高温液态金属的微观结构无法进行解释。

2. 空穴模型

金属晶体熔化时，在晶体网格中形成大量的空穴，从而使液态金属的微观结构失去了长程有序性。大量空穴的存在使液态金属易于发生切变，从而具有流动性。随着液态金属温度的提高，空位的数量也不断增加，表现为液态金属的黏度减小。

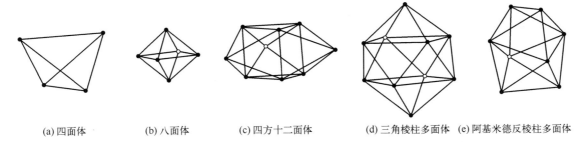

(a) 四面体　　　　(b) 八面体　　　(c) 四方十二面体　　(d) 三角棱柱多面体　(e) 阿基米德反棱柱多面体

图 1-4　无规密堆结构中五种多面体间隙

四面体 73％，八面体 20％，三角棱柱多面体 3％，四方十二面体 3％，阿基米德反棱柱多面体 1％

3. 位错模型

液态金属可以看成是一种被位错芯严重破坏的点阵结构。在特定的温度以上，在低温条件下，不含位错（或低密度位错）的固体点阵结构由于高密度位错的突然出现而变成液体，高位错密度的引入使液态金属的微观结构不再具有长程有序性，同时使液体金属在外力的作用下具有流动性，在黏滞系数、原子扩散系数、晶体的生长等方面也能进行较好的解释。

4. 综合模型

该模型认为，一方面，液态金属中处于热运动的原子的能量有高有低，同一原子的能量也在随时间不停地变化，时高时低，这种现象称为"能量起伏"。另一方面，液态金属由大量不停"游动"着的原子团簇组成，团簇内为某种有序结构，团簇周围是一些散乱无序的原子。这些原子团簇不断地分化组合，由于"能量起伏"，一部分金属原子（离子）从某个团簇中分化出去，同时又会有另一些原子组合到该团簇中，此起彼伏，这样的涨落过程不断发生着，似乎原子团簇本身在"游动"一样，团簇的尺寸及其内部原子数量都随时间和空间发生着改变，这种现象称为"结构起伏"。在特定的温度下，虽然有"能量起伏"和"结构起伏"的存在，但对于某一特定的液体，其团簇的统计平均尺寸是一定的。然而，原子团簇平均尺寸随温度变化而变化，温度越高原子团簇平均尺寸越小。

上述各种缺陷模型，从不同角度定性地描述了过热度不很大的液态金属的结构特征，特别是综合模型目前仍广泛为人们所接受。但这些模型均难以进行定量计算。

四、实际金属结构的理论模型

前面描述了理想纯金属的液态结构。由于"能量起伏"，液体中大量不停"游动"着的局域有序原子团簇时聚时散、此起彼伏而存在"结构起伏"。实际金属的现象要复杂得多。理想纯金属是不存在的，即使非常纯的实际金属中也会存在着大量杂质原子。假设含 Fe 99.999999％的纯铁（实际金属很难达到如此高的纯度），即杂质含量为 10^{-8}，每摩尔体积

（7.1cm³）中总的原子数为 6.023×10^{23}，则每 1cm³ 铁液中所含杂质原子数约相当于 10^{15} 数量级。这些杂质往往不只是一种，而是多种多样的，它们在液体中不会很均匀地分布，而且存在方式也是不同的，有的以溶质方式，有的与其他原子形成某些化合物（液态、固态或气态的夹杂物）。

当液态金属中存在第二组元时（如合金），情况更加复杂。由于同种元素及不同元素之间的原子间结合力存在差别，结合力较强的原子容易聚集在一起，把别的原子排挤到别处，表现为游动原子团簇之间存在着成分差异，而且这种局域成分的不均匀性随原子热运动在不时发生着变化，这一现象称为"浓度起伏"。比如，若同类原子间（A—A、B—B）的结合力比异类原子间（A—B）结合力大，则 A—A、B—B 原子易聚集在一起，而形成富 A 及富 B 的原子团簇，在游动原子团簇中有的 A 种原子多，有的 B 种原子多。如果 A—B 原子间的结合力较强，足以在液体中形成新的化学键，则在热运动的作用下，出现时而化合，时而分解的分子，也可称为临时的不稳定化合物，或者，在低温时化合，在高温时分解。例如，高温时 S 在铁液中可以完全溶解，而在较低温度下则可能出现 FeS。当 A—B 原子间结合非常强时，则可以形成比较强而稳定的结合，在液体中就出现新的固相（如氧在铝中形成 Al_2O_3，氧与铁中的硅形成 SiO_2 等）或气相。一般来说，相图上具有较稳定的化合物的合金，在一定的成分范围内熔化以后，过热度不高的情况下，在液态中容易保留相近成分的化学短程有序的局域结构。此外"浓度起伏"的存在，使实际液态金属的"结构起伏"更为突出和复杂。

实际金属的液态结构非常复杂，其原因为：①工业用的金属主要是多合金；②原材料中存在多种多样的杂质，有些杂质的化学分析值虽然不高，甚至低于 10^{-4} 量级，但其原子数仍是惊人的；③在熔炼和熔焊过程中，金属与炉气（或接气）、熔剂、炉衬的相互作用还会吸收气体带进杂质，甚至带入许多固、液质点。因此，实际液态金属存在着游动原子团簇、空穴以及能量起伏，在原子团簇和空穴中溶有各种各样的合金元素及杂质元素，由于化学键力和原子间结合力的不同，还存在着浓度起伏以致成分和结构不同的游动原子团簇。在一些化学亲和力较强的元素的原子之间还可能形成不稳定的（临时的）或稳定的化合物。这些化合物可能以固态、气态或液态出现，有一部分在液态金属的保持过程中上浮或下沉，而有相当一部分则悬浮于液态金属中，成为夹杂物（多数为非金属夹杂物）。更为科学的定量描述以及各种不同熔体结构的具体认识，还有待于不断探索。

第三节　液态合金的性质

一、液态合金的黏度

（一）液态合金的黏度及其影响因素

黏度系数简称黏度，根据牛顿提出的数学关系式来定义。

$$\tau = \eta \frac{\mathrm{d}v_x}{\mathrm{d}y} \tag{1-1}$$

如图 1-5 所示，τ 为平行于方向作用于液体表面（$x-z$）的外加切应力；v_x 为液体在 x

方向的运动速度，dv_x/dy 表示沿 y 方向的速度梯度；η 为动力黏度。由于液体各原子层（间距为 δ）之间的内摩擦力，液体第一原子层沿应力方向运动受第二层阻碍，第二层受第三层阻碍……。内摩擦阻力越大，则每一原子层相对于下一层的运动速度差别越小，表明液体越不容易流动，则液体的黏度越大。因此，黏度 η 是液体内摩擦阻力大小的表征。

黏度的物理意义可视为：作用于液体表面的应力 τ 大小与垂直于该平面方向上的速度梯度 dv_x/dy 的比例系数。应力 τ

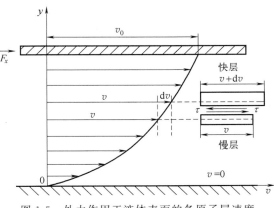

图 1-5　外力作用于液体表面的各原子层速度

一定时，产生的速度梯度 dv_x/dy 大，表明液体黏度 η 低。换言之，要产生相同的 dv_x/dy，内摩擦阻力越大，即 η 越高，所需外加切应力也越大。方程（1-1）被称为液体黏度的牛顿定律，即液体流动的速度梯度 dv_x/dy 与切应力 τ 成正比。如果液体符合牛顿定律，则称为牛顿液体，否则称为非牛顿液体。在通常条件下，所有的液态金属均被视为牛顿液体。

液体黏度量纲为 [M/(LT)]，常用单位为 Pa·s（帕·秒）或 mPa·s（毫帕·秒）。

通常液体的黏度表达式为 $\eta = C\exp(U/k_BT)$。这里 k_B 为玻尔兹曼常数，U 为无外力作用时原子之间的结合能（或原子扩散势垒），C 为常数（即 η_0），T 为热力学温度。但是，早在 1934 年 Andrade 就指出，液体的黏度与原子间距（或体积）相关。此后，不断有人就此提出相关物理模型和相关数学表达式，如

$$\eta = \frac{2k_BT}{\delta^3}\tau_0 \exp\left(\frac{U}{k_BT}\right) \tag{1-2}$$

式中，τ_0 为原子在平衡位置的振动周期（对液态金属约为 10^{-13} s）。

根据式（1-2），金属液的黏度 η 随结合能 U 以指数关系增加，这可以解释为，液体的原子之间结合力越大，则内摩擦阻力越大，黏度也就越高。此外，黏度随原子间距 δ 增大而降低，与 δ^3 成反比。η 与温度 T 的关系受两方面（正比的线性及负的指数关系）所共同制约，但总的趋势随温度 T 升高而下降（图 1-6）。实际金属液的原子间距 δ 也非定值，温度

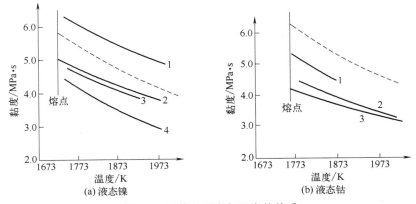

图 1-6　液体的黏度与温度的关系

图中各曲线分别为不同研究者的实验结果，虚线为计算值

升高，原子热振动加剧，原子间距随之而增大，因此 η 会随之下降。

合金组元或微量元素对合金液黏度的影响比较复杂。许多研究者曾尝试描述二元合金液的黏度规律，其中 M-H（Moelwyn-Hughes）模型为

$$\eta = (X_1\eta_1 + X_2\eta_2)\left(1 - 2\frac{H^m}{RT}\right) \tag{1-3}$$

式中，η_1、η_2、X_1、X_2 分别为纯溶剂和溶质的黏度及各自在溶液的摩尔分数；R 为气体常数；H^m 为两组元的混合热。

按 M-H 模型，如果混合热 H^m 为负值，合金元素的增加会使合金液的黏度上升。根据热力学原理，H^m 为负值表明异类原子间结合力大于同类原子，因此摩擦阻力及黏度随之提高。M-H 模型得到了一些实验结果的验证。

如果溶质与溶剂在固态形成金属间化合物，则合金液的黏度将会明显高于纯溶剂金属液的黏度，这归因于合金液中存在异类原子间较强的化学结合键。当合金液中存在表面及界面活性微量元素（如 Al-Si 合金变质元素 Na）时，由于冷却过程中微量元素抑制原子集团的聚集长大，将阻碍金属液黏度的上升。通常，表面活性元素使液体黏度降低，非表面活性杂质的存在使黏度提高。

（二）黏度在材料成形中的意义

黏度在金属铸造和焊接等材料成形生产技术中有很重要的意义。为了说明问题，先引入运动黏度及雷诺数的概念。

运动黏度为动力黏度除以密度，即 $\nu = \eta/\rho$。运动黏度适用于较大外力作用下的水力学流动，此时由于外力的作用，液体密度对流动的影响可以忽略。当采用了运动黏度 ν 之后，$\nu_{金}$ 和 $\nu_{水}$ 两者近于一致。因此，在例如铸件浇注系统的设计计算中，完全可以按水力学原理来考虑。但是在外力作用非常小的情况下，液体金属的动力黏度 η 将起主要作用，如夹杂的上浮过程和凝固过程中的补缩等均与动力黏度 η 有关。

黏度在流体中的影响和流动性质有关，它对层流的影响远比对湍流的影响大。流动性质在什么情况下属于层流？在什么情况下属于湍流呢？这要取决于雷诺数值的大小。根据流体力学：当雷诺数 $Re > 2300$ 时，为湍流；$Re < 2300$ 时，为层流。以圆形管道为例，当直径为 D，流动速度为 v 时，雷诺数值 Re 的表达式为

$$Re = \frac{Dv}{\nu} = \frac{Dv\rho}{\eta} \tag{1-4}$$

在管道直径较小，或流速不大的情况下，即当雷诺数 < 2300 时，流动属于层流，此时液体的黏度将充分显示出它的作用。这是由于流动时的阻力在层流状态时受到黏度的影响远比在湍流状态时的大。设 f 为流动阻力系数，则

$$f_{层} = \frac{32}{Re} = \frac{32\eta}{Dv\rho} \tag{1-5}$$

$$f_{湍} = \frac{0.092}{Re^{0.2}} = \frac{0.092\eta^{0.2}}{(Dv\rho)^{0.2}} \tag{1-6}$$

不难看出 $f_{层} \propto \eta$，而 $f_{湍} \propto \eta^{0.2}$。显然，流动阻力越大，在管道中输送相同体积的液体所消耗的能量就越大，或者说所需压力差也就越大。由此可知，在层流情况下的液体流动要比湍流时消耗的能量大。

在薄壁铸件的浇注过程中，流动管道直径较小，雷诺数值小，流动性质属于层流，在这

种情况下，黏度影响金属液的流动性进而影响铸件轮廓的清晰程度。此时，为降低液体的黏度，应适当提高过热度或者加入表面活性物质等。此外，液体金属内部由于密度差引起的自然对流，以及由于凝固收缩形成压力差而造成的自然对流均属于层流性质，此时黏度对流动的影响就会直接影响到铸件的质量，如影响热裂、缩孔、缩松的形成倾向。

在金属液各种精炼工艺中，希望尽可能彻底地脱去金属液中的非金属夹杂物（如钢铁中的各种氧化物及硫化物等）和气体。无论是铸件型腔中还是焊接熔池中的金属液，残留的（或二次形成的）夹杂物和气泡都应该在金属完全凝固前排除出去，否则就形成了夹杂或气孔，破坏金属的连续性。而夹杂物和气泡的上浮速度与液体的黏度成反比，即

$$v = \frac{2g(\rho_m - \rho_B)r^2}{9\eta} \quad (使用条件:Re = \frac{2rv}{v} \leqslant 1) \tag{1-7}$$

这就是流体力学的斯托克斯公式，式中 r 为气泡或夹杂的半径；ρ_m 为液体合金密度；ρ_B 为夹杂物或气泡密度；g 为重力加速度。黏度 η 越大，夹杂或气泡上浮速度越慢。

铸件及焊缝金属中的某些杂质元素（如钢铁中的硫、氧、磷等）会对凝固组织和产品性能造成极大的危害。因此，各类合金材料对每种有害杂质均有严格的限制。在铸造合金熔炼及焊接过程中，钢铁材料的脱硫、脱磷、扩散脱氧的冶金化学反应均是在金属液与熔渣的界面进行的，金属液中的杂质元素及熔渣中反应物要不断地向界面扩散，同时界面上的反应产物也需离开界面向熔渣内扩散。这些反应过程的动力学（反应速度和可进行到何种程度）受到反应物及生成物在金属液和熔渣中的扩散速度的影响，而金属液和熔渣中的动力黏度 η 低则有利于扩散的进行，从而有利于脱去金属中的杂质元素。

在焊缝金属的合金化方法中，通过含有合金元素的焊剂、药皮或药芯进行合金过渡是较为常用的方法，特别是前两种最为简单方便。这类方法的合金过渡主要是在金属液与熔渣的界面上进行的。初始进入熔渣中的合金元素扩散到熔渣-熔池金属界面上，然后由界面向熔池金属内部扩散。无疑，熔渣及金属液黏度降低对合金元素的过渡是有利的。

在铸件凝固过程中，由于金属液的体积收缩而容易形成缩孔或缩松，此时依靠冒口中液体静压头进行补缩，补缩距离的长度与液体合金的动力黏度 η 的平方根成反比，η 数值大，就会削弱冒口的补缩效果，从而增加铸件内部缩孔或缩松的形成倾向。

另外，液态合金的黏度 η 大时，将使凝固过程中的自然对流或人工对流困难，而对流能够冲断正在长大中的枝晶而使晶粒细化；对流还可以使凝固界面前沿富集起来的低熔点物质加速向最后凝固区域扩散，从而造成大的区域偏析。

二、液态合金的表面张力

（一）表面张力的实质及影响表面张力的因素

表面张力是表面上平行于表面切线方向且各方向大小相等的张力。表面张力是物体在表面上的质点受力不均所致。由于液体或固体的表面原子受内部的作用力较大，而朝着气体的方向受力较小，这种受力不均引起表面原子的势能比内部原子的势能高。因此，物体倾向于减小其表面积而产生表面张力。

需注意，表面自由能（简称表面能）为产生新的单位面积表面时系统自由能的增量。虽然表面张力与表面自由能是不同的物理概念，但都以 σ（或 γ）表示，其大小完全相同，单位也可以互换，表面能及表面张力从不同角度描述同一表面现象。通常表面张力的单位用力/距离表示（如 N/m、dyn/cm），表面能的单位用能量/面积表示（如 J/m^2、erg/cm^2）。

界面张力与界面自由能的关系相当于表面张力与表面自由能的关系，即界面张力与界面自由能的大小相同，单位也可以互换。表面与界面的差别在于后者泛指两相之间的交界面，而前者特指液体或固体与气体之间的交界面，但更严格地说，应该是指液体或固体与其蒸气的界面。广义上说，物体（液体或固体）与气相之间的界面能和界面张力分别为物体的表面能和表面张力。

在一定温度下，表面能主要由表面内能 u_b 所决定，而表面内能取决于原子间结合力 u_0 的大小。原子间结合力 u_0 越大，表面内能越大，因此表面自由能越大，表面张力也就越大。总之，原子间结合力大的物质，其熔点和沸点高，其固体和液体的表面能和表面张力也大。此外，对晶体而言，表面能还与晶面有关。若晶体表面为密排晶面（低指数晶面），由于密排表面原子配位数与晶体内部的差值较小，表面内能小，故其表面能也就小；若晶体表面为高指数晶面，其表面内能大，表面能亦大。基于上述原因，晶体为维持其最稳定的状态，其表面往往为低指数（密排）晶面。

需要加以区分的是，当两个相共同组成界面时，其界面张力的大小与界面两侧（两相）质点间结合力的大小成反比，其理由不难从表面张力的形成原因及大小进行类似分析。也就是说，两相质点间结合力越大，界面能越小，界面张力就越小；两相间结合力小，界面张力就大。例如，水银与玻璃间及金属液与 SiO_2 间，由于两者难以结合，所以两相间的界面张力就大。相反，同一金属（或合金）液固之间，由于两者容易结合，界面张力就小。

界面张力大小也可以润湿角 θ 的大小作为标志。两种物质接触，润湿或不润湿的关键取决于两种物质间的亲和力，亲和力大就润湿，否则就不润湿。其表现为图 1-7 中的接触角，接触角为锐角时为润湿，接触角为钝角时为不润湿。通常，称此接触角为润湿角。润湿角的大小如上所述，取决于不同物质间

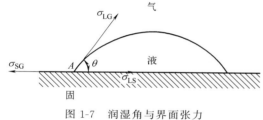

图 1-7　润湿角与界面张力

质点的作用力，也可以说是取决于接触物质之间的界面张力。如图 1-7 所示，就界面张力而言，当达到稳定状态后，图中各界面张力之间的关系为式（1-8）。

$$\cos\theta = \frac{\sigma_{GS} - \sigma_{LS}}{\sigma_{GL}} \tag{1-8}$$

从式中可以看出，固-液界面张力 σ_{LS} 越小，$\cos\theta$ 越趋近于 1，也就 θ 越趋近于 0，这种情况是润湿的。总之，不同物质之间结合力越大，界面张力越小，越容易润湿，其间的接触角（润湿角）越小。

但是，表面（和界面）张力的影响因素不仅仅是原子间结合力，与上述论点相反的例子大量存在。研究发现有些熔点高的物质，其表面张力却比熔点低的物质低。如 Mg 与 Zn 同样都是二价金属，Mg 的熔点为 650℃，Zn 的熔点为 420℃，但 Mg 的表面张力为 559mN/m；Zn 的表面张力却为 782mN/m。此外，还发现金属的表面张力往往比非金属大几十倍而比盐类大几倍。这说明单靠原子间结合力是不能解释一切问题的。对于金属来说，还应当从它具有自由电子这一特性去考虑。

表面张力双电层理论认为，金属内运动着的公有自由电子可以穿过正离子边界（表面），但又被正离子吸引而跑不掉，从而在金属表面形成一个双电层，形象地说，像一个电容器。这个双电层构成了一势垒，它可以阻止金属表面电子向外逃逸，如图 1-8 所示。这种在金属

表面分布的电子层与金属正离子之间的作用构成了对表面的压力，使金属有缩小表面积的倾向。该理论推导出表面张力表达式为

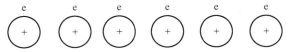

图 1-8　金属表面双电层示意图

$$\sigma = \frac{4\pi (Ze)^2}{\delta^3}$$　(1-9)

式中，δ 为原子距离，Z 为金属原子价，e 为电子电荷。

按照双电层理论，表面张力与原子体积（δ^3）成反比，与价电子数 Z 的平方成正比。其实，式（1-9）只可作为定性分析，并不能进行准确计算。后来有模型修正认为，液态金属表面张力与 $V^{2/3}$（V 为摩尔体积）成反比，但计算值与实验值仍有差别。

液态金属表面张力通常随温度升高而下降，因为原子间距随温度升高而增大。有若干表达表面张力与温度的定量关系，其中著名的 Eötös（埃雨特乌斯定律）为

$$\sigma = \frac{k_\gamma}{V^{\frac{2}{3}}}(T_c - T)$$　(1-10)

式中，V 为摩尔体积；T 为热力学温度；T_c 为液-气临界点温度；k_γ 为温度系数，其值对所有液态金属粗略相同，为 $6.4 \times 10^{-8} J \cdot K^{-1} \cdot mol^{-2/3}$。

合金元素或微量杂质元素对表面张力的影响，主要取决于原子间结合力的改变。向系统中加入削弱原子间结合力的组元，会使 u_0 减小，使表面内能降低，表面张力也降低。

合金元素对表面张力的影响还体现在溶质与溶剂原子体积之差。但这要从两方面来具体分析。当溶质的原子体积大于溶剂原子体积时，造成原子排布的畸变而使势能增加，原子倾向于被排挤到表面，以降低整个系统的能量。这些富集在表面层的元素，由于其本身的原子体积大，表面张力低，从而使整个系统的表面张力降低。原子体积很小的元素，如 O、S、N 等，在金属中容易进入到溶剂的间隙使势能增加，从而被排挤到金属表面，成为富集在表面的表面活性物质。由于这些元素的金属性很弱，自由电子很少，因此表面张力小，同样使金属的表面张力降低。

此外，大凡自由电子数目多的溶质元素，由于其表面双电层的电荷密度大，对金属表面压力大，而使整个系统的表面张力增加。化合物表面张力之所以较低，就是由于其自由电子较少的缘故。而 Al 之所以能提高 Sn 的表面张力，就在于它使溶液自由电子数目增加。

S、O、Te、Se（及 N）等元素均明显降低铁液的表面张力，如图 1-9 所示。Cr 作为合金元素加入铁液也使表面张力大大下降。而 Ni 对铁液表面张力的影响较为复杂，随成分范围而不同，如图 1-10 所示。C 和 P 对铁液表面张力的影响较小，略有降低作用。图 1-11 描述了合金元素对铝、镁合金熔体表面张力的影响规律。

溶质元素如果使溶液的表面张力降低时，将被排斥到溶液的表面，这种现象称为表面吸附。一定温度下，可用单位面积上的吸附量 Γ（单位为 mol/cm^2）来作为衡量吸附的度，即 Gibbs 吸附公式

$$\Gamma = -\frac{C}{RT}\left(\frac{d\sigma}{dc}\right)_T$$　(1-11)

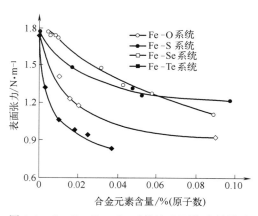

图 1-9 S、O、Te、Se 对铁液表面张力的影响

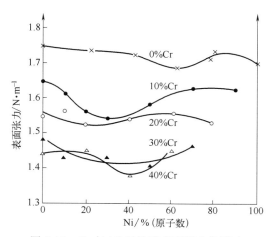

图 1-10 Cr 与 Ni 对铁液表面张力的影响

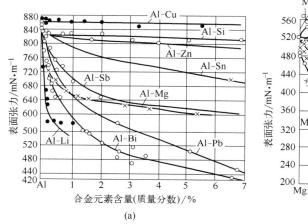

(a)

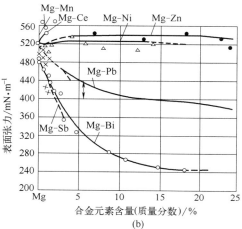

(b)

图 1-11 合金元素对铝液（a）、镁液（b）表面张力的影响

式中，R 为气体常数，其值为 $8.14 \times 10^7 \mathrm{erg}/(\mathrm{K \cdot mol})$；$T$ 为热力学温度；C 为溶质浓度。

从式（1-11）可以看出：$\mathrm{d}\sigma/\mathrm{d}c < 0$ 时，元素含量的增加将引起表面张力的降低，则 $\Gamma > 0$，为正吸附，此时为表面活性元素；$\mathrm{d}\sigma/\mathrm{d}c > 0$ 时，元素含量的增加引起表面张力的上升，则 $\Gamma < 0$，为负吸附，此时为非表面活性元素。因此，表面活性元素均降低熔体表面张力。

（二）表面张力在材料成形中的意义

表面张力通常在大体积系统中显示不出它的作用，但在微小体积系统，特别是在显微体积范围内将会显示很大的作用。表面张力对形核功的影响以及对结晶形态和固态金属中各相的物理化学、力学状态等方面的作用均是十分重要的。在金属凝固的后期，枝晶与枝晶之间存在的液膜厚度甚至会小到 $10^{-6}\mathrm{mm}$，此时凝固收缩会不会引起铸件的开裂，表面张力的大小具有很大的影响。

1. 表面张力引起的曲面两侧压力差及其相关作用

表面为平面时（曲率半径为无穷大），表面张力没有任何作用。但当表面具有一定的曲度时，表面张力将使表面的两侧产生压力差，该压力差值的大小与曲率半径成反比，曲率半径越小，表面张力的作用越显著。例如一个大容器中的水，由于其表面为平面，表面张力显示不出任何作用；而如果是一个球形液滴，则在液滴内外，由于表面张力的作用产生一个压力差。为导出压力差和表面张力 σ、曲率半径 r 之间的关系式，设表面为圆柱曲面，如图 1-12 所示。曲面内侧为液体（或固体），外侧为气体，表面是半径为 r 的圆弧，距离中心线为 b 处，受到其他物体的支持（如毛细管的管壁），考虑作用于表面上的所有外力处于平衡状态。取垂直于该图纸面方向上的长度为 1（单位长度）；液相内的压力为 p_1；气相中的压力为 p_2；压力差为 Δp（$=p_1-p_2$）。由图可知：由压力差所产生的向上的力为 $F_1=2b\Delta p$；由表面张力所产生的向下外力为 $F_2=2\sigma\sin\theta$。

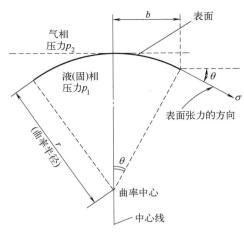

图 1-12　压力差与表面曲率、表面张力的关系

由几何学原理知

$$b=r\sin\theta$$

则

$$F_1=2r\sin\theta\Delta p$$

在平衡状态下

$$F_1=F_2$$

$$2r\sin\theta\Delta p=2\sigma\sin\theta$$

即

$$\Delta p=\frac{\sigma}{r} \tag{1-12}$$

式（1-12）表示表面为圆柱面时，由于表面张力 σ 所产生的压力差。根据同样道理，当表面为任一曲面时，如以互相垂直的两平面与该曲面垂直相交，可以得到曲率半径分别为 r_1 和 r_2 的两条相交的弧线。r_1 和 r_2 可为正值，也可为负值（曲率中心位于气相时）。此时，Δp、σ、r 三者之间的关系通用式为

$$\Delta p=\left(\frac{1}{r_1}+\frac{1}{r_2}\right)\sigma \tag{1-13}$$

对圆柱形（$r_2=\infty$）则

$$\Delta p=\frac{\sigma}{r}（式中 r=r_1） \tag{1-14}$$

对球形（如液滴）（$r_1=r_2$）则

$$\Delta p=\frac{2\sigma}{r}（式中 r=r_1=r_2） \tag{1-15}$$

以水滴为例，设其 $r=10^{-4}\mathrm{cm}$，取水的表面张力约为 $7\times10^{-4}\mathrm{N/cm}$，则 $\Delta p=14\mathrm{N/cm^2}=1.4\times10^5\mathrm{N/m^2}$，约为 1.4atm，可见在曲率半径很小时，表面张力会引起很大压力差。当表面为特殊的马鞍形时，若 $r_1=-r_2$，则 $\Delta p=0$；若表面为平面时，$r_1=r_2=\infty$，则 $\Delta p=0$。这两种情况，表面张力均不显示任何作用。表面张力在曲面两侧引起的压力差 Δp 相对于平直界面而言为一附加压力。

这种附加压力在许多科学和技术中具有重要意义。

比如，铸造过程中金属液是否侵入砂型毛细管而形成粘砂，与表面张力引起的 Δp 有关。通常，金属液与型砂不润湿，有利于防止金属液侵入砂型毛细管而形成粘砂。但毛细管直径 D 及金属液静压头 H（考察点以上金属液的高度）越大，越容易产生粘砂。因此，根

据表面张力 σ 与金属液静压头 H 之间存在的关系，经推导，形成粘砂的毛细管临界直径 D_c（与型砂的粗细有关）为

$$D_c = \frac{4\sigma}{\rho g H} \tag{1-16}$$

式中，ρ 为合金液的密度；g 为重力加速度。

据此，可根据压头 H 计算获得光洁表面铸件的粘砂毛细管临界直径 D_c，从而科学地选用型砂粒度。

此外，在焊接、铸造熔炼过程高温下溶入到液态金属中的气体（如氮、氢、氧），在温度下降时因过饱和而分别析出，析出的小气泡如能迅速聚集为大气泡，便可以以较快的速度上浮，在液态金属凝固之前逸出，否则，将滞留在金属中成为气孔。假设液态金属中同时存在两个大小不同的气泡，由表面张力在大、小气泡内产生的附加压力分别为 Δp_1 与 Δp_2，则 $\Delta p_2 > \Delta p_1$。当两气泡汇集接触时，由于小气泡中的气体压力高于大气泡，因此小气泡中的气体将迅速充入大气泡。两气泡聚合后尺寸增大，聚合后气泡的上浮速度将显著加快。

CO_2 气体保护焊熔滴过渡中容易产生飞溅，也可以由表面张力引起的曲面两侧压力差得到解释。CO_2 气体在电弧高温下易与熔滴中存在的碳元素反应生成 CO 气体，后者不溶于液态金属形成 CO 气泡。由表面张力所产生的附加压力使 CO 气泡内压力升高，气泡的尺寸越小，气泡内压力将越大。当熔滴中生成的 CO 气泡运动到熔滴表面时，将突破熔滴的封锁，气泡中的高压气体体积膨胀造成熔滴飞溅。焊丝的含碳量越高，飞溅倾向越大。

2. 液膜拉断临界力及表面张力对凝固热裂的影响

在凝固的后期，不同晶粒之间存在着液膜。由于表面张力的作用，液膜将其两侧的晶体紧紧地吸附在一起，液膜厚度越小，其吸附力量就越大。上述情况在日常生活中也能碰到。比如在两块玻璃板之间涂以水膜，然后再将两块玻璃板拉开，水膜越薄，则拉开所需的力就越大。为求出单位面积的拉断应力 f_{max} 和表面张力 σ、液膜厚度 T 之间的关系，现以图 1-13 所示的模型进行说明。图（a）为两固体晶粒之间存在着厚度为 T_a 的液膜，液膜长度为 H，宽度（垂直于纸面方向）为 1，设此时静态液膜的表面为平面，其曲率半径为 ∞。当由于凝固收缩使液膜两侧的晶体拉开时，如果该液膜与外界的液体隔绝，则图（b）所示，在液膜厚度由 T_a 变宽至 T_b 的同时，液膜的表面也由平面变为凹面，其曲率半径由 ∞ 变为 r_b。当外力继续加大，液膜的宽度由 T_b 增至 T_c，液膜长度由 H 减至 H'，液膜表面的曲率半径进一步变小为 r_c，如图（c）所示。在外力作用于液膜两侧固体的上述整个过程中，由于表面张力的作用，始终存在着一个与外力方向相反的应力与之相平衡，其大小为：$\Delta p = -\sigma/r$（设液膜为圆柱体的部分凹面）。式中的负号表示液膜表面为凹面，其曲率半径 r 为负值。从式中不难看出，随着曲率半径变小，由表面张力产生的 Δp 也就越大。但是曲率半径 r 不是无限制地变小的，它有一个极限值，该值与液膜厚度有关。当 r 达到 $r^* = T/2$ 时，此时应力 $f = f_{max} = \Delta p^*$ 达临界值，如果继续将液膜拉开，使 T 增厚，则曲率半径 r 将再度变大，如图（d）中虚弧线所示，而应力 Δp 将要变小，在这种情况下，凝固收缩引起的拉应力将大于由表面张力所产生的应力，而使液膜两侧的固体急剧分离。为此，液膜的拉断临界应力 f_{max} 大小为

$$f_{max} = \Delta p^* = \frac{\sigma}{r^*} = \frac{\sigma}{T/2} = \frac{2\sigma}{T} \tag{1-17}$$

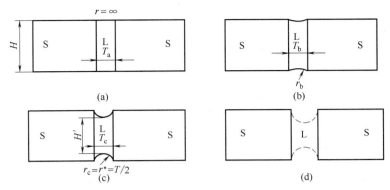

图 1-13 液膜在单位面积拉应力作用下曲率半径及厚度的变化

对于 $\sigma = 10^{-2}\,\mathrm{N/cm}$ 的金属来说，如果液膜厚度为 $10^{-6}\,\mathrm{mm}$，要将液膜两侧的晶粒拉开所需应力为 $2 \times 10^{3}\,\mathrm{N/mm^2}$。液膜拉断时若无外界液体补充，那么晶粒间或枝晶间便形成了凝固热裂纹。可见，液膜的表面张力越大，液膜越薄，则液膜的拉断临界应力 $f_{\max}$ 越大，裂纹越难形成。

在实际生产中，热裂形成的过程是很复杂的，它同时受到凝固速度与拉伸速度（由收缩速度所决定）和其他因素的影响。根据上述分析，可以归纳为三种情况：

第一种情况，液膜与大量未凝固的液体相通，此时液膜两侧的固体枝晶拉开多少，液体补充进去多少，因此不会产生热裂。这种情况属于凝固的早期，或者靠近液体的两相区内。

第二种情况，液膜已经与液体区隔绝，但是由于低熔点物质的大量存在（如钢中的硫化物共晶），液膜较厚，加之其表面张力较低，且熔点低而凝固速度较慢，这样，厚的液膜将会长时间地保持下去，在此期间，如果有大的拉伸速度，则往往要产生热裂。这是由于大的液膜厚度和低的表面张力，将使液膜的最大断裂应力 $f_{\max}$ 减小，或者说使液膜的强度减弱，这样，就容易拉断。

第三种情况，液膜虽已与液体区隔绝，但由于液膜中低熔点杂质较少，其表面张力较高，熔点也相应较高而凝固速度较快，液膜迅速变薄，此时如果液膜两侧的固体枝晶受到拉力，将会遇到大的 $f_{\max}$ 的抗力，这种抗力将使高温固体内部产生蠕变变形，从而避免了热裂的产生。

当然，实际过程中热裂的产生还要复杂得多。

3. 表面张力对熔滴过渡的影响

熔化极电弧焊时，颗粒状熔滴欲从焊丝（或焊条）端部脱离向熔池中过渡，必须先形成细颈，而后细颈拉断完成熔滴过渡（见图 1-14）。表面张力大的熔滴，形成细颈阻力大，致使熔滴颗粒增大，熔滴过渡频率降低，电弧稳定性较差，飞溅较多。

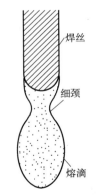

图 1-14 熔滴过渡

改善熔滴过渡状况的途径在于降低熔滴的表面张力。生产中常用的两种措施是：

1）增大焊接电流，使熔滴温度上升，表面张力降低，熔滴颗粒减小。当焊接电流增大到一定程度时，熔滴过渡由颗粒状过渡转化为细颗粒高速喷射过渡，电弧稳定，飞溅显著减少。

2）适当增强电弧气氛的氧化性。氧是表面活性元素，可以降低熔滴表面张力，细化熔滴。如酸性焊条电弧气氛中勺含氧量高于碱性焊条，熔滴过渡颗粒小，电弧稳定，焊缝表面鱼鳞纹细密，熔滴易于润湿母材，焊缝外观成形明显优于碱性焊条焊缝。在熔化极惰性气体保护焊时，也常采用在保护气体中加入少量氧气或二氧化碳气体，以改善熔滴过渡。

课程思政内容的思考

从实际金属的液体结构可知，现实中不存在理想的纯金属，由此来正确认识自身的缺点，正视每个人存在缺点的合理性，努力学习来改善自身的缺点，发挥个体的优点，树立正确的人生观和价值观。

思考与练习

1. 液体、固体、气体比较各有哪些异同点？哪些现象说明金属的熔化并不是原子间结合力的全部破坏？

2. 设凝固后期枝晶间液体相互隔绝，液膜两侧晶粒的拉应力为 $1.5 \times 10^3 \text{MPa}$，液膜厚度为 $1.1 \times 10^{-6} \text{mm}$，根据汇膜理论计算产生热裂的液态金属临界表面张力。

3. 如何认识液态金属结构的"长程无序"和"近程有序"？试举几个实例证说明液态金属或合金结构的近程有序（包括拓扑短程序和化学短序）。

4. 如何理解实际液态金属结构及其三种"起伏"特征？

5. 过共析钢液 $\eta = 0.0049 \text{Pa} \cdot \text{s}$，钢液的密度为 7000kg/m^3，表面张力为 1500mN/m，加铝脱氧，生成密度为 5400kg/m^3 的 Al_2O_3，如能使 Al_2O_3 颗粒上浮到钢液表面，就能获得质量较好的钢。假如脱氧产物在 1524mm 深处生成，试确定钢液脱氧后 2min 上浮到钢液表面的 Al_2O_3 最小颗粒的尺寸。

6. 分析物质表面张力产生的原因以及与物质原子间结合力的关系。

7. 表面张力与界面张力有异同点？界面张力与界面两侧（两相）质点间合力的大小有何关系？

8. 钢液对铸型不浸润，$\vartheta = 180°$，铸型砂粒间的间隙为 0.1cm，钢液在 1520℃时的表面张力 $\sigma = 1.5 \text{N/m}$，密度 $\rho = 7500 \text{kg/m}^3$。求产生机械粘砂的临界压力；欲使钢液不浸入铸型而产生机械粘砂，所允许的玉头 H 值是多少？

9. 当浇道直径为 20mm，铁液在浇道中的流速为 8cm/s，运动黏度为 $0.3 \times 10^{-6} \text{m}^2/\text{s}$，计算铁液在浇注过程中的雷诺数 Re，并判断属于何种液体流动。

第二章

液态金属的凝固与传热

第一节　液态金属的充型能力

一、液态金属充型能力的基本概念

铸造生产的特点，是直接将液态金属浇入铸型并在其中凝固、冷却而获得铸件。充型过程中，液态金属充满铸型型腔，获得形状完整、轮廓清晰的铸件的能力，即液态金属充填铸型的能力，简称为液态金属充型能力。充型能力不足，可能产生浇不足、冷隔等铸造缺陷。充型能力涉及充型过程中液态金属在浇注系统中和铸型型腔中的流动规律，是设计浇注系统的重要依据之一。

实践证明，同一种金属用不同的铸造方法，所能铸造的铸件最小壁厚不同，同样的铸造方法，由于金属不同，所能得到的最小壁厚也不同，如表 2-1 所示。所以，液态金属的充型能力首先取决于金属本身的流动能力，同时又受外界条件，如铸型性质、浇注条件、铸件结构等因素的影响，是各种因素的综合反映。

表 2-1　不同金属和不同铸造方法的铸件最小壁厚

金属种类	铸件最小壁厚/mm				
	砂型	金属型	熔模铸造	壳型	压铸
灰铸铁	3	＞4	0.4～0.8	0.8～1.5	—
铸钢	4	8～10	0.5～1.0	2.5	—
铝合金	3	3～4	—	—	0.6～0.8

液态金属本身的流动能力称为"流动性"，是液态金属的工艺性能之一，与金属的成分、温度、杂质含量及其物理性质有关。金属的流动性对于排出其中的气体、杂质和凝固后期的补缩、防裂，获得优质铸件至关重要。金属的流动性好，气体和杂质易于上浮，使金属净

化，有利于得到没有气孔和夹杂的铸件。流动性好的铸造合金充型能力强，流动性差的合金充型能力也就较差。液态金属具有良好的流动性，不仅有利于铸件在凝固期间可能产生的缩孔得到金属液的补缩，还能使铸件在凝固末期收缩受阻而出现的热裂得到液态金属的弥合，因此，有利于这些凝固缺陷的防止。液态金属的流动性还与可铸出的最小壁厚直接相关。

由于影响液态金属充型能力的因素很多，在工程应用及研究中，不能笼统地对各种合金在不同的铸造条件下的充型能力进行比较。通常，在相同的条件下（如相同的铸型性质、浇注系统，以及浇注时控制合金液相同过热度等）浇注各种合金的流动性试样，以试样的长度表示该合金的流动性，并以所测得的合金流动性表示合金的充型能力。因此可以认为：合金的流动性是在确定条件下的充型能力。对于同一种合金，也可以用流动性试样研究各铸造工艺因素对其充型能力的影响。例如，采用某一种结构的流动性试样，改变型砂的水分、煤粉含量、浇注温度、直浇道高度等因素中的一个因素，以判断该变动因素对充型能力的影响。

液态金属流动性试样的类型很多，如螺旋形、球形、U形、楔形、竖琴形、真空试样（即用真空吸铸法）等。在生产和科学研究中应用最多的是螺旋形试样，如图2-1所示。

其优点是，灵敏度高、对比形象、可供金属液流动相当长的距离（如1.5m），而铸型的轮廓尺寸并不太大。缺点是金属流线弯曲，沿途阻力损失较大，流程越长，散热越多，故金属的流动条件和温度条件都在随时改变，这必然影响到所测流动性的准确度；各次试验所用铸型条件也很难精确控制，每做一次试验要造一次铸型。

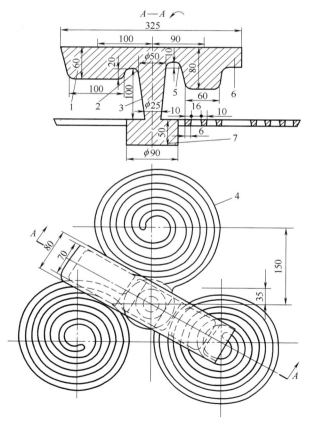

图 2-1 螺旋形流动性试样结构示意图

1—浇口杯；2—低坝；3—直浇道；4—螺旋；5—高坝；6—溢流道；7—全压井

二、液态金属停止流动机理与充型能力

液态金属停止流动机理，随金属的结晶特性（取决于结晶温度范围）可分为两种，如图 2-2 和图 2-3 所示。

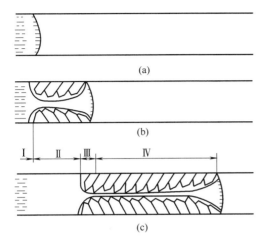

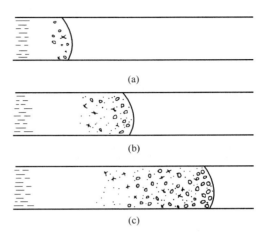

图 2-2　纯金属、共晶成分合金及结晶　　　　图 2-3　宽结晶温度范围合金的停止流动机理
　　　温度范围很窄的合金停止流动机理

图 2-2 所示为纯金属、共晶成分合金及结晶温度范围很窄的合金停止流动机理。在金属的过热热量未散失尽以前为纯液态流动（图 2-2a），为第Ⅰ区。金属液继续流动，冷的前端在型壁上凝固结壳（图 2-2b），而后的金属液是在被加热了的管道中流动，冷却强度下降。由于液流通过Ⅰ区终点时，尚具有一定的过热度，已凝固的壳重新熔化，为第Ⅱ区。所以，该区是先形成凝固壳，又被完全熔化。第Ⅲ区是未被完全熔化而保留下来的一部分固相区，在该区的终点金属液耗尽了过热热量。在第Ⅳ区里，液相和固相具有相同的温度——结晶温度。由于在该区的起点处结晶开始较早，断面上结晶完毕也较早，往往在它附近发生堵塞（图 2-2c）。这类金属的流动性与固体层内表面的粗糙度、毛细管阻力，以及在结晶温度下的流动能力有关。

图 2-3 所示为结晶温度范围很宽的合金的停止流动机理。在过热热量未散失尽以前，金属液也以纯液态流动。温度下降到液相线以下时，液流中析出晶体，顺流前进，并不断长大。液流前端不断与冷的型壁接触，冷却最快，晶粒数量最多，使金属液的黏度增加，流速减慢。当晶粒数量达到某一临界数量时，便结成一个连续的网络。当液流的压力不能克服此网络的阻力时，即发生堵塞而停止流动。合金的结晶温度范围越宽，枝晶就越发达，液流前端析出相对较少的固相量，亦即在相对较短的时间内，液态金属便停止流动。因此，具有最大溶解度的合金，其流动性最小。试验表明，在液态金属的前端析出 15%～20% 的固相量时，流动就停止。

液态金属充型中与铸型之间发生着强烈的热交换，是一个不稳定的传热和流动过程。由于影响的因素很多，从理论上对液态金属的充型能力进行计算很困难。许多作者为简化计算，对过程做了各种假设，得出了许多不同的计算公式。下面仅介绍一种计算方法作为参考。假设以某成分合金浇注一水平棒形试样，合金的充型能力以停止流动时的长度 L 表示。在一定的浇注条件下

$$L = v\tau \tag{2-1}$$

式中，v 为静压头 H 作用下液态金属在型腔中的平均流速，$v = \mu\sqrt{2gH}$；μ 为流量消耗系数；τ 为液态金属进入型腔到停止流动的时间。

关于流动时间 τ 的计算，根据液态金属不同的停止流动机理有不同的计算方法。对于宽结晶温度范围的合金，其充型能力的经验公式为

$$L = \mu\sqrt{2gH}\frac{A\rho_1 k\Delta H + c(T_{浇} - T_k)}{P\alpha T_L - T_{型}} \tag{2-2}$$

式中，A 为试样横截面积；P 为试样横截面周长；ρ_1 为液态金属密度；α 为换热系数；k 为停止流动时液流前端的固相量；ΔH 为合金的结晶潜热；c 为液态金属比热容；$T_{浇}$、$T_{型}$、T_L 分别为浇注温度、铸型温度和液相线温度；T_k 为合金停止流动的温度。

三、影响充型能力的因素

影响充型能力的因素包括以下四个方面：

（1）金属性质方面的因素　这类因素是充型能力的内在因素，决定了流动性的高低。

合金的化学成分决定了结晶温度范围，因此与流动性之间存在一定的规律。一般而言，在流动性曲线上，对应着纯金属、共晶成分和金属间化合物之处流动性最好。流动性随着结晶温度范围的增大而下降，在结晶温度范围最大处流动性最差。因为对于纯金属、共晶和金属间化合物成分的合金，在固定的凝固温度下，已凝固的固相层由表面逐步向内部推进，固相层内表面比较光滑，对液体的流动阻力小，直至如图 2-2 所示的第 Ⅳ 区的截面完全凝固，合金才停止流动。这类合金液流动时间长，所以流动性好。而具有宽结晶温度范围的合金在型腔中流动时，断面上存在着发达的树枝晶与未凝固的液体相混杂的两相区，当液流前端的枝晶数量达到某一临界值（15％～20％）时，金属液就停止流动。合金的结晶温度范围越宽，两相区就越宽，枝晶也越发达，金属液就越早停止流动，所以流动性不好。

对于纯金属、共晶和金属间化合物成分的合金，在一般的浇注条件下，放出的潜热越多，凝固过程进行得越慢，流动性越好，因此潜热的影响较大；而对于宽结晶温度范围的合金，由于潜热放出 15％～20％ 以后，晶粒就连成网络而停止流动，潜热对流动性影响不大。但也有例外的情况。比如 Al-Si 合金由于潜热的影响，最好流动性并不在共晶成分处（$w_{Si} = 12.6\%$），而是在 $w_{Si} = 20\%$ 左右。这是因为 Si 晶体结晶潜热为 180.7×10^4 J/kg，为 α-Al（38.9×10^4 J/kg）的 4 倍以上，且过共晶成分 Al-Si 合金的初生块状 Si 强度较低，不容易形成坚固的枝晶网络，结晶潜热的作用得以发挥。与之相似，铸铁由于石墨高的结晶潜热（383×10^4 J/kg，是 Fe 的 14 倍），最佳流动性也在过共晶成分处。

此外，合金液的比热容、密度越大，热导率越小，停止流动前的时间越长，故充型能力越好。合金液的黏度，在充型过程前期（属湍流）对流动性的影响较小，而在充型过程后期凝固中（属层流）对流动性影响较大。液态金属的成分、温度、杂质及气体含量等通过影响黏度而影响充型能力。合金液的表面张力引起附加应力，对于铸件薄壁、棱角部位的成形有影响。

（2）铸型性质方面的因素　铸型的阻力影响金属液的充型速度，铸型与金属的热交换强度影响金属液保持流动的时间。所以，铸型性质方面的因素对金属液的充型能力有重要的影响。同时，通过调整铸型性质来改善金属的充型能力，也往往能得到较好的效果。

铸型的蓄热系数 b_2（$b_2 = \sqrt{\lambda_2 C_2 \rho_2}$）表示铸型从液态金属吸取并储存在本身中热量的能力。$C_2 \rho_2$ 是单位体积的铸型在温度升高 1℃ 时所吸取的热量。$C_2 \rho_2$ 大，铸型吸取较多的热量而本身温升较小，使金属与铸型之间在较长时间内保持较大温差。铸型的热导率 λ_2 大，表示从金属吸取的热量能很快地由温度较高的铸型内表面传导到温度较低的"后方"，使铸型参加蓄热的部分增多，从而能够储存更多的热量。并且，由于铸型内表面的热量能迅速传走，温升速度也就比较缓慢，而保持继续吸取热量的能力。

所以铸型的 C_2、ρ_2、λ_2 越大即蓄热系数 b_2 越大，铸型的激冷能力就越强，金属液于其中保持液态的时间就越短，充型能力越差。反之，铸型的 b_2 小，则充型能力提高。金属型（铜、铸铁、铸钢等）的蓄热系数 b_2 是砂型的十倍或数十倍以上。为了使金属型浇口和冒口中的金属液缓慢冷却，常在一般的涂料中加入 b_2 很小的石棉粉。湿砂型的 b_2 是干砂型的 2 倍左右。砂型的 b_2 与造型材料的性质、型砂成分的配比、砂型的紧实度等因素有关。

此外，预热铸型能减小金属与铸型的温差，从而提高其充型能力。铸型具有一定的发气能力，能在金属液与铸型之间形成气膜，可减小流动的摩擦阻力，有利于充型。

（3）浇注条件方面的因素　明显地，浇注温度越高、充型压头越大，则液态金属的充型能力越好。而且，浇注系统（直浇道、横浇道、内浇道）的复杂程度、铸件的壁厚与复杂程度等也会影响液态金属的充型能力。

（4）铸件结构方面的因素　即使在铸件材质、铸型性质及浇注条件相同的情况下，同体积铸件折算厚度（即"模数"——下章将介绍）大，由于与铸型接触的表面积小，散热较缓慢，因而液态金属的充型能力好。

铸件结构越复杂、厚薄过渡面多，则型腔结构越复杂，流动阻力大，液态金属的充型能力差。

第二节　传热基本原理

一、温度场与传热学的基本理论

（一）温度场与温度梯度

空间坐标系中所有点的瞬时温度值的数学表达式为

$$T = f(x, y, z, t) \tag{2-3}$$

式中，x，y，z 为坐标值；t 为时间。某一时刻，该方程式的全部解系便从数值上构成了空间温度场。

不仅在空间上变化并且也随时间变化的温度场称为不稳定温度场。式（2-3）是三维不稳定温度场的表达式。不随时间而变的温度场称为稳定温度场，其表达式为

$$T = f(x, y, z) \tag{2-4}$$

即温度只是坐标的函数。

把温度场内具有相同温度的点分别连接起来就构成一系列空间等温面，用某个特殊平面（通常用坐标平面或平行于坐标平面的平面）与等温面相截可得到一簇等温线。等温面与等温线都是温度场的图形表达方式。

温度梯度指温度随距离的变化率。对于一定温度场，沿等温面或等温线法线方向的温度梯度最大，图形上反映为等温面（或等温线）最密集。温度梯度是具有方向性的物理量，其矢量表达式为

$$\mathrm{grad}\,T = \lim_{\Delta n \to 0} \frac{\Delta T}{\Delta n}n = \frac{\partial T}{\partial n}n \tag{2-5}$$

式中，n 为单位法向矢量；$\frac{\partial T}{\partial n}$ 为温度在 n 方向上的导数。

凝固过程中，对凝固速度与凝固组织特征有重要影响的是固-液界面前沿液相中的温度梯度。

（二）传热基本方式

根据传热学的基本理论，热量传递的基本方式有热传导、热对流和热辐射三种。

（1）热传导 在连续介质内部或相互接触的物体之间不发生相对位移而仅依靠分子、原子及自由电子等微观粒子的热运动而产生的热量传输称为热传导。

热传导热量传递的方向沿等温面或等温线的法线方向，温度梯度是热量传递自发过程的动力。单位时间内通过单位面积的热量称为热流密度，记为 q。根据傅里叶定律，热传导过程中热流密度的大小与该部位的温度梯度成正比，即

$$q = -\lambda\,\mathrm{grad}\,T = -\lambda\frac{\partial T}{\partial n}n \tag{2-6}$$

式中，λ 表示热导率，负号表示热流方向与温度方向相反。热导率 λ 是衡量物质热传导能力的重要参数，其数值取决于物质种类和温度。

（2）热对流 由流体各质点间的相对位移而引起的热量转移方式称为热对流。对流包括自然对流与强迫对流。自然对流是由于质点间的温度差或密度差而引起的浮力流，强迫对流是体系在外力（如机械力、电磁力）驱动下产生的质点相对位移。

（3）热辐射 热辐射是由于物体内部原子振动而发出的一种电磁波的能量传递。一切自身温度高于 0K（$T > -273℃$）的物体，都会从表面发射出辐射能。热辐射的主体与受体是相对的，辐射能的传递是相互往复发生的，一定时间后双方的辐射速度趋于等同，便出现暂时的热平衡。

二、凝固传热的基本方程

（一）凝固过程的传热特点

铸造过程中液态金属在充型时与铸型间的热量交换以对流为主，铸件在铸型中的凝固、冷却过程以热传导为主。由于充型时的热交换过程复杂且相对于凝固过程时间短暂，因此凝固温度场的研究一般从液态金属充满型腔后开始，并假设液态金属的起始温度为浇注温度，铸型起始温度为环境温度或铸型预热温度。

（二）热传导过程的偏微分方程

热传导微分方程式是根据傅里叶公式和能量守恒定律建立的。三维热传导的微分方程式为

$$\frac{\partial T}{\partial t} = \frac{\lambda}{c\rho}\left(\frac{\partial^2 T}{\partial x^2} + \frac{\partial^2 T}{\partial y^2} + \frac{\partial^2 T}{\partial z^2}\right) = a\,\nabla^2 T \tag{2-7}$$

式中，a 是材料的热扩散率，$a=\dfrac{\lambda}{cp}$；∇^2 是拉普拉斯运算符号。

对于一维传热和二维传热，式（2-7）可以分别简化为

$$\frac{\partial T}{\partial t}=a\,\frac{\partial^2 T}{\partial x^2} \tag{2-8}$$

和

$$\frac{\partial T}{\partial t}=a\left(\frac{\partial^2 T}{\partial x^2}+\frac{\partial^2 T}{\partial y^2}\right) \tag{2-9}$$

上述微分方程式是传热学理论中的最基本公式，适合于包括铸造、焊接过程在内的所有热传导问题的数学描述，但在对具体热场进行求解时，除了上述微分方程外，还要根据具体问题给出导热体的初始条件与边界条件。

（1）初始条件　初始条件是指物体开始导热时（即 $t=0$ 时）的瞬时温度分布。

（2）边界条件　边界条件是指导热体表面与周围介质间的热交换情况。

常见的边界条件有以下三类：

1）第一类边界条件。给定物体表面温度 T_W 随时间 t 的变化关系，表达式为

$$T_W=f(t) \tag{2-10}$$

2）第二类边界条件。给出通过物体表面的比热流随时间 t 的变化关系，表达式为

$$\lambda\,\frac{\partial T}{\partial n}=q(x,y,z,t) \tag{2-11}$$

3）第三类边界条件。给出物体周围介质温度 T_f 以及物体表面与周围介质的换热系数 a，表达式为

$$\lambda\,\frac{\partial T}{\partial n}=\alpha(T_W-T_f) \tag{2-12}$$

上述三类边界条件中，以第三类边界条件最为常见。

三、凝固温度场的求解方法

即使有了对具体热传导问题的准确数学描述，求问题的精确解也是非常困难的。求解热传导偏微分方程的主要方法有解析法与数值法。

（一）解析法

解析法是直接应用现有的数学理论和定律去推导和演绎数学方程（或模型），得到用函数形式表示的解，也就是解析解。解析法的优点是物理概念及逻辑推理清楚，解的函数表达式能够清楚地表达温度场的各种影响因素，有利于直观分析各参数变化对温度高低的影响。但解析法只能用于少数简单热传导问题，对多数描述复杂系统的高阶、非线性、时变的微分方程，就很难用解析法求解。为了求出问题解，通常需要采用多种简化假设，而这些假设往往并不适合实际情况，这就使解的精确程度受到不同程度的影响。

（二）数值法

数值法又叫数值分析法，是用计算机程序来求解数学模型的近似解，又称为数值模拟或计算机模拟。数值模拟技术在凝固、焊接温度场计算中的应用得益于 20 世纪 60 年代以来计算机技术的迅猛发展。采用计算机模拟技术，不仅成功地解决并直观地表达出温度场的动态变化，而且为与热过程相关的其他质量问题的研究提供了理论依据和计算思路。如凝固组

织、凝固缺陷的评估；热应力与残余变形的预测等一系列化学、物理冶金反应过程的分析。

温度场的数值解法最常用的是差分法和有限元法，下面简单介绍这两种方法的特点。

1. 差分法

差分法是把原来求解物体内随空间、时间连续分布的温度问题，转化为求在时间领域和空间领域内有限个离散点的温度值问题，再用这些离散点上的温度值去逼近连续的温度分布。差分法的解题基础是用差商来代替微商，这样就将热传导微分方程转换为以节点温度为变量的线性代数方程组，得到各节点的数值解。用不同方法定义差商可得到不同的差分格式：向前差分、向后差分、平均差分、中心差分、加列金格式等。不同的差分格式其误差和稳定性各不相同，如向前差分计算过程简便，然而是有条件的稳定；向后差分是无条件的稳定，但误差较大；而平均差分虽然精度较高，但容易发生振荡等。因此使用差分法时要选择合理的差分格式、合理的网格划分和计算步长，以尽可能减少误差，保证解的精度和稳定性。差分法的长处是对于具有规则外形的工件和均质材料的温度场求解，它的程序设计和计算过程比较简单，收敛性也较好。

2. 有限元法

有限元法是根据变分原理来求解热传导问题微分方程的一种数值计算方法。有限元法的解题步骤是先将连续求解域分割为有限个单元组成的离散化模型，再用变分原理将各单元内的热传导方程转化为等价的线性方程组，最后求解全域内的总体合成矩阵。由于有限元法的单元形状可以比较任意，因此更能适用于具有复杂形状的物体。对于由几种不同材料组成的物体，可以利用不同材料的界面进行单元分割。特别是可以根据实际问题需要设置单元和节点分布的稀疏，这样就可以在不增加节点和计算量的前提下提高计算精度。此外，由于有限元法是用统一的方法对区域内节点和边界节点列出计算格式，因此适用于任意的边界条件且在计算精度上比较协调。

有限元法是随着电子计算机技术发展起来的一种新颖、有效的数值计算方法，它不仅可以用于传热分析，而且用于电磁场、流体力学、结构力学等所有连续介质和场的问题。采用有限元法计算温度场时便于与后续相关计算统一计算方法，如焊接残余应力分析、凝固裂纹倾向与凝固组织分析等。

20 世纪 80 年代以来，基于有限元算法的计算机数值模拟技术在世界各国先后得到突飞猛进的发展，陆续研究出用于解决各种工程问题的多种有限元分析商业软件，包括用于液态金属凝固过程的温度场、应力应变场的数值模拟；凝固组织、凝固缺陷分析与性能预测等。

总的来说，差分法和有限元法已成为解决温度场计算问题的两种主要数值计算方法，它们各有所长。在实际计算过程中，经常将这两种方法结合起来进行运算，例如在空间域采用有限元法进行离散，时间域采用差分法进行离散。

第三节　铸造过程温度场

如前所述，铸件凝固温度场的解析解法只能求解一些简单形体铸件凝固传热的特殊问题，如大平板、长圆柱体、球体等，并且需要对数学模型进行一定的简化处理。本节以半无限大平板铸件的凝固过程为例，介绍一维不稳定温度场的解析解法及温度分布特点。

一、半无限大平板铸件凝固过程的一维不稳定温度场

在两个方向上的尺寸足够大的平板铸件在同样足够大的铸型中凝固时，热量从铸件经与铸型的接触界面向铸型中传导，可以近似地认为是沿着界面的法线方向一维热传导，并且温度与热流分布关于铸件的中层面对称，这样就构成了半无限大平板铸件凝固过程的一维不稳定温度场的求解问题。为使问题简化，先进行以下假设：

1）凝固过程的初始状态为：铸件与铸型内部分别为均温，铸件的起始温度为浇注温度 T_{10}，铸型的起始温度为环境温度或铸型预热温度 T_{20}。

2）铸件金属的凝固温度区间很小，可忽略不计。

3）不考虑凝固过程中结晶潜热的释放。

4）铸件的热物理参数 λ_1、c_1、ρ_1 与铸型的热物理参数 λ_2、c_2、ρ_2 不随温度变化。

5）铸件与铸型紧密接触，不考虑界面热阻，即铸件与铸型在界面处等温。

以界面点为原点，以界面的法线方向为 x 轴、纵坐标为温度 T 建立坐标系，见图 2-4。显然，凝固过程中，铸件与铸型中的温度分布符合傅里叶微分方程，其通解为

$$T = C + D\,\mathrm{erf}\left(\frac{x}{2\sqrt{at}}\right) \qquad (2\text{-}13)$$

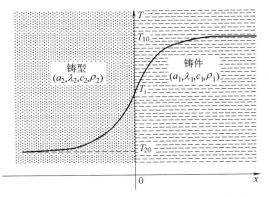

图 2-4 无限大平板铸件凝固温度场分布

式中，C、D 为不定积分常数；a 是铸件（或铸型）材料的热扩散率；$\mathrm{erf}(x)$ 为高斯误差函数，其计算式为

$$\mathrm{erf}\left(\frac{x}{2\sqrt{at}}\right) = \frac{2}{\sqrt{\pi}} \int_0^{\frac{x}{2\sqrt{at}}} e^{-\beta^2}\,\mathrm{d}\beta \qquad (2\text{-}14)$$

其值可通过查表 2-2 求得。

表 2-2 高斯误差积分值

$\dfrac{x}{2\sqrt{at}}$	$\mathrm{erf}\left(\dfrac{x}{2\sqrt{at}}\right)$	$\dfrac{x}{2\sqrt{at}}$	$\mathrm{erf}\left(\dfrac{x}{2\sqrt{at}}\right)$	$\dfrac{x}{2\sqrt{at}}$	$\mathrm{erf}\left(\dfrac{x}{2\sqrt{at}}\right)$	$\dfrac{x}{2\sqrt{at}}$	$\mathrm{erf}\left(\dfrac{x}{2\sqrt{at}}\right)$
0.05	0.056	0.55	0.563	1.05	0.862	1.55	0.972
0.10	0.113	0.60	0.604	1.10	0.880	1.60	0.976
0.15	0.168	0.65	0.642	1.15	0.896	1.65	0.980
0.20	0.223	0.70	0.678	1.20	0.910	1.70	0.984
0.25	0.276	0.75	0.711	1.25	0.923	1.75	0.987
0.30	0.329	0.80	0.742	1.30	0.934	1.80	0.990
0.35	0.379	0.85	0.771	1.35	0.944	1.85	0.991
0.40	0.419	0.90	0.797	1.40	0.952	1.90	0.993
0.45	0.476	0.95	0.821	1.45	0.960	1.95	0.994
0.50	0.521	1.00	0.843	1.50	0.966	2.00	0.995

对于铸件侧，有边界条件：$x = 0$（$t > 0$）时，$T_1 = T_2 = T_i$；初始条件：$t = 0$ 时，$T_1 =$

T_{10}，代入式（2-13）后得铸件侧温度场的方式为

$$T_1 = T_i + (T_{10} - T_i)\,\mathrm{erf}\left(\frac{x}{2\sqrt{a_1 t}}\right) \tag{2-15}$$

同理可得铸型侧温度场的方程式为

$$T_2 = T_i + (T_i - T_{20})\,\mathrm{erf}\left(\frac{x}{2\sqrt{a_2 t}}\right) \tag{2-16}$$

对于公式中的界面温度 T_i，可以通过在界面处热流的连续性条件求出，即

$$\lambda_1 \left[\frac{\partial T_1}{\partial x}\right]_{x=0} = \lambda_2 \left[\frac{\partial T_2}{\partial x}\right]_{x=0} \tag{2-17}$$

式中，$b_1 = \sqrt{\lambda_1 c_1 \rho_1}$，为铸件的蓄热系数；$b_2 = \sqrt{\lambda_2 c_2 \rho_2}$，为铸型的蓄热系数。

将式（2-17）分别代入式（2-15）、式（2-16）可得铸件与型离界面为 x 处的温度分布方程为

$$T_1 = \frac{b_1 T_{10} + b_2 T_{20}}{b_1 + b_2} + \frac{b_2 T_{10} - b_2 T_{20}}{b_1 + b_2}\,\mathrm{erf}\left(\frac{x}{2\sqrt{a_1 t}}\right) \tag{2-18}$$

$$T_2 = \frac{b_1 T_{10} + b_2 T_{20}}{b_1 + b_2} + \frac{b_1 T_{10} - b_1 T_{20}}{b_1 + b_2}\,\mathrm{erf}\left(\frac{x}{2\sqrt{a_2 t}}\right) \tag{2-19}$$

图 2-5 为半无限大平板铸铁件分别在砂型和金属型铸型中浇注后在 $t=0.01\mathrm{h}$、$0.05\mathrm{h}$、$0.5\mathrm{h}$ 时刻的温度分布曲线，计算按式（2-18）、式（2-19）进行，取浇注温度为 1370℃，铸型初始温度为 20℃，其他热物性参数见表 2-3。由图可见，金属型铸型具有良好的导热性能，因此铸件的凝固、冷却速度较快。而砂型铸型的导热性能较差，在界面两侧形成了截然不同的温度分布形态。

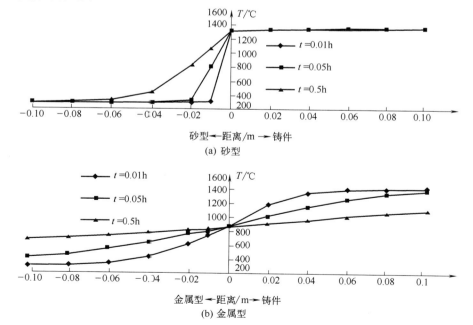

图 2-5　铸铁件凝固过程的温度分布

表 2-3　材料的热物性参数

热物性值 材料	热导率 λ /[W/(m·k)]	比热容 c /[J/(kg·K)]	密度 ρ /(kg/m³)	热扩散率 a /(m²/s)
铸铁	46.5	753.6	7000	8.8×10^{-6}
砂型	0.314	963.0	1350	2.4×10^{-7}
金属型	61.64	544.3	7100	1.58×10^{-5}

采用上述方法求解温度场时，铸件与铸型界面温度 T_i 在凝固过程中不随时间而变。

二、铸件凝固时间计算

（一）无限大平板铸件的凝固时间计算

铸件的凝固时间是指从液态金属充满型腔后至凝固完毕所需要的时间。铸件凝固时间是制订生产工艺、获得稳定铸件质量的重要依据。半无限大平板铸件的凝固时间可通过界面传热的连续性来计算。

根据傅里叶定律，铸件凝固过程中通过界面传向铸型中的热流强度为

$$q_{x=0} = -\lambda \left[\frac{\partial T_2}{\partial x} \right]_{x=0} \tag{2-20}$$

由式（2-16）可知

$$\left[\frac{\partial T_2}{\partial x} \right]_{x=0} = \frac{T_{20} - T_i}{\sqrt{\pi a_2 t}} \tag{2-21}$$

带入式（2-19）得

$$q_{x=0} = \frac{b_2}{\sqrt{\pi t}} (T_i - T_{20}) \tag{2-22}$$

假设铸件的凝固层厚度为 ξ，凝固时间为 τ，铸件与铸型间的接触面为 A_1，对式（2-22）在时间（0，τ）内积分并乘以 A_1，得到铸型在铸件凝固过程中所吸收的热量为

$$Q_2 = \frac{2 b_2 A_1}{\sqrt{\pi}} (T_i - T_{20}) \sqrt{\tau} \tag{2-23}$$

假设凝固过程中剩余液相温度保持不变，则凝固层所放出的热量（包括凝固潜热）为

$$Q_1 = V_1 \rho_1 [L + c_1 (T_{10} - T_S)] \tag{2-24}$$

因在界面处传热为连续，有 $Q_1 = Q_2$，即

$$\sqrt{\tau} = \frac{\sqrt{\pi} \rho_1 [L + c_1 (T_{10} - T_S)]}{2 b_2 (T_i - T_{20})} \times \frac{V_1}{A_1} \tag{2-25}$$

式中，V_1 为铸件凝固层的体积（而并非是铸件体）；τ 为该凝固层对应的凝固时间；L 为铸件的凝固潜热；T_S 为铸件金属的固相线温度。

由式（2-25）可知：要对铸件的凝固时间进行理论计算，必须预知铸件和铸型的热物理参数、铸造过程的有关工艺参数以及铸件和铸型界面温度等，计算过程比较繁杂且并不精确。这是因为理论计算式是在许多假设和简化前提下推导出的，因此在实际中应用较少。

（二）大平板铸件凝固时间计算的平方根定律

对于大平板铸件，凝固层厚度 ξ 与凝固层体积 V_1、铸件与铸件间接触面积 A_1 三者间

满足关系式

$$\xi = \frac{V_1}{A_1}$$

代入式（2-25）并令

$$K = \frac{2b_2(T_i - T_{20})}{\sqrt{\pi}\rho_1[L + c_1(T_{10} - T_S)]} \qquad (2-26)$$

得

$$\sqrt{\tau} = \frac{\xi}{K}$$

或

$$\tau = \frac{\xi^2}{K^2} \qquad (2-27)$$

这就是金属凝固的平方根定律，即：金属凝固时间与凝固层厚度的平方成正比。K 称为凝固系数，可由试验测定。当凝固结束时，ξ 为大平板厚度的一半。

对于某些有固定熔点的金属在无过热情况下进行浇注时，凝固系数 K 的表达式可简化为

$$K = \frac{2b_2(T_i - T_{20})}{\sqrt{\pi}\rho_1 L}$$

表 2-4 列出了一些常见材料的凝固系数。

表 2-4　常见材料的凝固系数

铸件材料	铸型	$K/(cm \cdot min^{-\frac{1}{2}})$
灰铸铁	砂型	0.72
	金属型	2.2
可锻铸铁	砂型	1.1
	金属型	2.0
铸钢	砂型	1.3
	金属型	2.6
黄铜	砂型	1.8
	金属型	3.0
铸铝	砂型	—
	金属型	3.1

平方根定律一般不适用于两维散热的柱状铸件的凝固过程。张兴中等人推导出适用于截面形状为圆形或正方形柱状铸件凝固过程的"圆方坯凝固方程"

$$K^2\tau = \xi^2\left(\ln\frac{\xi}{r_0} - \frac{1}{2}\right) + \frac{r_0^2}{2} \qquad (2-28)$$

式中，r_0 为圆柱体半径或方柱体边长的一半。

（三）一般铸件凝固时间计算的近似公式

一般铸件凝固时间的准确计算较为复杂，将式（2-25）中的 V_1 与 A_1 推广理解为一般

形状铸件的体积与表面积，并令

$$R = \frac{V_1}{A_1} \tag{2-29}$$

可得一般铸件凝固时间的近似计算公式

$$\sqrt{\tau} = \frac{R}{K} \tag{2-30}$$

式中，R 为铸件的折算厚度，称为"模数"。式（2-30）称为"模数法"或"折算厚度法则"。

由式（2-29）可见，模数 R 反映了铸件的几何特征。从传热学角度来说，模数代表着铸件热容量与散热表面积之间的比值关系，凝固时间随模数增大而延长。生产中应用"模数法"计算铸件凝固时间时，首先要计算出铸件的模数。对于形状复杂的铸件，其体积与表面积的计算都是比较麻烦的，这时可将复杂铸件看作形状简单的平板、圆柱体、球、长方体等单元体的组合，分别计算出各单元体的模数，但各单元体的结合面不计入散热面积中。一般情况下，模数最大的单元体的凝固时间即为铸件的凝固时间。

实际铸件的形状对凝固时间有重要影响。"折算厚度法则"将普通铸件模数等同于"平方根定律"中大平板铸件凝固层厚度，没有考虑实际铸件棱角散热效应的影响，因此计算结果存在一定误差。

三、界面热阻与实际凝固温度场

上述关于铸造过程凝固温度场的分布以及凝固时间的讨论均将铸件与铸型的接触当作是理想状态下的紧密接触，而实际铸件凝固过程中，铸件与铸型界面大多不同程度地存在接触热阻或界面热阻。这是因为铸型型腔内表面上往往存在一层涂料，涂料导热性能较差或涂层较厚，都会对铸件的凝固及散热速度产生影响。此外，界面接触状况对热阻大小有着重要影响。由于铸件与铸型的接触是凹凸不平的局部接触，并且随铸件冷却收缩与铸型受热膨胀，界面处产生间隙，间隙内除了热传导之外，还存在对流与辐射传热。

界面热阻对凝固温度场分布形态的影响程度取决于界面热阻在系统热阻中所占的比例大小。下面分四种情况来讨论铸件凝固过程温度场的分布特点。

（1）金属铸件与绝热型铸型砂型、石膏型、陶瓷型等多数非金属铸型材料的热导率远小于凝固金属的热导率，可认为它们属于绝热铸型，因此已凝固铸件内及液态金属中的温度分布可近似认为是均匀的。此时铸件的凝固、散热速度主要取决于铸型的热物理性能，界面热阻可忽略不计，铸型内表面温度接近铸件温度，铸型内的温度梯度很大，当铸型足够厚时，其外表面温度保持起始温度 T_{20}。系统温度分布示意图如图 2-6（a）所示。图中 $x=0$ 处为铸型与铸件界面，$x=\xi$ 处为固、液相界面，S' 段为已凝固铸件，L 段为尚未凝固的液相（以后各图情况相同，不再说明）。

（2）界面热阻较大的金属铸型 通常，金属铸型内表面会有一层耐高温保护涂料。当涂层较厚时或涂层的导热性能较差时，界面涂层的热阻较铸件与铸型的热阻大得多，此时铸件的凝固、散热速度主要取决于涂层的厚度与导热性能，铸件与金属铸型中的温度梯度可忽略不计。系统温度分布示意图如图 2-6（b）所示。

（3）界面热阻很小的金属铸型 当金属型的表面涂层很薄时或涂层材料的导热性能很好时，界面热阻相对于金属铸型、铸件内的热阻可忽略不计，此时铸件的凝固、散热速度主要取决于铸件与铸型的热物理性能，可近似认为界面上没有温度降。系统温度分布示意图如

图 2-6（c）所示。

（4）非金属铸件与金属铸型　在金属铸型中注塑或在熔模精密铸造中用金属型压制蜡模时都属于这种情况。由于非金属铸件的导热性能很差，界面热阻与金属铸型的热阻可忽略不计，铸件的凝固、散热速度主要取决于铸件自身的热物理性能，温度降主要发生在铸件一侧。系统温度分布示意图如图 2-6（d）所示。

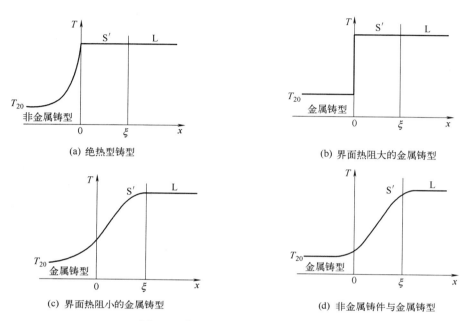

(a) 绝热型铸型

(b) 界面热阻大的金属铸型

(c) 界面热阻小的金属铸型

(d) 非金属铸件与金属铸型

图 2-6　典型铸件凝固中的温度分布

由以上分析可知，实际凝固温度场的分布与凝固速度的计算问题是比较复杂的，只有在界面热阻很小或相对于系统其他热阻可以忽略不计时，才有温度场分布的解析式和"平方根定律"成立。

四、铸件凝固方式及其影响因素

影响铸件凝固方式的因素有合金的凝固温度区间与凝固时铸件中的温度梯度。

1. 合金凝固温度区间的影响

在铸件断面温度梯度相近的情况下，固液两相区的宽度取决于铸件合金的凝固温度区间的大小。图 2-7 所示是三种不同碳质量分数的碳钢在砂型和金属型中凝固时测得的动态凝固

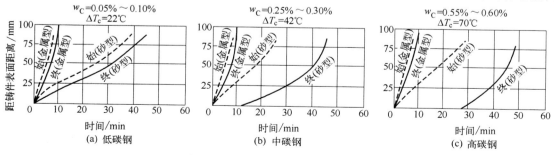

(a) 低碳钢

(b) 中碳钢

(c) 高碳钢

图 2-7　不同碳钢的动态凝固曲线

曲线。由图可见，随碳质量分数的增加，碳钢的结晶温度区间增大，铸件断面固液两相区的宽度增加。其中对于在砂型中的凝固，低碳钢近于逐层凝固方式，中碳钢为中间凝固方式，而高碳钢近于体积凝固方式。

2. 温度梯度的影响

当铸件合金成分确定后，铸件断面固液两相区的宽度则取决于铸件中的温度梯度，如图 2-8 所示。当温度梯度较大时（如图中 G_1），固液两相区较窄合金近逐层凝固方式凝固（图 2-8a）；当温度梯度较为平坦时（如图中 G_2），固液两相区明显加宽，合金近体积凝固方式凝固（图 2-8b）。

如前所述，影响铸件中温度分布的因素很多，其中铸型材料的影响较为显著。由于砂型的蓄热系数比金属型的要小得多，因此凝固时温度分布平坦。对于同一种合金，采用砂型比金属型时的固液两相要宽得多，这一点从图 2-7 也完全可以看出。

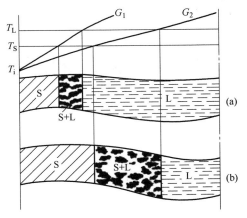

图 2-8　温度梯度对铸件凝固方式的影响
（a）温度梯度为 G_1；（b）温度梯度为 G_2

课程思政内容的思考

从传热的几种基本方式可以认识到，在学习和以后生活中遇到困难时应寻找解决问题的多个途径而不是陷入某一种解决方式中太过执拗，学会变通的人生处理方式和辩证的思维方式。

思考与练习

1. 已知某半无限大板状铸钢件的热物性参数为：热导率 $\lambda = 46.5 \mathrm{W/(m \cdot K)}$，比热容 $c = 460.5 \mathrm{J/(kg \cdot K)}$，密度 $\rho = 7850 \mathrm{kg/m^3}$，取浇注温度为 $1570℃$，铸型的初始温度为 $20℃$。用描点作图法绘出该铸件在砂型和金属型铸型（铸型壁均足够厚）中浇注后 0.02h、0.2h 时刻的温度分布并做分析比较。铸型的有关热物性参数见表 2-3。

2. 采用平方根定律计算凝固时间是否存在误差。分析误差产生的原因。用于半径相同的圆柱体和球体时哪个误差大？大铸件与小铸件哪个误差大？金属型与砂型呢？

3. 凝固速度对铸件凝固组织、性能与凝固缺陷的产生有重要影响。试分析可以通过哪些工艺措施来改变或控制凝固速度。

4. 比较同样体积大小的球状、块状、板状及杆状铸件凝固时间的长短。

5. 在一面为砂型而另一面为某专用材料制成的铸型中浇注厚度为 50mm 的纯铝板，浇注时无过热。凝固后检验其组织，发现最后凝固的对合面位于距砂型接触界面 37.5mm 处，试估算该专用材料的蓄热系数。

第三章

液态金属的结晶形核与生长

　　凝固是物质由液相转变为固相的过程。凝固是材料液态成形技术及新材料研究与开发领域共同关注的重要问题。严格地说，凝固包括由液体向晶态固体转变（结晶）及向非晶态固体转变（玻璃化转变）两部分内容。常用工业合金和金属的凝固过程一般只涉及前者。本章主要讨论结晶过程的形核及晶体生长热力学与动力学。

第一节　凝固热力学

一、液-固相变驱动力

　　首先，我们从热力学来推导纯金属系统由液体向固体转变的相变驱动力 ΔG_v。根据热力学原理，相变是系统自由能由高向低变化的过程，新相与母相的体积自由能之差 ΔG_v 即为相变驱动力。系统自由能 G 与熵 S、温度 T、体积 V 及压力 p 的微分方程，可由麦克斯韦尔关系表示

$$dG = -S dT + V dp \tag{3-1}$$

并根据数学上的全微分关系

$$dF(x,y) = \left(\frac{\partial F}{\partial x}\right)_y dx + \left(\frac{\partial F}{\partial y}\right)_x dy \tag{3-2}$$

得

$$dG = \left(\frac{\partial G}{\partial T}\right)_p dT + \left(\frac{\partial G}{\partial p}\right)_T dp \tag{3-3}$$

　　比较式（3-1）及式（3-3）可知：$\left(\frac{\partial G}{\partial T}\right) = -S$，$\left(\frac{\partial G}{\partial p}\right)_T = V$ 等压时，$dp = 0$，$dG = -SdT = \left(\frac{\partial G}{\partial T}\right)_p dT$。由于熵恒为正值，故物质自由能 G 随温度上升而下降。又因为 $S_L > S_S$（液态熵大于固态熵），所以

$$\left|\left(\frac{\partial G}{\partial T}\right)_p\right|_L > \left|\left(\frac{\partial G}{\partial T}\right)_p\right|_S \tag{3-4}$$

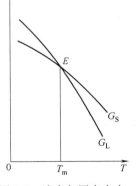

图 3-1　液态与固态自由能-温度关系

即液相自由能 G 随温度上升而下降的斜率大于固相 G 的斜率，如图 3-1 所示（纯金属固定熔点的情况）。可见，液-固平衡凝固点 T_m 时，$\Delta G = G_S - G_L = 0$；$T > T_m$ 时，液相自由能 G_L 小于固相自由能 G_S；而 $T < T_m$ 时，固相自由能 G_S 小于液相自由能 G_L。此时，液-固体积自由能之差（以 ΔG_V 表示）为相变驱动力，使系统由液体向固体转变。因为 $G = H - ST$，所以

$$\Delta G_V = G_S - G_L = (H_S - S_S T) - (H_L - S_L T)$$
$$= (H_S - H_L) - T(S_S - S_L)$$

即

$$\Delta G_V = \Delta H - T\Delta S \tag{3-5}$$

当系统的温度 T 与平衡凝固点 T_m 相差不大时，$H \approx -\Delta H_m$（此处，ΔH 指凝固潜热，H_m 为熔化潜热），相应地，$\Delta S \approx -\Delta_m = -\Delta H_m / T_m$ 代入式（3-5）得

$$\Delta G_V = -\Delta H_m + T\frac{\Delta H_m}{T_m} = -\Delta H_m\left(1 - \frac{T}{T_m}\right)$$

$$\Delta G_V = -\frac{\Delta H_m \Delta T}{T_m} \tag{3-6}$$

T_m 及 ΔH_m 对一特定金属或合金为定值，所以过冷度 ΔT（$= T_m - T$）是影响相驱动力的决定因素。过冷度 ΔT 越大，凝固相变驱动力 ΔG_V 越大。

那么，为什么金属必须要有一过冷度才能发生液-固相变呢？

液-固平衡温度 T_m 时，对于平直界面，原子由固相跑向液相的速度与由液相跑向固相是相等的。晶胚尺寸越小，表面曲率越大，曲率半径越小，固相 Δp 越大，因而越不稳定（附加自由能越大，见第一章），此时固相原子跑向液相比液相跑向固相更容易，故在晶胚很小时，容易熔化。从另一方面看，在晶胚 r 一定的情况下，温度越低，ΔG 越大（绝对值），从液相跑向固相的速度越快。而且，一定过冷度对应一定尺寸的晶胚（对应一定的晶胚表面曲率），小于该过冷度，则晶胚出现不稳定，晶胚由于熔化速度大于凝固速度而消失。即存在一临界晶核，晶胚尺寸小于临界晶核则不稳定。因此，综合来看，只有在一临界过冷度时，晶胚才不会熔化变小，从而作为晶核稳定下来。当温度低于这一临界温度，液相原子跑向固相的速度比固相跑向液相的速度更大，晶核长大而发生晶体生长。

二、曲率、压力对物质熔点的影响

由于表面张力 σ 的存在，固相曲率 k 引起固相内部压力增高，这产生附加自由能：$\Delta G_1 = V_S\Delta p = V_S\sigma\left(\frac{1}{r_1} + \frac{1}{r_2}\right) = 2V_S\sigma k$，式中 $k = \frac{1}{2}\left(\frac{1}{r_1} + \frac{1}{r_2}\right)$，$V_S$ 为固相摩尔体积。因此，必须有一相应过冷度 ΔT_r 使自由能降低与之平衡（抵消），$\Delta G_2 = -\frac{\Delta H_m \Delta T_r}{T_m}$。即

$$\Delta G_1 + \Delta G_2 = 2V_S\sigma k - \frac{\Delta H_m \Delta T_r}{T_m} = 0$$

所以得

$$\Delta T_r = \frac{2V_S \sigma T_m k}{\Delta H_m} \tag{3-7}$$

球面时

$$\Delta T_r = \frac{2V_S T_m \sigma}{\Delta H_m r} \tag{3-8}$$

这表明，固相的表面曲率（$k>0$ 时）引起物质熔点的降低。就是说，由于曲率的影响，物质的实际熔点比平衡熔点 T_m（$r=\infty$ 时）要低。曲率越大（晶粒半径 r 越小），物质熔点温度越低。

绝大多数的物质，其固态时的密度高于液态时的密度。换言之，液态的体积大于固态的体积。因此，当系统的外界压力升高时，物质熔点必然随之升高。当系统的压力高于一个大气压时，则物质熔点将会比其在正常大气压下的熔点要高。通常，压力改变时，熔点温度的改变很小，约为 10^{-2}℃/大气压。

对于像 Sb、Bi、Ga 等少数物质，固态时的密度低于液态时的密度，压力对熔点的影响与上述情况相反。

第二节　均 质 形 核

结晶过程是从形核开始的，然后晶核发生生长而使得系统逐步由液体转变为固体。凝固理论将形核分为均质形核（Homogeneous Nucleation）和非均质形核（Heterogeneous Nucleation）两类。均质形核是指形核前液相金属或合金中无外来固相质点（对钢铁而言，通常为氧化物，氮化物、碳化物等高熔点微小固相质点），而从液相自身发生形核的过程，所以也称"自发形核"。在实际生产中，均质形核是不太可能的。即使是在区域精炼的条件下，每 1cm³ 的液相中也有约 10^6 个边长为 10^3 个原子的立方体的微小杂质颗粒。所以，一般来说凝固是从非均质形核开始的，即依靠外来质点或型壁界面提供的衬底进行生核过程（亦称"异质形核"或"非自发形核"）。但为了讨论方便，我们还是先介绍均质形核。

一、形核功及临界半径

均质晶核形成时，设晶核为球体，系统自由能变化 ΔG 由两部分组成，即作为相变驱动力的液-固体积自由能之差（由 ΔG_V 引起）和阻碍相变的固-液界面能（由 σ_{LS} 引起）

$$\Delta G = V \frac{\Delta G_V}{V_S} + A\sigma_{LS} = \frac{4}{3}\pi r^3 \frac{\Delta G_V}{V_S} + 4\pi r^2 \sigma_{LS} \tag{3-9}$$

式中，V 为晶核体积；V_S 为形核晶体的摩尔体积；A 为晶核表面积。

因为在一定过冷度 ΔT 下

$$\Delta G_V = -\Delta H_m \Delta T / T_m$$

始终为负值，故第一项体积自由能部分使系统能量降低，而第二项表面自由能使系统能量升高。图 3-2 所示为形核时系统自由能的变化。$r<r^*$ 时，由于第二项上升速度比第一项下降速度快，所以系统总的自由能随 r 增大而上升。$r=r^*$ 时，ΔG 达到最大值 ΔG^*。r 继续增大，因体积自由能 ΔG_V 下降速度加快，系统自由能 ΔG 随之开始下降，这时，原先不稳定

的晶胚转变为稳定状态的晶核。对应于 r^* 的 ΔG^*（最大值）称为形核功，它表示形核过程系统需克服的能量障碍，即形核"能垒"。由式（3-9），$\partial \Delta G / \partial r = 0$，则得到临界晶核半径为

$$r^* = -\frac{2\sigma_{LS}V_S}{\Delta G_V} = \frac{2\sigma_{LS}V_S T_m}{\Delta H_m \Delta T} \qquad (3-10)$$

将式（3-10）代入式（3-9），可得到均质形核的形核功

$$\Delta G^* = \frac{16\pi}{3}\sigma_{LS}^3 \left(\frac{V_S T_m}{\Delta H_m \Delta T}\right)^2 \qquad (3-11)$$

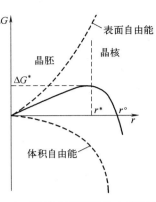

图 3-2　液相中形核时自由能变化

由式（3-11）可知，对一种晶体，V_S、σ_{LS}、ΔH_m、T_m 均为定值，$\Delta G^* \propto \Delta T^{-2}$，过冷度 ΔT 越小，形核功 ΔG^* 越大，$\Delta T \to 0$ 时，$\Delta G^* \to \infty$，这表明过冷度很小时难以形核，也从数学上证明了为什么物质凝固必须要有一定过冷度。大小为临界半径 r^* 的晶核处于介稳状态，它们既可消散也可生长。只有 $r > r^*$ 的晶核才可成为稳定晶核。

由式（3-10）可知，临界晶核半径 r^* 与过冷度 ΔT 成反比，即 ΔT 越大（温度越低），则 r^* 越小。另一方面，液体中原子团簇的统计平均尺寸 r° 不随温度降低（ΔT 增大）而增大。r° 与 r 相交时，相应的过冷度为 ΔT^*，对应图 3-3 所示温度 T_N。过冷度达到 ΔT^* 之后，原子团簇平均半径 r° 已达临界尺寸，开始大量形核。温度进一步降低到 T_1（ΔT 更大），r° 更大，r^* 更小，形核数也就更多。

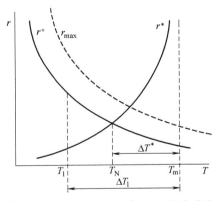

图 3-3　液态金属 r°、r^* 与 T 的关系及临界过冷度 ΔT^*

应该指出，由于"能量起伏"的作用，液体中存在"结构起伏"的原子团簇，它们的尺寸有大有小，其中最大的原子团簇尺寸为图 3-3 所示的 r_{max}，在 ΔT^* 之前便已达到临界晶核半径 r^* 成为稳定晶核而生长，因此，在 $\Delta T < \Delta T^*$ 之前的一定温度范围就已有晶核存在，不应理解成过冷度达 ΔT^* 才可以生核，只是 $\Delta T < \Delta T^*$ 之前晶核数量很少而已。因此，ΔT^* 应理解为大量形核的临界过冷度。

临界晶核的表面积为

$$A^* = 4\pi(r^*)^2 = 16\pi\sigma_{LS}^2 \left(\frac{V_S T_m}{\Delta H_m \Delta T}\right)^2$$

所以

$$\Delta G^* = \frac{1}{3}A^* \sigma_{LS} \qquad (3-12)$$

这意味着形核功 ΔG^* 的大小为临界晶核表面能的 $1/3$，它是均质形核所必须克服的能量障碍。形核功由熔体中的"能量起伏"提供。因此，过冷熔体中形成的晶核是"结构起伏"及"能量起伏"的共同产物。

二、形核率

形核率是单位体积中、单位时间内形成的晶核数目。根据前面分析，温度越低，过冷度 ΔT 越大，形核率 I 越高。均质形核的形核率 I 可表示为式（3-13），式中 K 为玻尔兹曼常

数，ΔG_A 为扩散激活能，ΔG^* 为形核功。

$$I = C \exp\left(\frac{-\Delta G_A}{KT}\right) \exp\left(\frac{-\Delta G^*}{KT}\right) \qquad (3\text{-}13\text{a})$$

$$I = C \exp\left(\frac{-\Delta G_A}{KT}\right) \exp\left[-\frac{16\pi\sigma_{LS}^3}{3KT}\left(\frac{T_m V_S}{\Delta T \Delta H_m}\right)^2\right] \qquad (3\text{-}13\text{b})$$

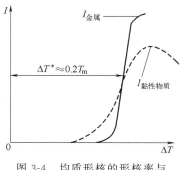

图 3-4 均质形核的形核率与过冷度的关系

所以，$\Delta T \to 0$ 时，形核功 $\Delta G^* \to \infty$，此时形核率 $I \to 0$。ΔT 增大，ΔG^* 下降，I 上升。对于一般金属，温度降到某一程度，达到临界过冷度（ΔT^*），形核率迅速上升。计算及实验均表明，$\Delta T^* \approx 0.2 T_m$，可见，均质形核需要很大的过冷度。而在这之前，均质形核的形核率随过冷度的增加几乎始终为零，即不可能发生形核。此外，大多数金属过冷度不可能越过大量形核程度的温度范围而达到足以抑制形核的程度，因此，看不到 I 下降的趋势，如图 3-4（实线）所示。对于黏性液体，ΔT 增到一定值后，由于温度降低使扩散发生困难，所以 I 又开始下降，如图 3-4（虚线）所示。

第三节 非均质形核

非均质形核是相对于均质形核而言的。所谓均质形核，是指晶核在一个体系内均匀地分布，故也称均匀生核。而晶核在体系内某些区域择优地不均匀地形成，这种不均匀晶核通常是在液相中分布的一些杂质颗粒或铸型表面上进行，使得实际上在过冷度 ΔT 比均质形核临界过冷度 ΔT^* 小得多时就大量成核。

一、非均质形核形核功

合金液体（L）中存在的大量高熔点微小杂质可作为非均质形核的基底（C）。如图 3-5 所示，晶核依附于夹杂物的界面上形成。这不需要形成类似于球体的晶核，新生固相（S）只需在界面上形成一定体积的球缺便可成核。图中，三种界面能分别为：σ_{LS}、σ_{LC}、σ_{SC}。σ_{LS} 与 σ_{SC} 的夹角为接触角 θ。当处于平衡状态时，有 $\sigma_{LC} = \sigma_{SC} + \sigma_{LS}\cos\theta$ 的关系。为求形核功，需求出界面能变化 $\Delta G(S)$ 和体自由能变化 $\Delta G(V)$。

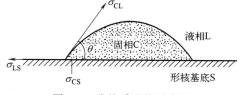

图 3-5 非均质形核示意图

先求出球缺体积 V，晶核与夹杂的接触面积 A_1，晶核与液体的接触面积 A_2。

$$A_1 = \pi(r\sin\theta)^2 = \pi r^2(1 - \cos^2\theta)$$

$$A_2 = \int_0^\theta 2\pi(r\sin\theta)(r\,d\theta)$$

$$= 2\pi r^2 \int_0^\theta \sin\theta\,d\theta = 2\pi r^2(1 - \cos\theta)$$

$$V = \int_0^\theta \left[\pi (r\sin\theta)^2 \right] \mathrm{d}(r - r\cos\theta)$$

$$= \int_0^\theta \pi r^3 \sin^3\theta \, \mathrm{d}\theta = \pi r^3 \left(\frac{2 - 3\cos\theta + \cos^3\theta}{3} \right)$$

非均质形核后界面能

$$\sigma_{SC} A_1 + \sigma_{LS} A_2 = \pi r^2 \sin^2\theta \sigma_{SC} + 2\pi r^2 (1 - \cos\theta) \sigma_{LS}$$

将 $\sigma_{LC} = \sigma_{SC} + \sigma_{SL}\cos\theta$ 代入，非均质形核前后界面能变化 $\Delta G(S)$ 为

$$\Delta G(S) = \pi r^2 \sin^2\theta \sigma_{SC} + 2\pi r^2 (1 - \cos\theta) \sigma_{LS}$$

$$= \pi r^2 \sigma_{LS} (2 - 3\cos\theta + \cos^3\theta)$$

为了便于比较，这里以 ΔG_{he} 表示非均质形核前后系统自由能的变化，相应形核功为 ΔG_{he}^*，而以 ΔG_{ho}^* 表示均质形核的形核功，即式（3-11）的 ΔG^*。形核前后体积自由能变化为

$$\Delta G(V) = \frac{V}{V_S} \Delta G_V = \pi r^3 \left(\frac{2 - 3\cos\theta + \cos^3\theta}{3} \right) \frac{\Delta G_V}{V_S}$$

非均质形核后，系统总的自由能变化为

$$\Delta G_{he} = \Delta G(V) + \Delta G(S)$$

由 $\dfrac{\mathrm{d}\Delta G_{he}}{\mathrm{d}r} = 3\pi r^2 \left(\dfrac{2 - 3\cos\theta + \cos^3\theta}{3} \right) \dfrac{\Delta G_V}{V_S} + 2\pi r \sigma_{LS} (2 - 3\cos\theta + \cos^3\theta) = 0$，得

$$r_{he}^* = -\frac{2\sigma_{SL} V_S}{\Delta G_V} = \frac{2\sigma_{LS} V_S T_m}{\Delta H_m \Delta T} \tag{3-14}$$

式（3-14）为非均质形核临界半径 r_{he}^*，形式上与式（3-10）完全相同，即非均质形核与均质形核临界半径相同。将 r_{he}^* 代入 ΔG_{he}，则可得到非均质形核的形核功 ΔG_{he}^*

$$\Delta G_{he}^* = \pi \sigma_{LS} (2 - 3\cos\theta + \cos^3\theta) \left(-\frac{2\sigma_{LS} V_S}{\Delta G_V} \right)^2$$

$$+ \pi \frac{\Delta G_V}{V_S} \times \left(\frac{2 - 3\cos\theta + \cos^3\theta}{3} \right) \left(-\frac{2\sigma_{LS} V_S}{\Delta G_V} \right)^3$$

$$= \pi \sigma_{LS}^3 \left(\frac{V_S}{\Delta G_V} \right)^2 \frac{4}{3} (2 - 3\cos\theta + \cos^3\theta)$$

为了方便与均质形核相比较，将非均质形核功 ΔG_{he}^* 表达为

$$\Delta G_{he}^* = \frac{16\pi \sigma_{LS}^3 V_S^2}{3\Delta G_V^2} \times \frac{2 - 3\cos\theta + \cos^3\theta}{4} = \frac{16\pi \sigma_{LS}^3}{3} \left(\frac{T_m V_S}{\Delta T \Delta H_m} \right) \frac{2 - 3\cos\theta + \cos^3\theta}{4} \tag{3-15}$$

与均质形核功 $\Delta G_{ho}^* = \dfrac{16\pi}{3} \sigma_{LS}^3 \left(\dfrac{V_S T_m}{\Delta H_m \Delta T} \right)^2$ 比较，非均质形核功 ΔG_{he}^* 为

$$\Delta G_{he}^* = \frac{1}{4} (2 - 3\cos\theta + \cos^3\theta) \Delta G_{ho}^* \tag{3-16}$$

$f(\theta) = \dfrac{2 - 3\cos\theta + \cos^3\theta}{4}$ 的数值在 0～1 之间变化（θ 在 0°～180°之间）。

由式（3-16）可知，接触角大小（晶体与杂质基底相互润湿程度）影响非均质形核的难易程度：

$\theta = 0°$，即晶体与杂质基底相互完全润湿，非均质形核功 $\Delta G_{he}^* = 0$，此时结晶相无需通过生核而直接在衬底上生长。

$\theta = 180°$，晶体与杂质完全不润湿，$\Delta G_{he}^{*} = \Delta G_{ho}^{*}$，此时非均质形核不起作用。

通常情况下，接触角 θ 远小于 $180°$，所以，非均质形核功 ΔG_{he}^{*} 远小于均质形核功 ΔG_{ho}^{*}。新生晶体与杂质基底之间的界面张力 σ_{SC} 越小，相互润湿程度越好，θ 越小，则

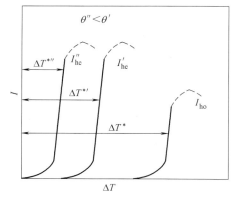

图 3-6 非均质形核、均质形核过
冷度与形核率

ΔG_{he}^{*} 越小，夹杂界面的非均质形核能力越强，形核过冷度 ΔT^{*} 越小，见图 3-6。正因为如此，非均质形核过冷度 ΔT^{*} 比均质形核的要小得多。通常，在大量非均质形核的过冷度下，均质形核率 I_{ho} 还几乎为 0，这也说明了为什么在实际金属和合金中很难发生均质形核。

非均质形核率 I_{he} 随过冷度变化，当 ΔT 达到一定值后，形核率 I_{he} 达最大值，然后下降（图 3-6），这是因为晶核在杂质基底面上进行分布，逐渐使那些有利于新晶核形成的表面减少的缘故。这与均质形核率 I_{ho} 随 ΔT 的变化规律是不同的。

比较式（3-10）与式（3-14）可知，非均质形核时的球缺的临界曲率半径与均质形核时的相同。然而新生固相的球缺实际体积却比均质形核时的晶核体积小得多。所以，从本质上说，液体中晶胚附在适当的基底界面上形核，其体积比均质临界核体积小得多时便可达到临界晶核半径。

二、非均质形核的形核条件

1. 基底晶体与结晶相的晶格错配度的影响

促进非均质形核的形核剂需要一定的条件。由 $\cos\theta = \dfrac{\sigma_{LC} - \sigma_{SC}}{\sigma_{LS}}$ 可知：通常 $\sigma_{LC} > \sigma_{LS}$，$\sigma_{SC}$ 越小，$\cos\theta$ 越趋近于 1，即 $\theta \to 0°$。为此，晶核与杂质的界面张力 σ_{SC} 越小，相互润湿越好，越有利于形核。根据界面能产生的原因，晶面结构越近似，点阵间隔越接近，它们之间的界面能越小。在晶面结构相近的情况下，以错配度 δ 表示结晶相的晶格与杂质基底晶格的共格情况

$$\delta = \frac{a_C - a_N}{a_N} \times 100\%$$

式中，a_N 为结晶相点阵间隔；a_C 为杂质点阵间隔。

错配度 δ 越小，共格情况越好，界面张力 σ_{SC} 越小，越容易进行非均质形核。一般认为：$\delta \leqslant 5\%$，为完全共格，非均质形核能力强；$5\% < \delta < 25\%$，为部分共格，杂质基底有一定的非均质形核能力；$\delta > 25\%$，为不共格，杂质无非均质形核能力。但这方面理论并不完善，δ 作为选择形核剂的标准也有不符合的情况。如 Ag-Sn 的 δ 比 Pt-Sn 的 δ 小，可是 Pt 可以作 Sn 的形核剂，Ag 却不能。所以错配度不能作为唯一的标准。目前，形核剂的选用往往还要靠实际经验，或通过实验研究来确定相应形核剂的组元及成分配比。

2. 过冷度的影响

非均形核的过冷度随金属液的冷速的增加而加大，在液体中存在着形核能力不同的多种物质时，其形核行为与过冷度有关。过冷度越大，能促使非均匀形核的外来质点的种类和数量越多，非均匀形核能力越强。这说明具有一定形核能力的杂质颗粒，其形核行为与冷速有关。

第四节　晶 体 生 长

当金属液达到一定过冷度，超过临界尺寸的晶核成为稳定晶核后，由液相到晶体表面上的原子数目将超过离开晶体表面而进入液相的原子数。于是将进入晶体生长阶段。

一、固-液界面结构及其影响因素

晶体生长是通过单个原子逐个地或若干个原子同时撞击到已有晶体表面（固-液界面固相一侧），并且，附着于晶体表面的原子按照晶格点阵规律排布起来，成为晶体新的部分。但是，在晶体表面上并不是任意位置都可以同样容易地接纳这些原子，晶体表面接纳原子的位置多少与晶体表面的结构有关。晶体表面上有原子空缺位置，或存在台阶的位置，容易接纳新的原子，而完全被占满的晶体表面则难以接纳新的原子。

根据 Jackson 提出的理论，从原子尺度看固-液界面的微观结构可分为两类：

（1）粗糙界面　固-液界面固相一侧的点阵位置有一半左右被固相原子所占据，形成坑坑洼洼凹凸不平的界面结构，如图 3-7 所示。粗糙界面在有些文献中也称"非小晶面"或"非小平面"。

（2）光滑界面　固-液界面固相一侧的点阵位置几乎全部为固相原子所占满，只留下少数空位或台阶，从而形成整体上平整光滑的界面结构，如图 3-8 所示。光滑界面在有些文献中也称"小晶面"或"小平面"。

固-液界面结构主要取决于晶体生长时的热力学条件及晶面取向（密排面还是非密排面）。

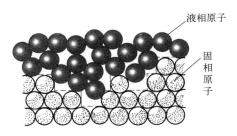

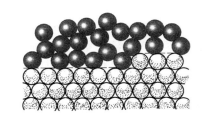

图 3-7　晶体生长界面结构（粗糙界面）　　　　图 3-8　晶体生长界面结构（光滑界面）

设晶体内部原子配位数为 v，界面上（某一晶面）的配位数为 η，晶体表面上有 N 个原子位置，只有 N_A 个固相原子 $\left(x=\dfrac{N_A}{N}\right)$，则在熔点 T_m 时，单个原子由液相向固-液面的固相的上沉积的相对自由能变化为

$$\frac{\Delta F_S}{NkT_m}=\frac{\Delta \widetilde{H}_m}{kT_m}\left(\frac{\eta}{v}\right)x(1-x)+x\ln x+(1-x)\ln(1-x)$$

$$=\alpha x(1-x)+x\ln x+(1-x)\ln(1-x) \tag{3-17a}$$

$$\alpha=\frac{\Delta \widetilde{H}_m}{kT_m}\left(\frac{\eta}{v}\right) \tag{3-17b}$$

式中，k 为耳兹曼常数；$\Delta \widetilde{H}_m/T_m=\Delta \widetilde{S}_f$ 为单个原子的熔融熵；α 为 Jackson 因子。相对自

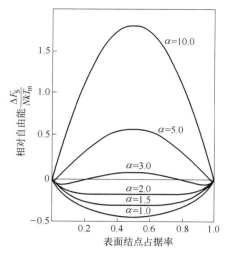

图 3-9 不同 α 值时相对自由能
与界面原子占据率

由能变化如图 3-9 所示。分析比较可以看出：

$\alpha \leqslant 2$ 时，ΔF_S 在 $x = 0.5$（晶体表面有一半小空缺位置）时有一个极小值，即自由能最低；

$2 < \alpha < 5$ 时，ΔF_S 在偏离 x 中心位置的两旁（但仍离 $x = 0$ 或 $x = 1$ 处有一定距离）有两个极小值。此时，晶体表面尚有一小部分位置空缺或大部分位置空缺；

$\alpha > 5$ 时，ΔF_S 在接近 $x = 0$ 或 $x = 1$ 处有两个极小值。此时，晶体表面位置几乎全被占满或仅有极少数位置被占据。α 非常大时，ΔF_S 的两个最小值出现在 $x \rightarrow 0$ 或 $x \rightarrow 1$ 的地方（晶体表面位置已被占满）。

上述情况表明，Jackson 因子 α 可作为液-固微观界面结构的判据：$\alpha \leqslant 2$ 的物质，晶体表面有一半空缺位置时自由能最低，此时的固-液界面（晶体表面）形态被称为粗糙界面，见图 3-7，大部分金属属于此类；$\alpha > 5$ 的物质凝固时界面为光滑面，见图 3-8，有机物及无机物属此类；$\alpha = 2 \sim 5$ 的物质，常为多种方式的混合，Bi、Si、Sb 等属于此类。

若将 $\alpha = 2$，$\dfrac{\eta}{v} = 0.5$ 同时代入式（3-17b），单个原子的熔融熵为 $\Delta \widetilde{S}_f = \dfrac{\Delta H_m}{T_m} = \alpha k / \dfrac{\eta}{v} = 2k \times \dfrac{1}{0.5} = 4k$，对于 1mol 原子，熔融熵 $\Delta S_f = 4kN_A = 4R$（此处 N_A 为阿伏加德罗常数，近似值为 $6.02 \times 10^{23} \mathrm{mol}^{-1}$；$R$ 为气体常数，约为 $8.31 \mathrm{J \cdot mol^{-1} \cdot K^{-1}}$）。由式（3-17b）可知，物质熔融熵 ΔS_f 高，则 α 大，所以物质的 $\Delta S_f \leqslant 4R$ 时，界面以粗糙面为最稳定，此时晶体表面容易接纳液相中的原子而生长。熔融熵越小，越容易成为粗糙界面。因此，液-固微观界面结构究竟是粗糙面还是光滑面主要取决于物质的热力学性质。

另一方面，对于热力学性质一定的同种物质，η/v 值取决于界面是哪个晶面族。对于密排晶面（低指数晶面），η/v 值是高的，如面心立方的（111）面，$\eta/v = 6/12 = 0.5$；对于非密排晶面（高指数晶面），η/v 值是低的，如面心立方的（001）面，$\eta/v = 0.33$。根据（3-17b），η/v 值越低，α 值越小。这说明非密排晶面作为晶体表面（固-液界面）时，微观界面结构容易成为粗糙界面。这一点对高 ΔS_f 的物质有明显意义，而对金属之类低 ΔS_f 物质来说，无论界面为何晶面都以粗糙界面结构形式进行凝固。

需指出的是：晶体生长界面结构不仅与热力学因素有关（熔融熵 ΔS_f 或 Jackson 因子 α），还会受到动力学因素的影响，如凝固过冷度及结晶物质在液体中的浓度等。

过冷度大时，生长速度快，界面的原子层数较多，容易形成粗糙面结构；而过冷度小时界面的原子层数较少，粗糙度减小。如白磷在低生长速度时（小过冷度 ΔT）为小晶面界面，在生长速度增大到一定时，却转变为非小晶面。过冷度对不同物质存在不同的临界值，α 越大的物质其临界过冷度也就越大。

合金的浓度有时也影响固-液界面的性质。浓度低的物质结晶时，界面生长易按台阶的侧面扩展方式进行（固-液界面原子层厚度小），从而即使 $\alpha < 2$ 时，其固-液界面可能有光滑

界面结构特征。

二、晶体生长方式

上述固-液界面的性质（粗糙面还是光滑面）决定了晶体生长方式的差异。

1. 连续生长

粗糙面的界面结构有许多位置可供原子着落，液相扩散来的原子很容易被接纳并与晶体连接起来。由于前面讨论的热力学因素在生长过程中仍可维持粗糙面的界面结构，只要原子沉积供应不成问题，就可以不断地进行"连续生长"。其生长方向为界面的法线方向，即垂直于界面进行生长。

2. 台阶方式生长（侧面生长）

光滑界面在原子尺度界面是光滑的，单个原子与晶面的结合较弱，容易跑走。因此，只有依靠在界面上出现台阶，然后从液相扩散来的原子沉积在台阶边缘，依靠台阶向侧面生长，故又称"侧面生长"。

台阶形成的方式有三种（图 3-10）：①形成二维晶核；②螺旋位错；③孪晶面。

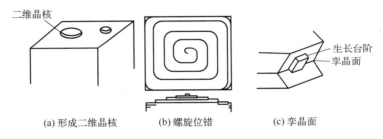

(a) 形成二维晶核　　　(b) 螺旋位错　　　(c) 孪晶面

图 3-10　几种光滑界面的晶体生长机制

（1）二维晶核机制　　出现较为困难，而且其台阶在整个界面铺满后即消失，要进一步生长仍需再产生二维晶核，因此这种生长机制可能性很小。

（2）螺旋位错机制　　位错台阶容易捕捉到原子，原子不断落到台阶边缘上，台阶就不断地扫过晶面。其实，由于台阶上任意一点捕获原子的机会是一样的，台阶上每一点的线速度是相等的，所以在位错中心处台阶扫过晶面的角速度比远离中心处的地方要大，结果在连续扫过晶面过程中形成螺旋塔尖状。这种螺旋位错台阶在生长过程中不会消失。图 3-11 所示为 SiC 晶体按位错机制生长形成的螺旋线。

（3）孪晶面机制　　孪晶面交叉处形成凹角沟槽，原子可沉积在为沟槽根部孪晶面两侧的晶面上，使之侧向铺开，其过程中沟槽可仍保持下去，生长不断地进行。

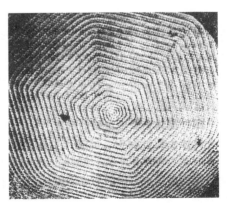

图 3-11　SiC 晶体按位错机制
生长形成的螺旋线

必须注意："小晶面""非小晶面"的"光滑""粗糙"是指固-液界面原子尺度上是"光滑"还是"粗糙"。对"粗糙"的非小晶面定向凝固时，在前沿无过冷时，宏观界面为平界面，此时固-液面与等温面一致；而原子尺度的"光滑"小晶面，在定向凝固时，前沿有过冷的话，则宏观上是由许多小晶面组成的非平面，而且这种界面是非等温面。在通常铸造条件下，具有负温度梯度的纯金属，或前沿有"成分过冷"的合金，界面可能形成伸向液体的枝晶，宏观形貌为非平面，但仍为非小晶面。关于"成分过冷"及宏观固-液界面形态的规律，我们将在下一章详细讨论。

三、晶体生长速度

1）对连续生长的粗糙面，生长速度为

$$R_1 = \frac{D\Delta H_m \Delta T}{RT_m^2} = \mu_1 \Delta T$$

式中，D 为原子的扩散系数，R 为气体常数，μ_1 为常数。连续方式的生长速度 R_1 与实际过冷度 ΔT 成线性关系，见图 3-12 及图 3-13 中的斜直线。

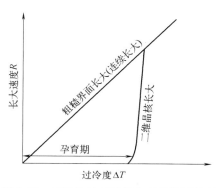

图 3-12　二维生长与连续生长的速度比较

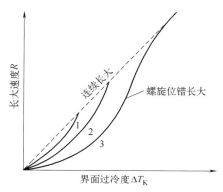

图 3-13　位错生长与连续生长的速度比较

2）二维晶核台阶生长的速度为

$$R_2 = \mu_2 \exp\left(\frac{-b}{\Delta T}\right) \quad (\mu_2 \text{、} b \text{ 为常数})$$

如图 3-12 所示，对二维晶核生长公式，在 ΔT 不大时生长速度 R_2 几乎为零，当达到一定 ΔT 时 R 突然增加很快，其生长曲线 R-ΔT 与连续生长曲线相遇；继续增大 ΔT，则完全按连续方式进行。这是因为 ΔT 很大时，二维形核速度很快，界面上形成许多二维晶核，此时界面结构实际已成为粗糙界面，在这种情况下，生长速度与连续方式一致，其生长方式也与粗糙面一样。

3）螺旋位错台阶生长的速度为

$$R_3 = \mu_3 \Delta T^2$$

螺旋位错生长方式在过冷度不太大时，速度与 ΔT 的平方成正比。在过冷度相当大时，其生长速度与连续生长方式相重合，如图 3-13 所示。图中 1、2、3 曲线表示不同的位错台阶密度引起的微观"粗糙度"的差别而生长速度有所不同。位错台阶很密（曲线 1），实际生长界面"粗糙度"已较高，接近于连续生长方式。由于其台阶在生长过程中不会消失，生长速度比二维台阶生长要快。此外，与二维晶核台阶生长相比较，二维晶核在 ΔT 小时生长速度几乎为零，而螺旋位错生长方式在小 ΔT 时却已具有一定的生长速度。

比较上面两个图可以看出，在小的过冷度下，具有光滑界面结构的物质，其生长方式按螺旋位错方式进行，而以二维晶核方式进行生长是不可能的；当过冷度很大时，又易于按连续方式生长，这时二维晶核生长方式也是不可能的。所以，晶体实际生长一般很少按二维晶核生长方式进行。

四、晶体生长中位错的形成

晶体生长过程中，可能产生各类结构缺陷，如点缺陷（空位、间隙原子）、线缺陷（位错等）、面缺陷（晶界、相界、层错等）。这里主要概略介绍凝固过程中位错的形成原因：

1）快速凝固时，晶体中过饱和空位的聚合及随之发生空位团的崩塌。

2）夹杂诱发位错：①形核夹杂与结晶体的晶格点阵上存在差别；②二者膨胀系数不一样，温度下降时收缩不一致，致使在夹杂和基体间引起很大应力场，当达到一定程度时，萌发位错；③生长中的晶体遇到杂质时，绕过它从周围包着它生长，导致生长晶体点阵的不平行性，从而形成位错。

3）平行生长晶体或同一晶体中树枝晶臂之间的会合交界处，由于界面两侧不完全吻合（角度不同或点阵错位），发生错排而形成位错"墙"。

4）溶液浓度不均匀使生长的晶体各部分点阵常数有差异，以及温度梯度、点阵结构的改变，均会使相邻晶体部分的膨胀收缩不同，从而造成位错。

5）冷却过程中受热冲击而局部热应力剧增，会促发位错的增殖。

课程思政内容的思考

从溶质平衡分配系数，联想到如何正确对待财富，应勤劳致富而不要走入歧途。

思考与练习

1. 怎样理解溶质平衡分配系数 K_0 的物理意义及热力学意义？

2. 结合图 3-3 解释临界晶核半径 r^* 和形核功 ΔG^* 的意义，以及为什么要有一定过冷度。

3. 比较式（3-10）与式（3-14）、式（3-11）与式（3-15），说明为什么异质形核比均质形核容易，以及影响异质形核的基本因素和其他条件。

4. 讨论两类固-液界面结构（粗糙面和光滑面）形成的本质及其判据。

5. 固-液界面结构如何影响晶体生长方式和生长速度？同为光滑固-液界面，螺旋位错生长机制与二晶核生长机制的生长速度对过冷度的关系有何不同？

第四章

单相及多相合金的结晶

现代工业及高科技领域对合金材料提出越来越高的性能要求，这需要控制材料结晶过程及其间形成的宏观及微观组织形貌，并有效地抑制各类凝固缺陷的产生。

合金凝固过程随温度的不同，液、固相平衡成分发生改变；而且，由于固相成分与液相原始成分不同，排出的溶质在固-液界面前沿富集并形成浓度梯度。所以，溶质必然在液-固两相重新分布，即所谓"溶质再分配"。溶质再分配一方面受自身扩散性质的制约，另一方面受液相中的对流强弱等诸种因素的影响。溶质的再分配不仅影响宏观及微观成分分布及偏析现象，更为重要的是影响晶体生长的形态、微观尺寸、不同相之间的分布特征，还会影响到气孔、裂纹、缩松、缩孔、应力状态等诸多方面，从而影响到合金材料的各种性能及产品的优劣。

第一节　溶质平衡分配系数

对于合金凝固而言，平衡相图上液-固转变不再是固定温度（除少数像共晶成分点以外），而是发生在由液相线及固相线所确定的某一温度区间。在某一特定温度下凝固时，析出的固相成分将与液相成分不同。为确定它们的相对大小关系，引入溶质平衡分配系数（K_0）概念。

（一）　K_0 的定义及其意义

溶质平衡分配系数 K_0 定义为特定温度 T^* 下固相合金成分浓度 C_S^* 与液相合金成分浓度 C_L^* 达到平衡的比值

$$K_0 = \frac{C_S^*}{C_L^*} \tag{4-1}$$

假设液相线及固相线为直线（斜率分别为 m_L 及 m_S）虽然 C_S^*、C_L^* 随温度变化有不同值，但 $K_0 = \dfrac{C_S^*}{C_L^*} = \dfrac{(T_m - T^*)/m_S}{(T_m - T^*/m_L)} = \dfrac{m_L}{m_S}$ 为常数，此时 K_0 与温度及浓度无关，故不同温度

和浓度下 K_0 为定值。对于 $K_0<1$，K_0 越小，固相线、液相线张开程度越大，开始结晶时与结晶终了时的固相成分差别越大，最终凝固组织的成分偏析越严重。这一点很容易予以证明：如图 4-1 中 $K_0<1$ 的情况所示，若选合金原始成分为 K_0C_0，平衡条件下，开始凝固析出的固相成分为 K_0C_0，凝固结束时剩余液相转为固相，成为 C_0/K_0，于是，最终固相与开始凝固的固相在成分上的比值为

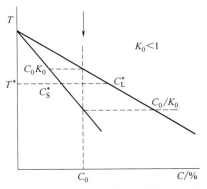

图 4-1　平衡分配系数 K_0 的物理意义

$\dfrac{C_0/K_0}{C_0K_0}=\dfrac{1}{K_0^2}$，该比值随 K_0 减小而增大。实际凝固的最终固相与开始凝固的固相成分差别比上述比值更大。因此，$K_0<1$ 时其值越小，则成分偏析越严重。对于 $K_0>1$ 的情况（与图 4-1 相反，固相线、液相线构成的张角朝上，但注意固相线始终在液相线下方），K_0 越大，则成分偏析越严重，读者可自证。故常将 $|1-K_0|$ 称为"偏析系数"。

实际合金的 K_0 大小受压力、合金类别及成分、微量元素存在的影响。此外，由于液相线及固相线不为直线，所以凝固中 K_0 随温度的改变而有所变化。

（二）　K_0 的热力学意义

两相平衡时，固、液界面两侧的浓度差是相平衡条件所要求的。根据物理化学课程学过的相平衡热力学条件，平衡时溶质在固相及液相中化学位相等 $\mu_i^L(T)=\mu_i^S(T)$。而

$$\left.\begin{array}{l}\mu_i^S(T)=\mu_{oi}^S(T)+RT\ln\alpha_i^S\\[2mm]\mu_i^L(T)=\mu_{oi}^L(T)+RT\ln\alpha_i^L\end{array}\right\} \tag{4-2}$$

式中，$\mu_{oi}^L(T)$ 及 $\mu_{oi}^S(T)$ 分别为液、固两相的标准化学位，是 $p=1$ 大气压下温度为 T 时理想状态下 1mol 组元 i 的自由能；α_i^L 及 α_i^S 分别为液、固两相溶质组元的活度，其活度系数为 f_i^L 及 f_i^S。

由 $\mu_i^L(T)=\mu_i^S(T)$ 及式（4-2）得

$$\ln(\alpha_i^S/\alpha_i^L)=\frac{1}{RT}\left[\mu_{oi}^L(T)-\mu_{oi}^S(T)\right]$$

$$\alpha_i^S/\alpha_i^L=\frac{C_S^* f_i^S}{C_L^* f_i^L}=\exp\left[\frac{\mu_{oi}^L(T)-\mu_{oi}^S(T)}{RT}\right]$$

所以

$$K_0=\frac{C_S^*}{C_L^*}=\frac{f_i^L}{f_i^S}\exp\left[\frac{\mu_{oi}^L(T)-\mu_{oi}^S(T)}{RT}\right] \tag{4-3}$$

稀溶液时，$f_i^L=f_i^S=1$，于是有

$$K_0=\frac{C_S^*}{C_L^*}=\exp\left[\frac{\mu_{oi}^L(T)-\mu_{oi}^S(T)}{RT}\right] \tag{4-4}$$

由式（4-3）及式（4-4）可知，溶质平衡分配系数主要取决于溶质在液、固两相中的标准化学位，对于实际合金，还受溶质在液、固两相中的活度系数 f 影响。$\mu_{oi}^L(T)$ 及 $\mu_{oi}^S(T)$ 只有纯物质在熔点温度时两者才相等，在二元二相系统中，$\mu_{oi}^L(T)$ 及 $\mu_{oi}^S(T)$ 不可能相等，

所以 $K_0 \neq 1$。K_0 的值不仅与温度和压力相关，同时既取决于溶剂，也取决于溶质的种类。

在实际凝固过程中，溶质原子在固、液两相中的扩散速度有限，液固两侧在大范围内成分不可能达到均匀，因此随温度下降各自的浓度也不可能按平衡相图的液相线及固相线变化，故凝固过程的实际溶质分配系数与溶质平衡分配系数 K_0 往往有较大差别。后面我们将详细讨论。

第二节　凝固过程中溶质再分配

描述凝固过程的溶质再分配的关键参数是溶质分配系数。上一节讨论了溶质平衡分配系数 K_0，它是按平衡相图的固相线及液相线成分确定的。实际结晶是非平衡过程，固-液界面两侧的成分不可能完全遵从平衡相图来分配。通常凝固条件下（非"快速凝固"情况），凝固理论认为界面处液、固两相的成分始终处于局部平衡状态，即对于给定的合金，无论固-液界面前沿溶质富集程度如何，两侧 C_S^* 与 C_L^* 的比值在任一瞬时仍符合相应的溶质平衡分配系数 K_0。此即所谓界面平衡假设，它为研究工作提供了方便，是本节讨论溶质再分配的前提，也是以后讨论一系列有关晶体生长问题的重要基础。

一、平衡凝固条件下的溶质再分配

所谓"平衡凝固"，是指凝固过程液、固相溶质成分完全达到平衡状态图对应温度的平衡成分。这时，假设固相、液相中的成分均能够及时充分地扩散均匀。如图 4-2 所示，设试样从一端开始凝固，开始时 $T=T_L$，$C_S=K_0 C_0$，$C_L=C_0$。凝固过程中 $T=T^*$，固-液界面上成分为 $C_S^*=\overline{C}_S$，$C_L^*=\overline{C}_L$，固相及液相的质量分数分别为 f_S 及 f_L。由于凝固过程中物质守恒，于是有

$$\overline{C}_S f_S + \overline{C}_L f_L = C_0 \quad (f_S + f_L = 1)$$

即

$$C_S^* f_S + \frac{C_S^*}{K_0}(1-f_S) = C_0$$

$$C_S^* \left[f_S + \frac{1}{K_0}(1-f_S) \right] = C_0$$

$$C_S^* \left[\frac{f_S K_0 + (1-f_S)}{K_0} \right] = C_S^* \frac{1-f_S(1-K_0)}{K_0} = C_0$$

因此

$$C_S^* = \frac{K_0 C_0}{1-(1-K_0)f_S} \tag{4-5a}$$

$$C_L^* = \frac{C_0}{1-(1-K_0)f_S} \tag{4-5b}$$

凝固终了时 $f_S=1$，固相成分均匀地为 $C_S=C_0$。

平衡凝固只是一种理想状态，在实际中一般不可能完全达到，特别是固相中原子扩散不足以使固相成分均匀。对于含诸如 C、N 等半径较小的间隙溶质原子的合金，由于这类溶质原子在固、液相中扩散系数大，在通常凝固条件下，可近似认为按平衡情况凝固。

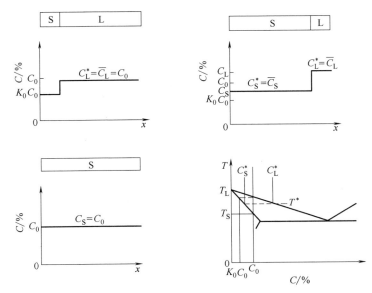

图 4-2 平衡凝固条件下溶质再分配

二、固相无扩散而液相充分混合均匀的溶质再分配

这种情况假设溶质在固相中没有扩散，而溶质在液相充分混合均匀。如图 4-3 所示，设试样从一端开始凝固。开始时 $T=T_L$，$G_S=K_0C_0$，$C_L=C_0$。降至 T^* 时，固-液界面上固相成分 C_S^* 与液相成分 C_L^* 平衡，由于固相中无扩散，成分沿斜线由 K_0C_0 逐渐上升（固相先后凝固各部分成分不同）；而液相因完全混合，平均成分 $\overline{C}_L=C_L^*$，这种情况下

$$(\overline{C}_L-C_S^*)\mathrm{d}f_S=(1-f_S)\mathrm{d}\overline{C}_L$$

即

$$\left(\frac{C_S^*}{K_0}-C_S^*\right)\mathrm{d}f_S=(1-f_S)d\left(\frac{G_S^*}{K_0}\right)$$

于是有

$$\frac{\mathrm{d}f_S}{1-f_S}=\frac{\mathrm{d}C_S^*}{(1-K_0)G_S^*}$$

积分得

$$-\ln(1-f_S)=\frac{1}{(1-K_0)}\ln G_S^*+\ln A$$

$$\ln[A(1-f_S)]=-(1-K_0)^{-1}\ln C_S^*=(K_0-1)^{-1}\ln C_S^*$$

$$\ln C_S^*=\ln[A(1-f_S)^{(K_0-1)}]$$

$$C_S^*=A(1-f_S)^{(K_0-1)}$$

$$f_S=0 \text{ 时}, C_S^*=K_0C_0$$

所以

$$A=K_0C_0$$

$$C_S^*=K_0G_0(1-f_S)^{(K_0-1)} \tag{4-6}$$

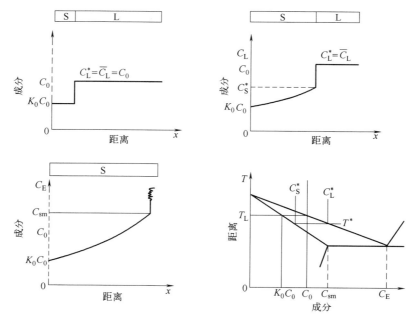

图 4-3 液相充分混合均匀凝固条件下溶质再分配

$$C_L^* = C_0 f_L(K_0 - 1) \tag{4-7}$$

式（4-6）及式（4-7）被称为 Scheil 公式（亦称"正常偏析方程"）。由此可以看出，随着固相分数（f_S）增加，凝固过程中 C_S^*、C_L^* 均增加。这种情况下，固相的平均成分比平衡的要低，因此，当温度达到平衡的固相线时，势必仍保留一定的液相（杠杆原理），甚至达到图示共晶温度时仍有液相存在，这些保留下来的液相在共晶温度下将凝固形成部分共晶组织。因为实际凝固过程中固相的扩散总是达不到平衡状态（$K_0 < 1$ 时低于平衡成分），上述分析的情况意味着，合金实际凝固组织的相组成总是偏离平衡状态图。这种组织偏离现象在分析合金凝固组织的相组成时是必须注意的。

三、固相中无扩散而液相中只有有限扩散的溶质再分配

假设溶质在固相中没有扩散。由于液相只有有限扩散（D_L 为扩散系数），固相中排出的溶质难以在液相中迅速散开达到均匀，而在固-液界面前沿形成质富集边界层。如图 4-4 所示，设离开固-液界面伸向液相的距离为 x'，边界层以外的液相将不受已结晶固体的影响，而保持原始成分 C_0。根据固-液界面前沿液相溶质富集层成分分布及变化情况，凝固过程分为三个阶段：

（1）最初过渡区　根据图 4-4，$T = T_L$ 时，析出固相成分为 $C_S^* = K_0 C_0$，多余溶质排向液相，由于扩散（无对流）不足以使之完全排向远方，界面前沿溶质出现富集（开始积累）。随着凝固进行，C_L^* 逐渐上升，C_S^* 也逐渐上升，C_L^* 由 C_0 直至 $C_L^* = \dfrac{C_0}{K_0}$，而 C_S^* 由 $C_0 K_0$ 上升至 C_0，如图 4-5 所示。

（2）稳定状态区　当 $C_L^* = \dfrac{C_0}{K_0}$ 时，$C_S^* = C_0$，这时进入稳定状态，固相凝固排出的溶质原子等于液相中扩散离开界面的原子数量。在稳定状态，液相各点的成分保持不变，

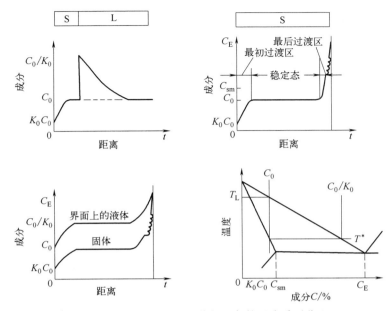

图 4-4　液相只有有限扩散凝固条件下溶质再分配

$$C_L(x') \mid_{x'=0} = C_L^* = \frac{C_0}{K_0}, \ C_L(x') \mid_{x'=\infty} = C_0, \ 而 \frac{\partial C_L(x')}{\partial t} = 0, \ 如图 4-6 所示。$$

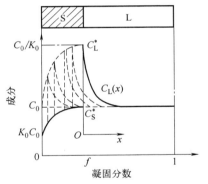

图 4-5　最初过渡区阶段 C_L^*、C_S^* 变化示意图

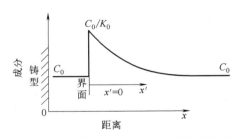

图 4-6　稳定状态时固相及液相的溶质分布

（3）最后过渡区　直到凝固后期剩下液体体积有限，界面上溶质原子向液体扩散受到限制，于是界面处及其前方液相质浓度又再上升，C_L^* 不再保持不变，而逐渐变得比 C_0/K_0 要高得多，固相 C_S^* 也随之急剧上升而大大高于 C_0，直至凝固结束。因此往往在最后凝固的区域，由于溶质急剧升高而造成严重的成分偏析。

下面主要讨论稳定态时溶质再分配情况。界面前方的液相的成分分布 $C_L(x')$ 取决于两方面因素的作用：一方面是由菲克扩散第二定律确定的 $D_L \dfrac{\partial^2 C_L(x')}{\partial x'^2}$，它是由于溶质扩散所引起的单位时间内成分的变化；另一方面是固-液界面整体以凝固速度 R 向前推进所引起单位时间内成分的变化 $R \dfrac{\partial C_L(x')}{\partial x'}$，综合结果为 $\dfrac{\partial C_L(x')}{\partial t} = D_L \dfrac{\partial^2 C_L(x')}{\partial x'^2} + R \dfrac{\partial C_L(x')}{\partial x'}$，稳

定态时 $\dfrac{\partial C_L(x')}{\partial t}=0$，即

$$D_L\,\frac{\partial^2 C_L(x')}{\partial x'^2}+R\,\frac{\partial C_L(x')}{\partial x'}=0$$

其特征方程为 $\lambda^2+\dfrac{R}{D_L}\lambda=0$，所以 $\lambda_1=0$，$\lambda_2=-\dfrac{R}{D_L}$。微分方程通解为

$$y=C_1 e^{\lambda_1 x'}+C_2 e^{\lambda_2 x'}$$

$$C_L(x')=A+Be^{-\frac{R}{D_L}x'}$$

边界条件为

$$C_L(x')\big|_{x'=0}=\frac{C_0}{K_0}$$

$$\frac{C_0}{k_0}=A+B$$

$$C_L(x')\big|_{x'=\infty}=C_0$$

$$C_0=A,B=\frac{C_0}{k_0}-C_0 \tag{4-8}$$

$$C_L(x')=C_0+C_0\left(\frac{1}{K_0}-1\right)e^{-\frac{R}{D_L}x'}$$

$$C_L(x')=C_0\left(1+\frac{1-K_0}{k_0}e^{-\frac{R}{D_L}x'}\right) \tag{4-9}$$

推导出的式（4-9）就是固相无扩散、液相只有有限扩散（而无对流）条件下，稳定阶段界面前方富集层溶质浓度 $C_L(x')$ 随 x' 的分布规律，它是一条指数衰减曲线。在远离界面的前方（$x'=\infty$），可求得 $C_L(x')=C_0$。若令 $x'=0$，则可求得界面处液相的平衡成分为 $C_L^*=C_0/K_0$ 以及相应的固相平衡成分 $C_S^*=K_0 C_L^*=C_0$。由此可见，在稳定凝固阶段，界面两侧固、液相保持不变的成分 $C_S^*=C_0$、$C_L^*=C_0/K_0$ 向前推进，一直到最后过渡区为止。稳定生长的结果是固相为均匀的成分 C_0。

由式（4-9）可见，在同样的原始成分 C_0 时，$C_L(x')$-x' 曲线的形状受凝固速度 R、溶质在液相中的扩散系数 D_L、平衡分配系数 K_0 影响，R 越大，D_L 越小，K_0 越小，则在固-液界面前沿溶质富集越严重，曲线越陡峭，见图 4-7。

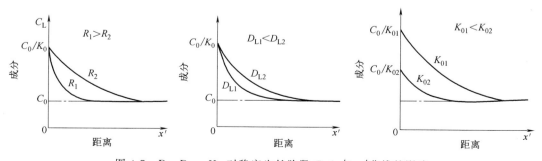

图 4-7　R、D_L、K_0 对稳定生长阶段 $C_L(x')$-x' 曲线的影响

界面前方，$\{C_L(x'-C_0)\}$ 为富集层内某点 x' 的液相成分对远离富集层（$x'=\infty$）的液相成分 C_0 的偏差，它表示溶质富集程度。$x'=0$ 时溶质富集程度最大，$\{C_L(x'-C_0)\}$ 为 $C_0\left(\dfrac{1}{K_0}-1\right)$，离开界面随 x' 增大 $C_L(x')$ 以指数规律衰减。当 $x'=\dfrac{D_L}{R}$ 时，$\{C_L(x'-C_0)\}$ 值降到 $C_0\left(\dfrac{1}{K_0}-1\right)\dfrac{1}{e}$，一般将 $x'=\dfrac{D_L}{R}$ 称为溶质富集层的"特征距离"。

需要交代的是，最初过渡区的长度也取决于 K_0、R、D_L 的值，K_0 越大，R 越大，D_L 越小，则最初过渡区越短；最后过渡区长度比最初过渡区长度小得多，它的长度与溶质富集层的"特征距离" $\dfrac{D_L}{R}$ 的数量级相同。

以上是凝固速度 R 不变的情况。如果凝固速度 R 发生变化，液、固相的成分均会发生波动。设 R_1 突变为 R_2，且 $R_2>R_1$，在开始时，由于凝固加快，使进入溶质富集层的溶质流量增加，但此时扩散排出的溶质量 $\left(D_L\dfrac{\partial C_L(x')}{\partial x'}\Big|_{x'=0}\right)$ 仍未及时变化，这里界面液相成分 C_L^* 超过原来的 $\dfrac{C_0}{K_0}$，原来的稳定态变为不稳定。随后，由于 $\dfrac{\partial C_L(x')}{\partial t}\neq 0$，且 $\left|\dfrac{\partial C_L(x')}{\partial x'}\right|$ 上升，又使扩散排出溶质量 $\left(D_L\dfrac{\partial C_L(x')}{\partial x'}\Big|_{x'=0}\right)$ 增加，结果经过一定时间后，又会使 C_L^* 下降到原来的 $\dfrac{C_0}{K_0}$，重新恢复到稳定状态，见图 4-8（b）的情况。在新、旧稳定状态之间，由于 $C_L^*>\dfrac{C_0}{K_0}$，所以 $C_S>C_0$。重新恢复到稳定时，C_S 又回到 C_0。R_2 上升越多，R_2/R_1 越大，这一不稳定区内 C_S 越高，$\dfrac{C_S}{C_0}$ 越大；R_2 越大，$\left|\dfrac{\partial C_L(x')}{\partial x'}\right|$ 越大，富集层高度 ΔC 越大，过渡区时间（Δt）越长，过渡区间也就越宽。但在新的稳定状态下，虽然溶质富集层高度与原先相同，由于 $R_2>R_1$，$\left|\dfrac{\partial C_L(x')}{x'}\right|$ 变大，从而使富集区的面积减小。反之，R 变小时（$R_2<R_1$），在不稳定区内，固相溶质量将减少，只有重新恢复到稳定时，C_S 又上升到 C_0，见图 4-8（a）的情况。

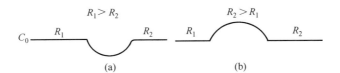

图 4-8 凝固速度 R 发生变化时固相成分的改变

四、液相中部分混合（有对流作用）的溶质再分配

实际情况中不存在完全按平衡方式进行的凝固。溶质在液相完全均匀混合的情况也很难达到，除非人为地以某种方式（通常为机械或电磁力）进行强烈搅拌。另一方面，实际凝固过程的液相一般也不会只有扩散。液态金属充型过程产生的液相对流不会在充型结束后马上停顿；熔焊的熔池金属受种种力的搅拌所产生的对流是十分剧烈的，也不会因热源前移而立

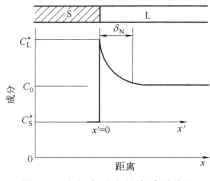

图 4-9　液相有对流的溶质再分配

刻完全停止；温度和溶质分布的不均匀性会引起密度的不均性，这将可能导致宏观及微观区域的液相对流；凝固收缩力也会引起枝晶间的液相对流。因此，实际凝固过程的液相往往既有扩散也有对流，从而造成溶质部分混合。

在这种情况下，固-液界面处的液相中存在一扩散边界层，如图 4-9 所示。在边界层内只靠扩散传质（静止无对流），在边界层以外的液相因有对流作用成分得以保持均一。如果液相容积很大，边界层以外液相将不受已凝固相的影响，而保持原始成分 C_0；而固相成分 C_S^* 在凝固速度 R、边界层宽度 δ_N 一定情况下也将保持一定，只是 C_S^* 值不是 C_0 而小于 C_0（因为与"液相只有扩散"条件相比可知 $C_L^* < C_0/K_0$）。在达到稳定态时 $x'=0$ 处，$C_L(x')=C_L^* \neq \dfrac{C_0}{K_0}$，$C_L^* < \dfrac{C_0}{K_0}$。稳定态时 $\dfrac{\partial C_L(x')}{\partial t}=0$，故类似于"液相只有有限扩散"的情况

$$\frac{\partial C_L(x')}{\partial t}=D_L\,\frac{\partial^2 C_L(x')}{\partial x'^2}+R\,\frac{\partial C_L(x')}{\partial x'}=0$$

其边界条件为：$x'=0$ 时 $G_L(x')=C_L^*$，$x'=\delta_N$ 时 $C_L(x')=C_0$。解此微分方程得

$$\frac{C_L(x')-C_0}{C_L^*-C_0}=1-\frac{1-e^{-\frac{R}{D_L}x'}}{1-e^{-\frac{R}{D_L}\delta_N}}\quad\text{（液相充分大的情况）}\tag{4-10a}$$

上式中 $C_L(x')$ 为边界层宽度 δ_N 内任意一点 x' 液相成分。如果液相不是充分大，则 δ_N 以外的 $C_L(x')$ 将不再固定于 C_0 不变，而是随时间逐渐提高的。设其平均成分 $\overline{C}_L$，以 $\overline{C}_L$ 代替 C_0，则上式改为

$$\frac{C_L(x')-\overline{C}_L}{C_L^*-\overline{C}_L}=1-\frac{1-e^{-\frac{R}{D_L}x'}}{1-e^{-\frac{R}{D_L}\delta_N}}\tag{4-10b}$$

该式也适应液相只有扩散的情况，以及液相完全混合的情况。比如"液相只有有限扩散"情况下，$\delta_N=\infty$，$\overline{C}_L=C_0$，$C_L^*=\dfrac{C_0}{K_0}$，代入上式得

$$C_L(x')-C_0=C_0\left(\frac{1}{K_0}-1\right)e^{-\frac{R}{D_L}x'}$$

即式（4-9）

$$C_L(x')=C_0\left[1+\frac{1-K_0}{K_0}e^{-\frac{R}{D_L}x'}\right]$$

下面考虑液相部分混合的稳态时 C_L^* 及 C_S^* 值。因在稳定态凝固时排出的溶质量等于扩散走的溶质量，所以：$R(C_L^*-C_S^*)=-D_L\left[\dfrac{\partial C_L(x')}{\partial x'}\right]$，而对式（4-10a）求导得

$$D_L\left[\frac{\partial C_L(x')}{\partial x'}\right]_{x'=0}=-R\,\frac{C_L^*-C_0}{1-e^{-\frac{R\delta_N}{D_L}}}$$

联立解得

$$C_L^* = \frac{C_0}{K_0 + (1-K_0)e^{-\frac{R}{D_L}\delta_N}} \tag{4-11a}$$

或

$$\frac{C_S^*}{C_0} = \frac{K_0}{K_0 + (1-K_0)e^{-\frac{R}{D_L}\delta_N}} \tag{4-11b}$$

由式（4-11b）可见：C_0、K_0、D_L 一定情况下，在液相部分混合的定向凝固中，在液相容积很大情况下，达到稳定态时的固成分 C_S^* 仅取决于 R、δ_N，δ_N 取决于液相混合程度。R 越大，C_S^* 越趋近于 C，R 越小，C_S^* 越低，并远离 C_0。δ_N 越小，C_S^* 越低，就是说搅拌越强，对流越强时，固相稳定态成分越低（虽然是均一的）。δ_N 越大，C_S^* 越高，在对流及搅拌非常微弱时，$\delta_N = \infty$，此时，$C_S^* = C_0$，相当于"液相只有有限扩散"情况。所以式（4-11）具有普遍意义。

如果把有效分配系数 $K_E = \dfrac{G_S^*}{C_0}$ 代入上式，则

$$K_E = \frac{C_S^*}{C_0} = \frac{K_0}{K_0 + (1-K_0)e^{-\frac{R}{D_L}\delta_N}} \tag{4-12a}$$

该式表示有效分配系数 K_E 和平衡分配系数 K_0 之间的关系。在有限长度情况下，液相容积不是充分大，则扩散层以外液相不能保持为 C_0 不变，而是随固相分数增加逐渐高于 $C_0(\overline{C_L} > C_0)$。这时，只要 δ_N、K_0、R 不变，则 K_E 不变，从而固相成分 C_S^* 也会升高。但 $C_S^*/\overline{C_L} = K_E$ 的比值是不变的（虽然两者的值均在上升）。我们把这种情况称为"动态平衡"或"动的稳定态"。

当用稳定态（包括"动态稳定态"）时以 K_E 代替 K_0，由式（4-6）及式（4-7）即可得出任何情况下的 Scheil 公式（修正的"正常偏析方程"）

$$\left.\begin{cases} C_S^* = K_E C_0 (1-f_s)^{(K_E-1)} \\ \overline{C_L} = C_0 f_L^{(K_E-1)} \end{cases}\right\} \tag{4-12b}$$

必须指出，修正的"正常偏析方程"只适用于单相生长的稳定区，它不包括"最初过渡区"，也不包括"最终过渡区"。此外，它只适用于固-液界面为平面的情况。式（4-12b）中 $\overline{C_L}$ 为液相整体成分，$\overline{C_L} = C_S^*/K_E$。式（4-12）可适用于不同情况：

1）$K_E = K_0$（K_E 最小）。发生在 $\dfrac{R\delta_N}{D_L} \ll 1$ 时，见式（4-12a），即慢生长速度和最大的搅动或对流，这时 δ_N 很小，这相当于前面讨论的"液相充分混合均匀"的情况。

2）$K_E = 1$（K_E 最大）。发生在 $\dfrac{R\delta_N}{D_L} \gg 1$ 时，即快生长速度凝固或没有任何对流，δ_N 很大的情况，这相当于"液相只有限扩散"的情况。

3）$K_0 < K_E < 1$，相当于液相部分混合（对流）的情况，工程实际常在这一范围。

第三节　合金凝固界面前沿的成分过冷

金属凝固界面前沿的过冷条件关系到凝固界面的宏观形态，过冷度达到一定程度甚至会引起"内生生长"（后面讨论）。凝固过程的溶质再分配引起固-液界面前沿的溶质富集，导致界面前沿熔体液相线的改变，可能产生所谓的"成分过冷"。本节主要介绍成分过冷的形成条件、判据、影响因素及其程度。

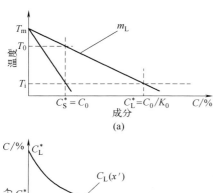

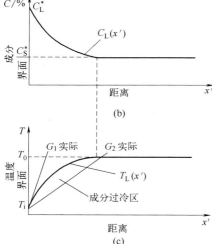

图 4-10　成分过冷形成的条件

在 $K_0 < 1$ 情况下（图 4-10a），T_0 是成分为 C_0 的合金液的液相线温度；T_i 是固相成分为 C_0、液相成分为 C_0/K_0 所对应的温度，它相当于"液相只有有限扩散"情况下的固-液界面温度。设在界面前沿形成一个溶质富集层（图 4-10b），在界面上的液相成分 C_L^* 最大〔图 4-10c 中界面上相应 $T_L(x')$ 为 T_i〕。离开界面处，液相浓度随距离 x' 逐渐降低，液相线温度 $T_L(x')$ 也逐渐上升。当界面前沿液相的实际温度梯度"G_1 实际"等于或大于界面处液相线的斜率时，界面前沿不出现过冷；当界面前沿液相的实际温度梯度"G_2 实际"小于液相线的斜率时即满足条件 $G_L < \dfrac{\partial T_L(x')}{\partial x'}\Big|_{x'=0}$，实际温度在前沿某处与 $T_L(x')$ 相交，并在液态相前沿某一区域温度低于液相线温度（图 4-10c），则出现过冷。这种由溶质成分富集引起的过冷称之为"成分过冷"。

严格地说，固-液界面上实际温度（图 4-10c）T_i 比图平衡温度要低 ΔT_k——结晶所需的动力学驱动力，即"动力学过冷度"。但由于 ΔT_k 在界面上及其前沿是处处相等的，所以在考虑"成分过冷"问题中合理地忽略了 ΔT_k。根据"成分过冷"产生的条件，$G_L < \dfrac{\partial T_L(x')}{\partial x'}\Big|_{x'=0}$，$\Delta T_k$ 忽略并不影响下面"成分过冷"判据的推导。

（一）液相只有有限扩散条件下"成分过冷"判据

设图 4-10（a）中液相线斜率绝对值为 m_L，纯金属熔点为 T_m，则平衡的液相温度为

$$T_L(x') = T_m - m_L C_L(x')$$

此时，将式（4-9）代入，则液相线分布为

$$T_L(x') = T_m - m_L C_0\left(1 + \frac{1-K_0}{K_0}e^{-\frac{R}{D_L}x'}\right)$$

在凝固达稳定态时 $C_L^* = \dfrac{C_0}{K_0}$，对应于固-液界面（$x'=0$）的温度 T_i 为

$$T_i = T_m - m_L C_L^* \quad 或 \quad T_m = T_i + m_L \frac{C_0}{K_0}$$

代入上式得

$$T_L(x') = T_i + m_L \frac{C_0}{K_0} - m_L C_0 \left(1 + \frac{1-K_0}{K_0} e^{-\frac{R}{D_L}x'}\right)$$

$$T_L(x') = T_i + \frac{m_L C_0 (1-K_0)}{K_0} (1 - e^{-\frac{R}{D_L}x'})$$

液相实际温度分布为 $T = T_i + G_L x'$。当 $G_L < \left.\dfrac{\partial T_L(x')}{\partial x'}\right|_{x'=0}$ 时则会出现成分过冷，而

$$\left.\frac{\partial T_L(x')}{\partial x'}\right|_{x'=0} = -\frac{m_L C_0 (1-K_0)}{K_0}\left(-\frac{T}{D_L}\right) = \frac{R m_L C_0 (1-K_0)}{D_L K_0}, \quad 于是有$$

$$\frac{G_L}{R} < \frac{m_L C_0 (1-K_0)}{D_L K_0} \tag{4-13}$$

式（4-13）为出现"成分过冷"的判断依据。

（二）液相部分混合（有对流）条件下"成分过冷"判断依据

已知 $m_L = \dfrac{dT_L}{dC_L}$，即 $dC_L = \dfrac{1}{m} dT_L$，两边除以 dx' 得

$$\frac{dC_L}{dx'} = -\frac{1}{m_L}\frac{dT_L}{dx'} （温度梯度与浓度梯度反号）$$

即

$$\frac{dT_L}{dx'} = -m_L \frac{dC_L}{dx'}$$

$G_L < \left.\dfrac{dT_L}{dx'}\right|_{x'=0} \left(G_L < -m_L \left.\dfrac{dC_L}{dx}\right|_{x'=0}\right)$ 时出现成分过冷，由式（4-10）得

$$\left.\frac{dC_L}{dx'}\right|_{x'=0} = -\frac{R(C_L^* - \overline{C}_L)}{D_L(1 - e^{-\frac{R}{D_L}\delta_N})}$$

而 $C_L^* = \dfrac{\overline{C}_L}{K_0 + (1-K_0)e^{-\frac{R}{D_L}\delta_N}}$，代入上式整理可得

$$\frac{G_L}{R} < \frac{m_L \overline{C}_L}{D_L\left(\dfrac{K_0}{1-K_0} + e^{-\frac{R}{D_L}\delta_N}\right)} \tag{4-14}$$

式（4-14）为"液相部分混合"情况下出现"成分过冷"判别式，它为"成分过冷"判别的通式。比如"液相只有有限扩散"时，$\delta_N = \infty$，$\overline{C}_L = C_0$，代入式（4-14）后则得式（4-13）

$$\frac{C_L}{R} < \frac{m_L C_0 (1-K_0)}{D_L K_0}$$

可见式（4-13）只是式（4-14）的一个特解。不难看出，下列条件有助于形成"成分过冷"：

1）液中温度梯度 G_L 小 即温度场不陡。

2）晶体生长速度快（R 大）。

3）液相线斜率 m_L 大。

4）原始成分浓度 C_0 高。

5）液相中溶质扩散系数 D_L 低。

6）$K_0<1$ 时，K_0 小；$K_0>1$ 时，K_0 大。

第四节 成分过冷对合金单相固溶体结晶形态的影响

合金单相固溶体的凝固情况，不仅适合于完全互溶的单相合金，以及部分互溶的端际固溶体合金，也适合于具有共晶及包晶反应合金的先期固体的凝固。合金的结晶长大的形态主要与传热及传质有关，而纯金属则仅与热流有关（无溶质传送）。为了更好地理解"成分过冷"对合金单相固溶体凝固的影响，首先简单讨论"热过冷"及其对金属凝固界面形态的影响。

一、热过冷及其对纯金属液固界面形态的影响

纯金属液相在正温度梯度的区域内 $\left(\dfrac{\mathrm{d}T}{\mathrm{d}x}>0\right)$，见图 4-11，晶体生长的固-液界面通常为平直形态，而且是等温面（动力学结晶温度），其度低于平衡点温度 T_m，这种过冷正好提供凝固所必需的动力学驱动力。通常称为"动力学过冷" ΔT_k。此时，长大着的界面呈稳定形态向前推进，界面上任何干扰因素所形成的局部不稳定形态，都会凸出至温度高于平衡结晶温度的区域中，因此就会重而恢复宏观上的平面界面（等温界面），见图 4-12。

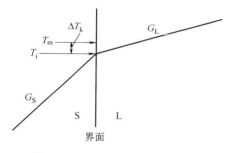

图 4-11 纯金属液相正温度梯度

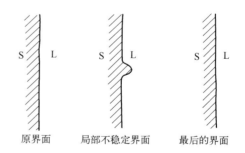

图 4-12 纯金属在正温度梯度下维持平面生长

当界面液相一侧形成负温度梯度时 $\left(\dfrac{\mathrm{d}T}{\mathrm{d}x}<0\right)$，见图 4-13，纯金属界面前方获得大于 $\dfrac{\mathrm{d}T}{\mathrm{d}x}<0$ 的过冷度。这种仅由熔体存在的负温度梯度所造成的过冷，习惯上称为"热过冷"，以区别于"成分过冷"。在出现热过冷的情况下，凝固界面将产生不稳定形态。此时，任何干扰因素所形成的界面畸变局部凸出部分将会深入到比平衡结晶温度更低的温度区域，凸出的晶体将不会重熔，并进一步发展长大。此外，凸出的晶体的侧面也会不稳定，从而长出侧向分枝，于是，界面畸变进一步发展而呈树枝晶方式进行凝固，见图 4-14。出现负温度梯

度是由于液相本来在内部具有较大过冷度，在界面向前推移结晶时放出潜热，使界面处温度升高，从而形成负温度梯度。

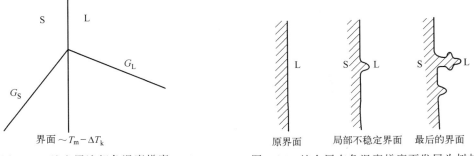

图 4-13 纯金属液相负温度梯度　　　　图 4-14 纯金属在负温度梯度下发展为树枝晶

二、成分过冷对合金固溶体晶体形貌的影响规律

对于合金凝固，除了可能出现"热过冷"的影响外，还可能受"成分过冷"的影响，而且后者往往更为重要。即使液相一侧不出现负的温度梯度，由于溶质再分配引起界面前沿的溶质富集，从而导致平衡结晶温度的变化。在负的温度梯度下，合金的情况与纯金属相似，合金固溶体结晶易于出现树枝晶形貌。在正的温度梯度情况下，若

$$\frac{G_L}{R} < \frac{m_L C_0 (1 - K_0)}{D_L K_0}$$

则出现"成分过冷"。随"成分过冷"程度的增大，固溶体生长方式由无"成分过冷"时的"平面晶"依次发展为：胞状晶→柱状树枝晶→内部等轴晶（自由树枝晶）。

如图 4-15 所示，图（a）表示不同的成分过冷情况；图（b）为无成分过冷（G_1）时，干扰因素引起的微小凸缘会立即消失，因此维持平面生长；图（c）为窄成分过冷区间的情况（G_2），发展为胞状晶的生长；图（d）为成分过冷区间较宽（G_3），发展为树枝晶；图（e）表示一旦"成分过冷"在远离界面处大于异质形核所需过冷度（$\Delta T_异$），就会在内部熔体中产生新的晶核，造成"内生生长"（G_4），使得自由树枝晶在固-液界面前方的熔体中出现。由上面"成分过冷"的判据关系式可知，固溶体生长方式受两方面因素控制，即工艺因素（R、G_L）和合金的性质（C_0、m_L、K_0、D_L）。C_0、R 和 m_L 越小，D_L 与 G_L 越大，K_0 越小（$K_0 < 1$），则界面越趋于平面生长。其中，C_0、R、G_L 为三个影响"成分过冷"程度的主要因素。C_0、R 一定时，G_L/R 随 G_L 的减小（平缓）而降低（图 4-15a），成分过冷程度增加，而且最大成分过冷 ΔT_{max} 在远离固液界面处，而界面处过冷度最小，从而一方面阻碍原有固-液界面整体推进，另一方面一旦界面上某一位置形成晶体突出，则处于更大的过冷度条件下极易快速向前长大，并容易形成晶体侧向发展成为树枝晶。C_0、R、G_L 对晶体形貌的综合影响如图 4-16 所示。

三、窄成分过冷作用下的胞状组织的形成及其形貌

"成分过冷"一旦使平面晶界面破坏，显微组织就会出现胞状晶（图 4-17a）。在干扰的作用下界面上产生微小"凸起"，如前方有成分过冷存在，凸起部位即向前方长大，同时侧向也在生长。$K_0 < 1$ 时，相邻"凸起"间的沟槽内溶质增加比"凸起"端部更为迅速，而

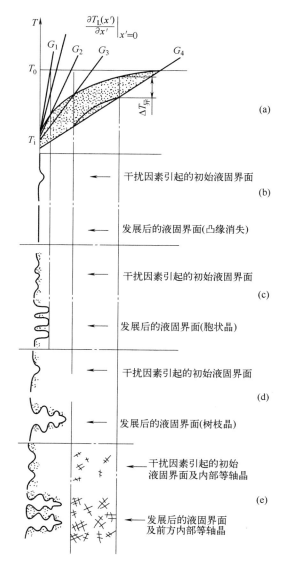

图 4-15 过冷度与晶体形貌

沟槽内溶质扩散到前方熔体比端部慢，于是沟槽内溶质富集，进而使熔点降低，抑制着"凸起"的横向生长速度并形成一些由低熔点溶质汇集区所构成的网络状沟槽。而"凸起"前端的生长则由于成分过冷区宽度较窄的限制，不能自由地向熔体前方伸展。当溶质浓集而使界面各处的液相成分达到相应温度下的平衡浓度时（严格地说，是相应温度比液相成分所确定的平衡温度低 ΔT_k 时），界面形态趋于稳定。

　　试验表明，形成胞状界面的成分过冷区的宽度在 0.01～0.1cm 之间。发展良好的规则胞状界面具有如图 4-17（b）所示的正六边形槽沟结构。在平面形态到规则的胞状界面之间，随着成分过冷的不同，界面形态呈现出若干过渡形式，如图 4-18 所示。当成分过冷刚形成时，界面首先变得凹凸不平而出现若干溶质富集的"痘点"（图 a）；随着成分过冷增大，洼坑的"痘点"逐步连接而成沟槽，胞状界面转变为狭长的胞状界面（图 b）；成分过冷进一步增大时，构成了不规则的胞状界面（图 c）；最后在更"大"的成分过冷下形成规则的胞状态（图 d）。必须指出，胞状晶往往不是彼此分离的晶粒，在一个晶粒的界面上可形成许多胞状晶，这些胞状晶源于一个晶粒，因此，胞状晶可认为是一种亚结构。

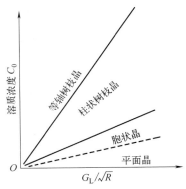

图 4-16 C_0、R、G_L 对晶体形貌的综合影响示意图

四、较宽成分过冷作用下的枝晶生长

胞状晶的生长方向垂直于固-液界面，与热流相反而与晶体学取向无关，见图 4-19（a）。随着 G_L/R 的减小（G_L 变小，R 增加），界面前方的成分过冷区逐渐加宽，胞晶凸起伸向熔体更远处，胞状晶的生长方向开始转向优先的结晶生长方向，立方晶体金属为（100），六方晶体为（10$\bar{1}$0），见图 4-19（b）。随后，胞晶的横断面也将受晶体学因素的影响而出现凸缘结构，见图 4-19（c）。当成分过冷区进一步加宽时，凸起前端所面临的新的成分过冷也进一步加强，凸缘上开始形成短小的锯齿状二次分枝（二次臂），见图 4-19（d）。

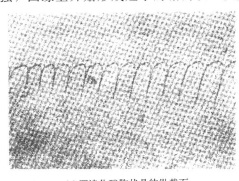

(a) 四溴化碳胞状晶的纵截面

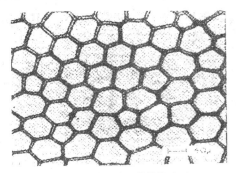

(b) 规则胞状晶的横截面

图 4-17 胞状晶组织形态

(a)"痘点"状界面

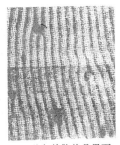

(b) 狭长的胞状晶界面

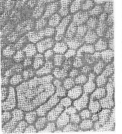

(c) 不规则胞状晶界面

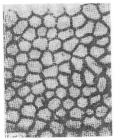

(d) 规则胞状晶界面

图 4-18 含铅 0.006%（质量分数）锡合金不同成分过冷（由小变大）胞状晶界面的演变

对于溶质量少的或凝固温度范围很宽的合金，其晶体生长形貌为主干（一次臂）上长出短而密的二次分枝，见图 4-20 所示不纯铅合金胞状晶分枝。而大多数合金在成分过冷区足够大时，却具有高密度的分枝形态，即二次分枝上还会出现三次分枝，与此同时，继续伸向熔体的主干前端又会有新的二次分枝形成。这样不断分枝的结果是在成分过冷区内迅速形成了柱状树枝晶的骨架，见图 4-21 所示环己酚的柱状树枝晶长大。

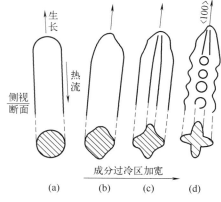

图 4-19　胞状生长向枝晶生长的转变

五、等轴晶的形成与内生生长

　　胞状生长和柱状树枝晶生长，枝晶间的液体最终均将成为固体。它们与无成分过冷条件下的平面生长结果一样，形成自外向内的柱状晶。柱状晶组织方向性很强，使材料的性能具有明显的各向异性。而且，柱状晶的晶界及亚晶界处通常溶质及微量杂质富集十分严重，往往是合金材料最为薄弱的地方。如果成分过冷程度进一步增大，将会出现另一种结晶状态，即在熔体内部自由生长的等轴晶。

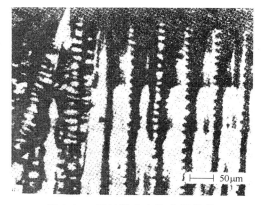

图 4-20　不纯铅合金胞状晶分枝

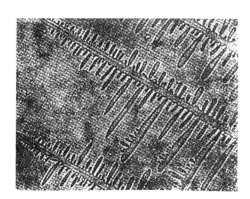

图 4-21　环己酚的柱状树枝晶长大

　　如图 4-15（e）所示，当固-液界面前方成分过冷的最大值 ΔT_{max} 大于熔体中非均质生核最有效衬底大量生核所需的过冷度 $\Delta T_{异}$ 时，在柱状树枝晶由外向内生长的同时，界面前方这部分熔体将发生大量生核，导致许多独立的晶体在过冷熔体中的自由生长，形成方向各异、但各生长方向尺度相近的等轴树枝晶，即等轴晶，又称自由树枝晶。等轴晶的存在阻止了柱状晶区的单向延伸，此后的结晶过程便是等轴晶区不断向液体内部推进的过程。在晶体由外向内定向生长时，如果在固-液界面前沿的整个内部液体中出现宽大的"成分过冷"，且均达到生核所需的过冷度 $\Delta T_{异}$ 时，则会出现大范围的等轴晶的生长。

　　液体内部形成晶体，从自由能的角度看应该是球体。因为相同体积以球体的表面积最小。但为什么又成为树枝晶的形态呢？这个问题并不难理解。在稳定状态下，平衡的结晶形态并不是球形，而是近于球形的多面体，晶体的表面总是由界面能较小的晶面所组成，所以一个多面体的晶体，那些宽而平的面是界面能小的晶面，而棱与角的狭面为界面能大的晶面。方向性较强的非金属晶体，其平衡态的晶体形貌具有清晰的多面体结构，而方向性较弱的金属晶体，其平衡态近乎球形。但是，在非平衡状态下，多面体的棱角前沿液相中的溶质浓度梯度较大，其扩散速度较大；而大平面前沿液相中溶质浓度梯度较小其扩散速度也小，这样，棱角处晶体的长大速度快，平面处晶体的长大速度慢，因而多面体便逐渐长成图 4-22 所示的星形，而后从星形再生出分枝而成树枝状。

　　应该指出的是，以小平面侧向扩展方式长大的非金属晶体，是不容易长成树枝晶的，这是由于棱角处的向前推进，势必为其近邻的密排晶面侧向扩展提供了原子附着台阶，而晶体始终由界面能小的原子密排晶面所包封，是符合降低自由能的要求的。当然，在凝固速度很快时，非金属可以形成如图 4-23 所示的有棱角的树枝晶，其界面始终是界面能最小的晶面。

图 4-22 八面体微晶发展为树枝晶干的过程

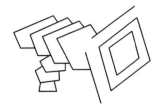

图 4-23 凝固速度很快时非金属可形成有棱角的树枝晶

就合金的宏观结晶状态而言，平面生长、胞状生长和柱状树枝晶生长皆属于一种晶体自型壁生核，然后呈由外向内单向延伸的生长方式，称为"外生生长"。等轴枝晶在熔体内部自由生长的方式则称为"内生生长"。可见成分过冷区的进一步加大促使了外生生长向内生生长的转变。显然，这个转变是由成分过冷的大小和外来质点非均质生核的能力这两个因素所决定的。大的成分过冷和强生核能力的外来质点都有利于内生生长并促进内部等轴晶的形成。

六、枝晶间距

枝晶间距是指相邻同次枝晶间的垂直距离，它是树枝晶组织细化程度的表征。枝晶间距越小，组织就越细密，分布于其间的元素偏析范围也就越小，故越容易通过热处理而均匀化。此外，这时的显微缩松和非金属夹杂物也更加细小分散，与成分偏析相关的各类缺陷（如铸件及焊缝的热裂）也会减轻，因而也就有利于性能的提高。枝晶间距采用金相法测得统计平均值。通常采用的有一次枝晶（桂状晶主干）间距 d_1 和二次分枝间距 d_2 两种，前者是胞状晶和柱状树枝晶的重要参数，后者对柱状树枝晶和等轴枝晶均有重要意义。

研究指出，纯金属的枝晶间距决定于晶面处结晶潜热散失条件，而一般单相合金的枝晶间距则还受控于溶质元素在枝晶间的扩散行为。许多研究者采取不同的物理模型和数学处理方法预测枝晶间距，Hunt J D 通过处理获得一次臂间距为

$$d_1 = \frac{64\theta m_L D_L (1-K_0) C_\infty}{R^{1/4} G_L^{1/2}} \tag{4-15}$$

式中，R 为柱状晶向正前方的生长速度；C_∞ 为前方远处的液相浓度；θ 为曲率过冷常数，它与 T_L 和界面张力 σ_{SL} 成正比，与结晶潜热成反比。

冈本平所确定的一次臂间距表达式为

$$d_1 = \alpha_0 \left[\frac{m_L C_0 (K_0 - 1) D_L}{G_L R} \right]^{\frac{1}{2}} \tag{4-16}$$

式中，α_0 为枝晶形态关系系数。

可见，虽然得到的公式有所差别，但规律基本是一致的。柱状枝晶间距与生长速度 R、界面前液相温度梯度 G_L 直接相关，在一定的合金成分及生长条件下，枝晶间距是一定的 R 及 G_L 增大均会使一次间距变小，凝固过程中生长条件发生变化时柱状树枝晶会自动调整一次臂间距。

二次臂枝晶间距 d_2 可表达为

$$d_2 = A\left(\frac{\Delta T_S}{RG_L}\right)^{\frac{1}{3}} \qquad (4\text{-}17)$$

式中，ΔT_S 为非平衡凝固的温度区间；R 与 G_L 的乘积相当于冷却速度，℃/s；A 为与合金性质（K、C_L、D_L、σ_{SL} 等）相关的常数。

可见，冷却速度大（温度梯度 G_L 及生长速度 R 越大），二次臂枝晶间距 d_2 越小。此外，微量变质元素（如稀土）影响合金的 C_L、K_0、σ_{SL}，也可使二次臂枝晶间距 d_2 减小。二次臂枝晶间距 d_2 与合金的力学性能之间存在密切的关系，通常 d_2 越小合金的力学性能越高。

第五节　共晶合金的凝固

大部分合金存在着两个或两个以上的相。多相合金的凝固比单相固溶体的凝固情况复杂，可能会出现其他结晶反应，如共晶、包晶及偏晶反应。本节讨论最为普遍的共晶合金凝固方式及组织。

共晶的组织形态是多种多样的，这与其合金的化学成分、晶体学特性有关。亨特及杰克逊根据二组成相的 Jackson 因子 α〔见式（3-17）〕来进行分类，将共晶组织分为三类：①粗糙-粗糙界面（非小晶面-非小晶面）共晶；②粗糙-光滑界面（非小晶面-小晶面）共晶；③光滑-光滑界面（小晶面-小晶面）共晶。

金属-金属共晶及金属-金属间化合物共晶多为第①类共晶，其典型的显微形态是有规则的层片状（图 4-24），或其中有一相为棒状或纤维状，如图 4-25 所示，因此又称为规则共晶。当它们单独从自己的熔体中长大出来时，其固-液界面为粗糙界面（非小晶面），其结晶面不是特定的晶面。这类共晶偶合长大时，两相彼此紧密相连，而在两相前方的液体区域存在溶质的运动，两相有某种相互依赖关系，故称"共生"。对于非共晶成分的合金，在共晶反应前，初生相呈树枝状长大，所得到的组织由初晶及共晶体所组成。

图 4-24　Pb-Sn 层片状共晶

纵截面

横截面

图 4-25　Al-Al$_3$Ni 棒状共晶

金属-非金属共晶属于第②类共晶体，长大过程往往仍是相互偶合地共生长大。但由于小晶面相（非金属相）晶体长大具有强烈的方向性，且对凝固条件（如杂质元素或变质元素）十分敏感，容易发生弯曲和分枝，所得到的组织较为无规则。在共晶偶合长大时，这种小晶面相往往占优势，即长大中以钉状尖端向外伸出，同时其周围为另一相所围绕。Fe-C 和 Al-Si 两种工业中很重要的合金系，均属于这一类。

　　非金属-非金属（二共晶组成物都具有光滑界面）属于第③类共晶体，长大过程不再是偶合的。所得到的组织为两相的不规则混合物。这类组织在金属系中是少见的。不过，情况并非总是如此。正如海纳威尔等所指出的，一些无机共晶体，也可按第①类方式进行"共生"生长形成规则共晶。

　　在工业中，通过向金属液加入某些微量物质以影响晶体的生长机制，从而达到改变组织形态、提高力学性能的目的，这种处理工艺称为变质（modification）。目前变质处理已经成为控制液态成形零部件结晶组织特征及其力学性能的一种非常重要的手段，虽然各种变质元素对不同的非小晶面-小晶面共晶合金结构形态的影响机制尚待进一步深入探讨。

课程思政内容的思考

　　从成分过冷现象深入思考，应认识到要实现人生的理想需要不断地沉淀和积累。只要不断地努力奋斗最终会实现自己的目标，不要急功近利，要学会在人生逆境中坚持，建立阳光的人生态度。

思考与练习

　　1. 何谓结晶过程中的溶质再分配？它是否仅由平衡分配系数 K_0 所决定？当相图上的液相线和固相线皆为直线时，试证明 K_0 为一常数。

　　2. 已知 Ni 的 $T_m = 1453℃$，$L = -1870\text{J/mol}$，$\sigma_{LC} = 2.25 \times 10^{-5}\text{J/cm}^2$，摩尔体积为 6.6cm^3，设最大过冷度为 319℃，求 ΔG^* 和 r^*。

　　3. 影响枝晶间距的主要因素是什么？枝晶间距与材料的力学性能有什么关系？

　　4. 根据共晶体两组成相的 Jackson 因子，共晶组织可分为哪三类？它们各有何生长特性及组织特点？

　　5. A-B 二元合金原始成分为 $C_0 = C_B = 2.5\%$，$K_0 = 0.2$，$m_L = 5$，自左向右单向凝固，固相无扩散而液相仅有扩散（$D_L = 3 \times 10^{-5}\text{cm}^2/\text{s}$）。达到稳定态凝固时，求固-液界面的 C_S^* 和 C_L^*。

　　6. 何为成分过冷判据？成分过冷的大小受哪些因素的影响？

　　7. 论述成分过冷与热过冷的含义以及它们之间的区别和联系。

　　8. Al-Cu 相图的主要参数为 $C_E = 33\%$，$C_{Sm} = 5.65\%$，$T_m = 660℃$，$T_E = 548℃$，用 Al-1%Cu 合金浇一细长圆棒，使其从左至右单向凝固，冷却速度足以保持固-液界面为平界面。当固相中无 Cu 扩散，液相中 Cu 充分混合时，求：①凝固 10% 时，固液界面的 C_S 和 C_L ②凝固完毕时，共晶体所占比例。

　　9. 假设液体金属在凝固时形成的临界核心是边长为 a^* 的立方体形状，求均质形核时的 a^* 与 ΔG^* 的关系式。

第五章

铸件与焊缝宏观组织及其控制

第一节　铸件的宏观组织

　　铸件的宏观组织通常由激冷晶区、柱状晶区和内部等轴晶区所组成，如图 5-1 所示。其中激冷晶区和内部等轴晶区是由等轴晶粒（在极大冷却速度条件下激冷晶区也可能是柱状晶）组成的，其排列方向比较紊乱。它们之间的差别仅在于激冷晶区的晶粒细小，内部等轴晶区的晶粒较为粗大。柱状晶区的特点是晶粒都是垂直于型壁排列，且平行于热流方向，在这个方向上的晶轴长大尺寸远比其他方向长。当然，并不是所有的铸件其宏观组织都是由以上三个晶区所组成，不同的条件下可分别出现图 5-2 所示的四种情况：只有柱状晶（图 5-2a）；表面细等轴晶加柱状晶（图 5-2b）；三个晶区都有（图 5-2c）；只有等轴晶（图 5-2d）。即使是具有三个晶区的宏观组织，其各个晶区所占的比例因凝固条件不同

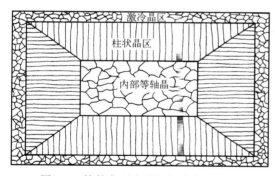

图 5-1　铸件典型宏观组织分布示意图

往往也是不一样的，造成了铸件宏观组织的多样化。

　　大多数工业应用情况下，希望铸件宏观组织获得各向同性的等轴细晶粒组织。为此，应创造条件抑制晶体的柱状长大，而促使内部等轴晶的形成和等轴晶细化。我们知道，晶界是各晶粒长大时相碰而形成的，晶界特别可能发生合金溶质、有害杂质元素及非金属夹杂物的聚积，而使得晶界处往往是性能最为薄弱的环节。就断裂而论，裂纹最易沿晶界扩展（特别是存在着溶质及杂质偏析时）。柱状晶相碰的地带溶质及杂质聚积严重，造成强度、塑性、韧性在柱状晶的横向方向大幅度下降，对热裂敏感，腐蚀介质中易成为集中的腐蚀通道。从另一方面看，柱状晶的特点是各向异性，对于诸如磁性材料、发动机和螺旋桨叶片等这些强

调单方向性能的情况，采用定向凝固获得全部柱状晶的零件反而更具优点。所以，如何在技术上有效地控制铸件的宏观组织十分重要。在讨论这方面问题之前，有必要分析各晶区组织的形成机理。

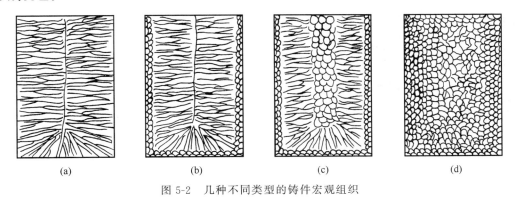

(a)　　　　　　(b)　　　　　　(c)　　　　　　(d)

图 5-2　　几种不同类型的铸件宏观组织

第二节　表面激冷晶区及柱状晶区的形成

一、表面激冷晶区的形成

表面激冷晶区中的晶粒通常是无方向性的细等轴晶。根据传统理论，当液态金属浇入温度较低的铸型中时，型壁附近熔体由于受到强烈的激冷作用，产生很大的过冷度而大量非均质生核。这些晶核在过冷熔体中也采取枝晶方式生长，由于其结晶潜热既可从型壁导出，也可向过冷熔体中散失，从而形成了无方向性的表面细等轴晶组织。研究表明，除了激冷晶区大量非均质生核过程以外，各种形式的晶粒游离也是形成表面细等轴晶的"晶核"来源，包括型晶粒脱落、枝晶熔断与增殖等各种形式产生并游离来的"晶核"。表面激冷晶区的大小和等轴晶的细化程度，取决于型壁或液体中杂质微粒的成核能力，同时也取决于液体的过热度、铸型的温度、金属和铸型的热学性质等。

一旦型壁附近的晶粒互相联结而构成稳定的凝固壳层，凝固将转为柱状晶区由外向内生长。这时，表面激冷细晶粒区将不再发展。因此稳定的凝固壳层形成得越早，表面细晶粒区向柱状晶区转变得也就越快，表面激冷晶区也就越窄。

二、柱状晶区的形成

在一般情况下，柱状晶区是由表面细晶粒区发展而成的，但也可能直接从型壁处长出。稳定的凝固壳层一旦形成，柱状晶就直接由表面细等轴晶凝固层某些晶粒为基底向内生长，发展成由外向内生长的柱状晶区。由于固-液界面处单向的散热条件（垂直于界面方向），处在凝固界面前沿的晶粒在垂直于型壁的单向热流的作用下，便转而以枝晶状单向延伸生长。由于各枝晶主干方向互不相同，那些主干取向与热流方向相平行的枝晶，较之取向不利的相邻枝晶生长得更为迅速。它们优先向内伸展并抑制相邻枝晶的生长。在逐渐淘汰取向不利的晶体过程中发展成柱状晶组织（图 5-3）。这个互相竞争淘汰的晶体生长过程称为晶体的择

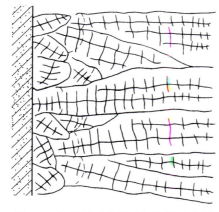

图 5-3　柱状晶区的形成与发展示意图

优生长。由于择优生长，在柱状晶向前发展的过程中，离开型壁的距离越远，取向不利的晶体被淘汰得就越多，柱状晶的方向就越集中，同时晶粒的平均尺寸也就越大。对于纯金属，其凝固前沿基本上是平面生长，故其择优生长并不明显，凝固前沿以平面生长的方式逆着热流方向向内伸展而成为柱状晶组织。对于合金，当溶质元素在固-液界面前沿富集而逐渐增多时，柱状晶区的亚组织能呈现出从平面生长、胞状生长直到树枝状生长等各个阶段的结构形态。但有研究指出，合金在通常的铸造条件下，柱状晶全由树枝晶形成。此外，当液态金属中有少数游离晶粒偶尔被界面前沿"捕获"时，则柱状晶区中将有一些孤立的等轴晶存在。

　　柱状晶区开始于稳定凝固壳层的产生，而结束于内部等轴晶区的形成。因此柱状晶区的存在与否及宽窄程度取决于上述两个因素综合作用的结果。而控制柱状晶区向前继续发展的关键因素是内部等轴晶区的出现。如果界面前方始终不利于等轴晶的形成与生长，则柱状晶区可以一直延伸到铸件中心，直到与对面型壁长出的柱状晶相遇为止，从而形成所谓的穿晶组织。如果界面前方有利于等轴晶的产生与发展，内生生长而形成内部等轴晶，这样会阻止柱状晶区的进一步扩展。内部等轴晶形成得越早，柱状晶晶区越窄。如果柱状晶晶区还没来得及形成时（稳定的凝固壳层还未形成），断面内部就已经开始大范围形成等轴晶，则完全没有柱状晶晶区出现，整个铸件将完全是等轴晶组织。因此，如果在凝固初期就使得内部产生等轴晶的晶核，将会有效地抑制柱状晶的形成。

第三节　内部等轴晶的形成机理

　　从本质上说，内部等轴晶区的形成是熔体内部晶核自由生长的结果。但是，关于等轴晶晶核的来源以及这些晶核如何发展并最终形成等轴晶区的具体过程，仍然存在着不同的理论解释。

一、"成分过冷"理论

　　这个理论是 Winegand 和 Chalmers 于 1954 年提出来的。该理论认为，随着凝固层向内推移，固相散热能力逐渐削弱，内部温度梯度趋于平缓，且液相中的溶质原子越来越富集，从而使界面前方成分过冷逐渐增大。当成分过冷大到足以发生非均质生核时，便导致内部等轴晶的形成。然而，这种说法后来被人们所怀疑，连 Chalmers 本人也放弃了它。首先，很难理解非均质生核所需的微小过冷度为什么会迟到柱状晶区已充分长大以后才能形成。其次，该理论无法解释有关内部等轴晶形成的实验现象。例如，日本学者大野笃美做了这样的实验：将 Al-0.2%Cu 合金放入中熔化，在 750℃ 时连同坩埚一起淬入水中，在淬入水中的同时，对坩埚进行摇动，所得到的组织为等轴晶，位于坩埚下部并夹在上下两柱晶区之间。但如果在坩埚中置一不锈钢筛网，采用同样的合金、同样的淬入方法，结果等轴晶被不锈钢筛网阻隔在上部。这一实验说明在柱状晶所包围的残液中，靠成分过冷重新形核产生等轴晶的说法是靠不住的，不然，在相同的冷却条件下，不锈钢筛网的下面也应该有等轴晶的存在。然而，上面所谈到的实验并不能否认非自发形核质点的作用，只能说明在通常的铸造条件下，等轴晶在凝固开始时就有可能已经产生。必须指出，在有大量有效生核质点的情况下，成分过冷所导致的非均质生核过程仍然可能是内部等轴晶晶核的有效来源之一。比如，孕育处理加入的形核剂（又称孕育剂），往往具有促进成分过冷而细化晶粒的作用。

二、激冷等轴晶型壁脱落与游离理论

1963 年，Chalmers 在否定了他前一个说法之后，提出了在浇注的过程中及凝固的初期激冷等轴晶自型壁脱落与游离促使等轴晶形成的理论，而后又得到不同研究者的验证和发展。大野笃美用高温显微镜对 Sr-10%Bi 合金的凝固进行了连续拍照直接观察，证实了凝固初期在型壁上形成等轴晶的游离过程，使上述理论得到了更充分的证实。

在浇注过程中，由于浇注系统和铸型型壁处的吸热产生大的过冷，促使大量晶核形成产生大量的细小等轴晶，这些小等轴晶从型壁脱落并随着浇注液流而分布于整个铸件（如图 5-4）。如果经历的区域温度不高，这些小等轴晶被熔化掉的也少，大部分可以保留下来成为等轴晶的核心，这就说明了浇注温度低可以使柱状晶区变窄而等轴晶区扩大的原因。当心部的等轴晶阻塞着柱状晶发展时，柱状晶即停止长大。

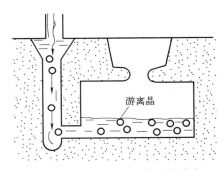

图 5-4　浇注过程中激冷晶的游离

等轴晶体即便在浇注过程中没有来得及形成，那么在浇注完毕后凝固的开始阶段，在型壁处形成的晶体，由于其密度或大于母液或小于母液也会产生对流，依靠对流可将型壁处产生的晶体脱落且游离到铸件的内部。图 5-5 所示即为产生这种对流的示意图。此外，型壁处和铸件心部的液体温度差造成的热温对流，也使得晶体由型壁处向内部熔体游离。而且，金属表面的空气冷却使表面的液体因温度降低密度增大而下沉和沿型壁处液体的上升使对流作用加剧，从而也将型壁处的晶体带至型腔内部。

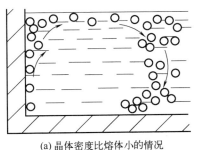

(a) 晶体密度比熔体小的情况　　　　　　　(b) 晶体密度比熔体大的情况

图 5-5　型壁处形成的激冷晶向铸件内部的游离

既然在型壁处发生晶体的游离是形成等轴晶的原因，为什么在同样的铸造条件下，纯金属却几乎得不到等轴晶（主要得到柱状晶）呢？又为什么合金溶质浓度越大，越不容易得到柱状晶而主要是等轴晶呢？这些问题要从游离的难易程度来说明。对于纯金属来说，在型壁处产生晶体的游离是很困难的。由于型壁处过冷度最大，所以沿型壁方向晶体的长大速度最快，晶体与晶体之间很快能够连接起来形成凝固壳。当一个整体的凝固壳形成之后，结晶体再从型壁处游离出去就很困难。但是如果向金属中添加溶质，则在晶体与型壁的交会处将会形成溶质的偏析。而溶质的偏析使此处熔点降低，从而晶体在与型壁的交会处发生局部重熔而产生"脖颈"。一方面，具有"脖颈"的晶体不易沿型壁方向与其相邻晶体连接形成凝固壳；另一方面，在浇注过程和凝固初期存在的对流容易冲断"脖颈"，使晶体脱落并游离出去，如图 5-6 所示。

这些游离的晶体遇到低温区或溶质浓度较低的区域时将会生长，而移动到高温区或溶质浓度高的区域时将会发生局部熔化。由于铸型内合金熔体的温度和成分在不同区域不是完全均匀的，因此，游离的晶体在移动过程中发生着反复的生长或局部熔化，如图 5-7 所示。这种晶体的增长或局部熔化，对那些溶质偏析严重而易于产生较细脖颈的晶体来说，在某些区域可能发生脖颈根部熔断而使一个晶体分离成几个晶体，使游离晶数量增加，即晶体发生增殖。

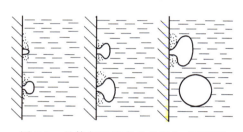

图 5-6 晶体与型壁交会处产生"脖颈"
促使晶体发生脱落而游离

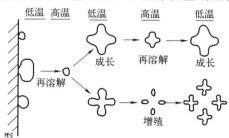

图 5-7 游离晶体的生长、局部熔化与增殖

三、枝晶熔断及结晶雨理论

Jackson 等人提出，生长着的柱状枝晶在凝固界面前方的熔断、游离和增殖导致了内部等轴晶晶核的形成，称为"枝晶熔断"理论。奥氏体枝晶前端在单向结晶条件下的熔断和游离就是一个很好的例证。而 Southin（索辛）、Rosehain（罗逊汉）等人则认为，液面冷却产生的晶粒下雨似的沉积到柱状晶区前方的液体中，下落过程中也发生熔断和增殖，是铸锭凝固时内部等轴晶晶核的主要来源，称为"结晶雨"理论。

无论是关于等轴晶晶核的来源问题，还是等轴晶区形成的具体过程问题，上述各理论与看法均有自己的实验根据，然而也受到各自实验条件的限制。虽然有关细节问题尚需进一步探讨，但是仅承认其中一种说法而轻率地否定其他作用似乎都是片面的。目前比较统一的看法是内部等轴晶区的形成很可能是多种途径起作用。在一种情况下，可能是一种机理起主导作用，在另一种情况下，可能是另一种机理在起作用，或者是几种机理的综合作用，而各自作用的大小当由具体的凝固条件所决定。

第四节　铸件宏观结晶组织的控制

综上所述，铸件中三个晶区的形成是相互联系、彼此制约的。稳定凝固壳层的产生决定着表面细晶粒区向柱状晶区的过渡，而阻止柱状晶区进一步发展的关键则是中心等轴晶区的形成。因此，从本质上说，晶区的形成和转变是过冷熔体独立生核的能力和各种形式晶粒游离、增殖或重熔的程度这两个基本条件综合作用的结果，铸件中各晶区的相对大小和晶粒的粗细就是由这个结果所决定的。凡能强化熔体独立生核，促进晶粒游离，以及有助于游离晶的残存与增殖的各种因素，都将抑制柱状晶区的形成和发展，从而扩大等轴晶区的范围，并细化等轴晶组织。这些因素归纳起来有两个方面，一个是金属方面的，一个是铸型方面的。在金属方面，影响宏观组织形成的因素有化学成分、形核特性、浇注温度，以及金属液在浇注和凝固过程中的运动等。在铸型方面，影响宏观组织形成的因素有铸件的热物理性质（如热导率、蓄热系数等）、铸型温度及铸型结构等。总之，为了抑制柱状晶，获得并细化等轴晶组织，通常在技术上采取如下几方面的措施。

一、合理地控制浇注工艺和冷却条件

（一）合理的浇注工艺

浇注工艺细化晶粒方面可考虑控制浇注温度及浇注方式。

从前面讨论可知，降低浇注温度可避免在浇注过程及凝固初期形成的激冷等轴晶在向内部游离过程中不致因熔体温度过高而重熔，从而促进等轴晶的形成。大量实验证实，合理降低浇注温度是减少柱状晶、获得细化等轴晶的有效措施之一。但是过低的浇注温度将降低液态金属的流动性，导致浇不足和冷隔等缺陷的产生。特别是对复杂的异形铸件，其危害性更大。因此降低浇注温度的措施是有一定限度的。

通过改变浇注方式强化对流对型壁激冷晶的冲刷作用，能有效地促进细等轴晶的形成。但必须注意不要因此而引起大量气体和夹杂的卷入而导致铸件产生相应的缺陷。在铸件浇注过程中，液态金属在型壁的激冷作用下大量形核，被液流冲击带入液相区，并发生增殖，成为后续凝固的结晶核心。大野笃美研究比较了图 5-8 所示的几种浇注方法（石墨型，Al-0.2%Cu 合金）对铸件宏观凝固组织的影响。

采用图 5-8（a）所示铸型中间的方法浇注，对型壁无冲刷作用，获得的凝固组织大多为粗大柱状晶。而采用图 5-8（b）所示单孔上注方法，使液流沿型壁冲刷，结果柱状晶区缩小，内部等轴晶区扩大，且晶粒细化。进一步使液流分散，采用图 5-8（c）所示的沿型壁六孔浇注，得到全部细小等轴晶。浇注缓慢，并且浇注结束时过冷度较低，有利于晶核的生存。后来大野笃美采用图 5-9 所示的水流冷却的斜板浇注方法，获得了比图 5-8（c）更好的晶粒细化效果。

（二）冷却条件的控制

控制冷却条件的目的是形成宽的凝固区域和获得大的过冷，从而促进熔体生核和晶粒游离。小的温度梯度 G_L 和高的冷却速度 v 可以满足以上要求。但就铸型的冷却能力而言，除薄壁铸件外，这二者不可兼得。由于高的散热速度不仅使凝固过程中 G_L 变大，而且在凝固开始时还促使稳定凝固壳层过早形成。因此，对薄壁铸件，可采用高蓄热、快热传导能力的铸型来细化晶粒；而对厚壁铸件，一般采用冷却能力小的铸型以确保等轴晶的形成，再辅以其他晶粒细化措施以得到满意的效果。如果是采用冷却能力大的金属型，则需配合以更强有力的晶粒游离措施才能得到预期效果，因此比前者要困难得多。合理控制冷却条件的一个比较理想的方案是既不使铸型有较大的冷却作用以便降低 G_L，又要使熔体能够快速冷却。悬浮铸造法能满足这一要求。悬浮铸造法就是在浇注过程中向液态金属中加入一定数量的金属

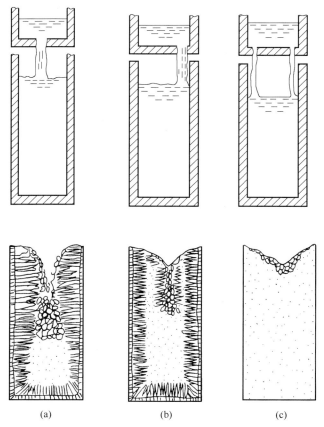

(a)　　　　　　　　(b)　　　　　　　　(c)

图 5-8　不同浇注方法引起不同的铸件凝固组织

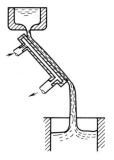

图 5-9　金属液通过
水冷斜板浇注

粉末，这些金属粉末像极多的小冷铁均匀地分布于液态金属中，起着显微激冷作用，加速液态金属的冷却，促进等轴晶的形成和细化。它与通常的孕育处理的最大区别就在于其主要作用是显微激冷。但由于金属粉末的选择也需要遵循界面共格对应原则，而在液态金属凝固过程中，即将熔化掉的粉末微粒也起着非均质核心的作用，所以也可以把悬浮铸造法看成是一种特殊的孕育处理方法。

二、孕育处理

孕育处理是在浇注之前或浇注过程中向液态金属中添加少量物质以达到细化晶粒、改善宏观组织目的的一种工艺方法。从本质上说，孕育（inoculation）主要是影响生核过程和促进晶粒游离以细化晶粒；而变质（modification）则是改变晶体的生长机理，从而影响晶体形貌。变质在改变共晶合金的非金属相的结晶形貌上有着重要的应用，而在等轴晶组织的获得和细化中采用的则是孕育方法。但需要指出，虽然孕育和变质的主要目的各不相同，但它们之间存在着密切的联系和影响。比如，良好的孕育处理可促进球墨铸铁的石墨以球状方式生长，提高球化率；细化白口抗磨铸铁凝固组织可在一定程度上改善碳化物的形态和分布。再比如，以 Na 或 Sr 等元素对 Al-Si 合金进行质处理，在使共晶 Si 由片状转为棒状生长的同时，共晶 Si 也得到了显著的细化。

关于孕育剂的作用机理，存在着两类观点。一类观点认为，孕育主要起非自发形核作用；另一类观点认为，通过在生长界面前沿的成分富集而使晶粒根部和树枝晶分枝根部产生缩颈，促进枝晶熔断和游离而细化晶粒。

非自发形核可以从三个方面来理解。

第一种情况是，孕育剂含有直接作为非自发生核的物质，即一些与欲细化相具有界面共格对应的高熔点物质或同类金属微小颗粒。它们在液态金属中可直接作为欲细化相的有效衬底而促进非均质生核。比如，在高锰钢中加入锰铁、高铬钢中加入铬铁都可以直接作为欲细化相的非均质晶核而细化晶粒并消除柱状晶组织。又如，铝合金铸件及铸锭的铸造过程中添加 Al-Ti 及 Al-Ti-B 中间合金晶粒细化剂，已成为最经济、最有效的广泛应用的工艺。Al-Ti 孕育剂中 $TiAl_3$ 与 α-Al 之间有良好的晶格匹配关系。而研究证明，在 Al-Ti-B 孕育剂中，TiB_2 将成为 $TiAl_3$ 的形核核心，而 $TiAl_3$ 则进一步作为 α-Al 的形核核心。

第二种情况，孕育剂能与液相中某些元素（最好是欲细化相的原子）反应生成较稳定的化合物而产生非自发生核。此化合物应与欲细化相具有界面共格对应关系而能促进非均质生核。如钢中的 Ti、V 就是通过形成能促进非均质生核的碳化物和氮化物而达到细化等轴晶的目的。在这种情况下，构成包晶反应的生核剂具有特别大的优越性。

第三种情况，通过在液相中造成很大的微区富集而迫使结晶相提前弥散析出而生核。如硅铁加入铁液中瞬时间形成了很多富硅区，造成局部过共晶成分迫使石墨提前析出。而硅的脱氧产物 SiO_2 及硅铁中的某些微量元素形成的化合物可作为石墨析出的有效基底而促进非均质形核。

第二类观点（促进枝晶熔断和游离）认为，等轴晶只是在凝固的开始阶段形成，之后游离沉积。晶粒细化剂的作用在于使枝晶产生更细的脖颈，其结果必然导致结晶更易于游离。晶粒细化剂之所以使枝晶脖颈更细，主要是溶质的偏析造成的，在凝固过程中由于溶质在枝晶侧向的偏析，此处的过冷度减少，从而使晶体的长大受到抑制而产生细的脖颈。对于溶质分配系数 $K_0 < 1$ 的合金来说，K_0 越小，凝固时偏析越大，溶质对晶粒细化作用越大；对 $K_0 > 1$ 的合金来说，K_0 越大，凝固时溶质偏析越大，溶质对晶粒的细化作用也越大。可以用偏析系数 $|1 - K_0|$ 来衡量溶质元素对晶粒细化作用的大小。不论 $K_0 < 1$ 或 $K_0 > 1$，偏析系数大的元素，在凝固时引起的偏析越大，它们对晶粒的细化作用也越大。因此，$|1 - K_0|$ 数值的大小就成了选择孕育剂的依据。大野笃美是这一观点的积极倡导者，他甚至否认孕育的非自发形核作用。

表 5-1 所示为合金常用孕育剂的主要元素。

表 5-1　合金常用孕育剂的主要元素

合金种类	孕育剂主要元素	加入量（质量分数）/%	加入方法
碳钢及合金钢	Ti	0.1～0.2	铁合金
	V	0.06～0.30	
	B	0.005～0.01	
铸铁	Si-Fe,Ca,Ba,Sr	0.1～1.0,与 Si-Fe 复合	铁合金
铝合金	Ti,Zr,Ti+B,Ti+C	Ti:0.15;Zr:0.2 复合:Ti 0.01 B 或 C 0.05;	Al-Ti,Al-Zr,Al-Ti-B, Al-Ti-C 中间合金

合金种类	孕育剂主要元素	加入量(质量分数)/%	加入方法
过共晶 Al-Si 合金	P	≥0.02	Al-P,Cu-P,Fe-P 中间合金
铜合金	Zr,Zr+B,Zr+Mg, Zr+Mg+Fe+P	0.02～0.04	纯金属或中间合金
镍基高温合金	WC,NbC		碳化物粉末

虽然对孕育机理至今尚没有统一的认识，但上述不同的观点均有其实验依据，并分别在生产技术中得到了成功的实践。可以认为，它们从不同的侧面揭示了不同孕育剂的作用机理。实践表明，多元复合孕育剂往往比单一组元的孕育剂效果更佳，这便是一个很好的说明。

孕育剂加入合金液后要经历一个孕育期和衰退期。在孕育期内，作为孕育剂的中间合金的某些组分完成熔化过程，或与合金液反应生成化合物，起细化作用的异质固相颗粒均匀布并与合金液充分润湿，逐渐达到最佳的细化效果。当细化效果达到最佳值时浇注是最理想的，通常存在一个可接受的保温时间范围。随合金熔化温度和孕育剂种类的不同，达到最佳细化效果所需要的时间也不同。试验指出，几乎所有的孕育剂都有在孕育处理后一段时间出现孕育衰退（孕育效果逐渐减弱）现象。因此孕育效果不仅取决于孕育剂的本身，而且也与孕育处理工艺密切相关。一般说来，处理温度越高，孕育衰退越快。因此在保证孕育剂均匀散开的前提下，应尽量降低处理温度。孕育剂的粒度也要根据处理温度、被处理合金液量和具体的处理方法来选择。为了使孕育衰退的副作用降低到最低限度，近年来发展了一系后期（瞬时）孕育方法，其中包括各种形式的随流孕育法和型内孕育法。同时，研究人员在不断地开发适用于不同合金的长效孕育剂。

三、动力学细化

动力学细化方法主要是采用机械力或电磁力引起固相和液相的相对运动，导致枝晶的破碎或与铸型分离，在液相中形成大量结晶核心，达到细化晶粒的目的。常用的动力学细化方法如下。

1. 铸型振动

在凝固过程中振动铸型可使液相和固相发生相对运动，导致枝晶破碎形成结晶核心。离心铸造时若周期改变旋转方向可获得细小等轴晶，便可说明液相和固相发生相对运动所起的细化晶粒作用。振动还可引起局部的温度起伏，有利于枝晶熔断。同时，振动铸型可促使"晶雨"的形成。"晶雨"的来源是液态金属表面的凝固层。当液态金属静止时，表面凝固的金属结壳而不能下落。而铸型振动可使壳层中的枝晶破碎，形成"晶雨"。

2. 超声波振动

超声波振动可在液相中产生空化作用，形成空隙，当这些空隙崩溃时，液体迅速补充，液体流动的动量很大，产生很高的压力。根据克劳修斯-克莱普隆（Clausius-Clapeyron）方程 $\Delta T = \left(\dfrac{T_{\mathrm{m}} \Delta V}{\Delta H}\right) \Delta p$，$\Delta T$ 为压力引起熔点温度的改变，T_{m} 为大气压下的熔点，ΔV 为凝固时体积的改变（凝固为负值），ΔH 为凝固潜热（凝固为负值），Δp 为压力的改变，当压力增加时凝固，合金熔点温度也要增加，从而提高了凝固过冷度，这势必造成形核率的提高，使晶粒细化。高压条件下凝固可细化晶粒的原因与之相同。

3. 液相搅拌

采用机械搅拌、电磁搅拌或气泡搅拌均可造成液相相对固相的运动，引起枝晶的折断、破碎与增殖，达到细化晶粒的目的。其中机械和电磁搅拌方法不仅使晶粒细化，而且可使晶粒趋于球化。

4. 流变铸造

流变铸造（rheocasting）又称半固态铸造，为美国 MIT（麻省理工学院）M. C. Flemings 等所发明。这种方法的实质是当液体金属凝固达 $50\%\sim60\%$ 时，在氩气保护下进行高速搅拌，使金属成为半固态浆液，将半固态浆液凝固成坯料或挤压至铸型凝固成形，其固态晶体随搅拌转速的增加而更加趋于细小而圆整，力学性能显著提高。其原因在于，固态晶体之间以及它们与液体之间发生碰撞、摩擦和冲刷作用，这使得固相颗粒在各个方向上温度均匀，热流无方向性；此外，在固-液界面处也没有溶质富集现象，从而消除了"成分过冷"，这样就使得晶体在各个方向上的长大速度快而均匀，从而成为细小圆整的颗粒状。这种细小圆整的半固态金属浆液由于具有较好的流动性而容易成形。因为它的温度已远低于液相线温度，所以对于黑色金属的压铸件来说，能大大减轻金属对模具的热冲击，从而可提高压铸模具的寿命，扩大黑色金属压铸的应用范围。这种方法目前仍在进一步发展、完善之中，主要是解决强烈搅拌带来的副作用及设备问题。

课程思政内容的思考

思考等轴晶粒的形成理论，从中可以认识到，要在前人的基础上不断创新，敢于打破常规，树立科学的科研态度，构造自己的理论体系。

思考与练习

1. 铸件典型宏观凝固组织是由哪几部分构成的？它们的形成机理如何？
2. 液态金属中的流动是如何产生的？流动对内部等轴晶的形成及细化有何影响？
3. 常用生核剂有哪些种类？其作用条件和机理如何？
4. 试分析影响铸件宏观凝固组织的因素，列举获得细等轴晶的常用方法。

第六章

铸件缺陷的形成机理及控制

第一节　气孔与夹杂的形成机理及控制

一、气孔

金属在熔炼、浇注、凝固过程中，以及炉料、铸型、浇包、空气及化学反应产生的各种气体会融入液态金属中，并随温度下降，气体会因在金属中溶解度的显著降低而形成分子状态的气泡存在于液态金属中并逐渐排入大气。由于铸造生产中铸件凝固速度较快，部分尚未从金属液中排出的气泡残留在固体金属内部而形成气孔。气孔是铸件或焊件最常见的缺陷之一。气孔的存在不仅能减少金属的有效承载面积，而且会造成局部应力集中，成为零件断裂的裂纹源。一些形状不规则的气孔，则会增加缺口的敏感性，使金属的强度下降和抗疲劳能力降低。

（一）气体的来源

铸造时的气体主要来源于熔炼过程、铸型和浇注过程。

（1）熔炼过程　气体要来自各种炉料、炉气、炉衬、工具、熔剂及周围气氛中的水分、氮、氧、氢、CO_2、CO、SO_2 和有机物燃烧产生的碳氢化合物等。

（2）铸型　来自铸型中的气体主要是型砂中的水分。即使已烘干的铸型在浇注前也会吸收水分，并且黏土在液态金属的热作用下其结晶水还会分解。此外，有机物（黏结剂等）的燃烧也会产生大量气体。

（3）浇注过程　浇包未烘干，铸型浇注系统设计不当，铸型透气性差，浇注速度控制不当，型腔内的气体不能及时排除等，都会使气体进入液态金属。

（二）铸型内的气体

1. 气体的产生

浇注时，液态金属与铸型界面将发生化学反应，从而产生大量气体。

（1）水蒸气与合金元素反应　在液态金属的热作用下，铸型中的水分被蒸发，黏土中的结晶水发生分解，此时产生大量的水蒸气。高温水蒸气压力很大，不可能完全通过铸型及时排除，在界面处与液态金属发生化学反应

$$mMe + nH_2O \rightarrow Me_mO_n + nH_2 \tag{6-1}$$

式中，Me 为液态金属中的元素，如 Fe、C、Si、Mn、Al 等。

反应的结果生成了金属氧化物和氢气，使铸件表面形成氧化膜或产生夹杂物，型腔及界面处气体压力升高。

（2）固体碳燃烧　界面处及砂粒间的自由氧使合金氧化，同时使造型材料中的碳及有机物燃烧，产生 CO 和 CO_2 气体，即

$$2C + O_2 \rightarrow 2CO \tag{6-2}$$

$$CO + \frac{1}{2}O_2 \rightarrow CO_2 \tag{6-3}$$

（3）砂型组分分解　高温下砂型组分也会发生分解反应，释放出气体。树脂砂中的尿素、乌洛托品 $[(CH_2)_6N_4]$ 等在高温下，首先分解生成氨（NH_3），氨又继续分解

$$2NH_3 \rightarrow N_2 + 3H_2 \tag{6-4}$$

此外，还有烷烃的分解

$$CH_4 \rightarrow C + 2H_2 \tag{6-5}$$

$$C_nH_{2n+2} \rightarrow nC + (n+1)H_2 \tag{6-6}$$

2. 气相的平衡

经氧化-分解反应后，在液态金属与铸型界面处形成的气相成分主要有 H_2O、H_2、CO、CO_2，还有少量的 N_2 和 CH_4 等。铸型表面残留的固体碳将继续与气相发生相互作用

$$C + O_2 \rightarrow 2CO \tag{6-7}$$

$$C + H_2O \rightarrow CO + H_2 \tag{6-8}$$

$$C + 2H_2O \rightarrow CO_2 + 2H_2 \tag{6-9}$$

$$CO_2 + H_2 \rightarrow CO + H_2O \tag{6-10}$$

在一定温度下，H_2—CO—CO_2—H_2O 气相中各成分应达到平衡浓度，其关系可从式（6-11）得出

$$K = \frac{P_{CO}P_{H_2O}}{P_{CO_2}P_{H_2}} = f(T) \tag{6-11}$$

式中，K 为平衡常数，它是温度 T 的函数；P_{CO}、P_{CO_2}、P_{H_2}、P_{H_2O} 是界面上各气相的分压。

同样可得出其余反应式的平衡常数，它们与温度的关系如表 6-1 所示。由表可见，在高温平衡状态下，液态金属与铸型界面处气相成分中 H_2 和 CO 含量较高，CO_2 含量较少。

表 6-1　平衡常数与温度的关系

温度 T/℃		800	1000	1200	1400	1600
平衡常数	$K = \dfrac{p_{CO}p_{H_2O}}{p_{CO_2}p_{H_2}}$	0.98	1.99	2.92	4.52	5.44
	$K = \dfrac{p_{CO}^2}{p_{O_2}}$	7	135	1150	6026	22390

续表

温度 $T/℃$		800	1000	1200	1400	1600
平衡常数	$K = \dfrac{p_{CO} p_{H_2}}{p_{H_2O}}$	9	86	557	2150	6150
	$K = \dfrac{p_{CO_2} p_{H_2}^2}{p_{H_2O}^2}$	8	48	179	550	1250

3. 铸型内气体的成分

在不同的铸型内浇注铁液后，铸型内气相的成分主要是 H_2、CO 和 CO_2，在含氮的树脂砂型中还含有一定量的 N_2。有机物铸型因热分解速度比无机物铸型快得多，所以浇注后 O_2 含量迅速降低，H_2 含量迅速上升；无机物铸型则由含 O_2、CO_2 较高的氧化性气氛转变为以 H_2 和 CO 为主的还原性气氛。此外，浇注温度越高，铸型内自由碳越多，越有利于还原性气氛的形成；反之，N_2 及氧化性气体 CO_2、O_2 含量较高，而 H_2、CO 含量较低。

总之，铸型内的气相组成和含量是随温度、造型材料种类、浇注后停留的时间等因素的变化而变化的。

（三）气孔的分类及特征

金属中的气孔（gas hole）按气体来源不同可分为析出性气孔、侵入性气孔和反应性气孔；按气体种类不同可分为氢气孔、氮气孔和一氧化碳气孔等。

（1）析出性气孔　液态金属在冷却凝固过程中，因气体溶解度下降，析出的气体来不及逸出而产生的气孔称为析出性气孔。这类气孔主要是氢气孔和氮气孔。

析出性气孔通常在铸件断面上大面积分布，或分布在铸件的某一局部区域，尤其在冒口附近和热节等温度较高的区域分布比较密集。气孔形状有团球形、裂纹多角形、断续裂纹状或混合型。当金属含气量较少时，呈裂纹状；而含气量较多时，气孔较大，呈团球形。

（2）侵入性气孔　砂型和砂芯等在液态金属高温作用下产生的气体（并无明显的化学反应），侵入金属内部所形成的气孔，称为侵入性气孔。其特征是数量较少、体积较大、孔壁光滑、表面有氧化色，常出现在铸件表层或近表层。气孔形状多呈梨形、椭圆形或圆形，梨尖一般指向气体侵入的方向。侵入的气体一般是水蒸气、一氧化碳、二氧化碳、氢、氮和碳氢化合物等。

（3）反应性气孔　液态金属内部或与铸型之间发生化学反应而产生的气孔，称为反应性气孔。金属-铸型间反应性气孔常分布在铸件表面皮下 13mm 处，通称为皮下气孔，其形状有球状和梨状，孔径为 13mm。有些皮下气孔呈细长状，垂直于铸件表面，深度可达 10mm 左右。气孔内气体主要是 H_2、CO 和 N_2 等。液态金属内部合金元素之间或与非金属夹杂物发生化学反应产生的蜂窝状气孔，呈梨形或团球形均匀分布。

（四）气体的析出及气泡的形成

气体从金属中析出有三种形式：①扩散析出；②与金属内的某元素形成化合物；③以气泡形式从液态金属中逸出。气体以扩散方式析出，只有在非常缓慢冷却的条件下才能充分进行，在实际生产条件下往往难以实现。

气体以气泡形式析出的过程由三个相互联系而又彼此不同的阶段组成，即气泡的生核、长大和上浮。

1. 气泡的生核

液态金属中存在过饱和的气体是气泡生核的重要条件。但在极纯的液态金属中，即使溶解有过饱和的气体，气泡自发生核的可能性也很小，因为自发生核需要很大的过冷度或能量起伏。然而，在实际生产条件下，液态金属内部通常存在大量的现成表面（如未熔的固相质点、熔渣和枝晶的表面），这为气泡生核创造了有利条件。

气泡依附于现成表面生核所需能量 E 为

$$E = -(p_h - p_L)V + \sigma A\left[1 - \frac{A_a}{A}(1 - \cos\theta)\right] \tag{6-12}$$

式中，p_h 为气泡内气体的压力；p_L 为液体对气泡的压力；V 为气泡核的体积；σ 为界面张力；A 为气泡核的表面积；A_a 为吸附力的作用面积；θ 为润湿角。

由式（6-12）可知，A_a/A 值升高时，生核所需能量减少。可以认为，A_a/A 值最大的地方，即相邻枝晶间的凹陷部位是气泡最可能生核之处，故该处最易产生气泡核。此外，A_a/A 值一定时，θ 角越大，形成气泡核所需能量越小，气泡越易生核。

2. 气泡的长大

气泡生核后要继续长大。气体向气泡内析出的热力学条件是气体自金属中的析出压力大于气泡内该气体的分压。故气泡长大需满足下列条件

$$p_h > p_0 \tag{6-13}$$

式中，p_h 为气泡内各气体分压的总和；p_0 为气泡所受的外部压力总和。

$$p_h = p_{H_2} + p_{N_2} + p_{CO} + p_{CO_2} + p_{H_2O} + \cdots$$

阻碍气泡长大的外界压力 p_0 由大气压 p_a、金属静压力 p_b 和表面张力所构成的附加压力 p_c 组成，即

$$p_0 = p_a + p_b + p_c = p_a + p_b + \frac{2\sigma}{r}$$

式中，σ 为液态金属的表面张力，r 为气泡半径。

气泡刚刚形成时体积很小（即 r 小），附加压力 $2\sigma/r$ 很大。在这样大的附加压力下气泡难以长大。但在现成表面生核的气泡不是圆形，而是椭圆形，因此可以有较大的曲率半径，降低了附加压力 $2\sigma/r$ 值，有利于气泡长大。

3. 气泡的上浮

气泡形核后，经短暂的长大过程，即脱离其依附的表面而上浮。

气泡脱离现成表面的过程如图 6-1、图 6-2 所示。由图可见，当润湿角 $\theta < 90°$ 时，气泡尚未长到很大尺寸便完全脱离现成表面。当 $\theta > 90°$ 时，气泡长大过程中有细颈出现，当气泡脱离现成表面时，会残留一个透镜状的气泡核，它可以作为新的气泡核心。由于形成细颈需要时间，所以在结晶速度较大的情况下，气体可能来不及逸出而形成气孔。可见，$\theta < 90°$ 时有利于气泡上浮逸出。

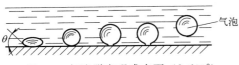

图 6-1 气泡脱离现成表面（$\theta < 90°$）

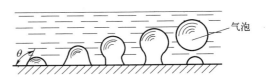

图 6-2 气泡脱离现成表面（$\theta > 90°$）

气泡在上浮过程中将不断吸收扩散来的气体，或与其他气泡相碰而合并，致使气泡不断长大，上浮速度也不断加快。

气泡的上浮速度与气泡半径、液态金属的密度和黏度等因素有关。气泡的半径及液态金属的密度越小、黏度越大，气泡上浮速度就越小。若气泡上浮速度小于结晶速度，气泡就会滞留在凝固金属中而形成气孔。

（五）气孔的形成机理

1. 析出性气孔的形成机理

如前所述，液态金属含气量较多时，随着温度下降溶解度降低，气体析出压力增大，当大于外界压力时便形成气泡。气泡如在金属凝固时来不及浮出液面，便残留在金属中形成气孔。当液态金属含气量较低，甚至低于凝固温度下液相中的溶解度时，也可能产生气孔。这些现象均可用溶质再分配理论加以解释。

假定金属在凝固过程中液相中的气体溶质只存在有限扩散，无对流、无搅拌作用，而固相中气体溶质的扩散忽略不计，则固-液界面前沿液相中气体溶质的分布可用下式来描述，即

$$C_L = C_0 \left[1 + \frac{1-k}{k} \exp\left(-\frac{Rx}{D}\right) \right] \tag{6-14}$$

式中，C_L 为固-液界面前沿液相中气体的含量；C_0 为凝固前金属液中气体的含量；k 为气体溶质平衡分配系数；D 为气体在金属液中的扩散系数；R 为凝固速度；x 为离液-固界面处的距离。

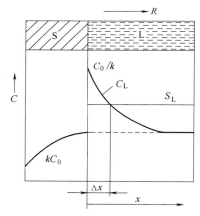

图 6-3 金属凝固时气体在固相及
液相界面前沿的含量分布

根据式（6-14），金属凝固时气体溶质在液相中的含量分布如图 6-3 所示。可见，即使金属中气体的原始含量 C_0 小于饱和含量 S_L，由于金属凝固时存在溶质再分配，在某一时刻，固-液界面处液相中所富集的气体溶质含量也会大于饱和含量而析出气体。

枝晶间液体中气体的含量随着凝固的进行不断增大，且在枝晶根部附近其含量最高，具有很大的析出动力。同时，枝晶间也富集着其他溶质及非金属夹杂物，为气泡生核提供基底；液态金属凝固收缩形成的缩孔，初期处于真空状态，也为气体析出创造了有利条件。因此，此处最容易形成气泡，而成为析出性气孔。在那些枝晶生长发达、收缩倾向大的合金（如亚共晶铝硅合金）中，析出性气孔（或称为针孔）表现得较为严重。

综上所述，析出性气孔的形成机理为：结晶前沿，特别是枝晶间的气体溶质聚集区中的气体含量将超过其饱和含量，被枝晶封闭的液相内则具有更大的过饱和析出压力，而液-固界面处气体的含量最高，并且存在其他溶质的偏析及非金属夹杂物，当枝晶间产生凝固收缩时，该处极易析出气泡，且气泡很难排除，从而保留下来形成气孔。

2. 侵入性气孔的形成机理

侵入性气孔主要是由砂型或砂芯在液态金属高温作用下产生的气体侵入到液态金属内部

形成的。气孔形成过程如图 6-4 所示，可大致分为气体侵入液态金属（图 6-4a～c）和气泡的形成与上浮（图 6-4d、e）两个阶段。

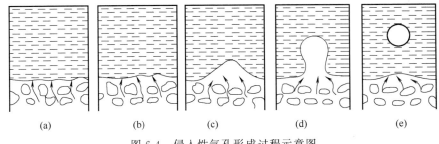

图 6-4　侵入性气孔形成过程示意图

将液态金属浇入铸型时，砂型或砂芯在金属液的高温作用下会产生大量气体。随着温度的升高和气体量的增加，金属-铸型界面处气体的压力不断增大。当界面上局部气体的压力 $p_{气}$ 满足式（6-15）所示的条件时，气体就会在金属凝固之前或凝固初期侵入液态金属，在型壁上形成气泡。气泡形成后将脱离型壁浮入型腔液态金属中。当气泡来不及上浮逸出时，就会在金属中形成侵入性气孔。气泡形成的条件为

$$p_{气} > p_{静} + p_{阻} + p_{腔} \tag{6-15}$$

式中，$p_{静}$ 为液态金属的静压力，$p_{静} = h\rho g$，由液态金属的高度 h、密度 ρ 和重力加速度 g 决定；$p_{阻}$ 为气体进入液态金属的阻力，由液态金属的黏度、表面张力、氧化膜等决定；$p_{腔}$ 为型腔中自由表面上气体的压力。

当液体金属不润湿型壁时（即表面张力小），侵入气体容易在型壁上形成气泡，从而增大了侵入性气孔的形成倾向。当液态金属的黏度增大时，气体排出的阻力加大，形成侵入性气孔的倾向也随之增大。

气体在金属已开始凝固时侵入液态金属易形成梨形气孔，气孔较大的部分位于铸件内部，其细小部分位于铸件表面。这是因为气体侵入时铸件表面金属已凝固，不能流动，而内部金属温度较高，流动性好，侵入的气体容易随着气体压力的增大而扩大，从而形成外小内大的梨形。

3. 反应性气孔的形成机理

（1）金属与铸型间的反应性气孔　金属-铸型间反应性气孔可分为氢气、一氧化碳和氮气为主的皮下气孔，其形成机理主要存在以下学说：

1）氢气说。金属液浇入铸型后，在金属液热作用下，铸型中的水分迅速蒸发并与金属液中的某些组元反应，即

$$m[\text{Me}] + n\text{H}_2\text{O}(\text{g}) \rightarrow \text{Me}_m\text{O}_n + n\text{H}_2 \tag{6-16}$$

其中，Me 为能和水蒸气反应的元素，如 Fe-C 合金中的 Fe、C、Si、Mn、Al 等都能与 H_2O（g）反应，生成相应的氧化物和 H_2，反应生成的 H_2，一部分通过铸型逸出，另一部分则向金属液中扩散，使金属液表面层 H 含量急剧增加。

在铸件开始凝固时，形成一固相薄壳。由于溶质再分配，H 在凝固前沿的液相中富集，形成 H 的过饱和浓度区，该区存在的 Al_2O_3、MnO 等固相质点均能使 H 依附其表面形核成为气泡核心。气泡一旦形成，溶解在液相中的其他气体向气泡扩散，并伴随着凝固前沿的推移，气泡沿枝晶间长大。但也有人认为，H 气孔是以 CO 或溶解在金属液中的 [H] 和 [O] 反应生成的水蒸气作为核心。

可见，H 气孔的生成，既与合金液原始含气量有关，也与浇注后吸收的 H 量有关，而后者对氢气孔的生成敏感性更大。

2）CO 说。一些研究者认为，金属-铸型表面处金属液与水蒸气或 CO_2 相互作用，使铁液生成 FeO，铸件凝固时由于结晶前沿枝晶内液相碳含量的偏析，将产生下列反应

$$[FeO]+[C]\rightarrow[Fe]+CO\uparrow \tag{6-17}$$

CO 气泡可依附晶体或非金属夹杂物形成，这时氢、氮均可扩散进入该气泡，气泡沿枝晶生长方向长大，形成垂直于铸件表面的皮下气孔。

3）氮气说。在含 N 树脂砂中常出现以 N_2 为主的皮下气孔。例如，［N］超过 0.012%时，白口铸铁件出现严重的气孔。这类气孔是由于树脂砂中树脂分解的 N 溶解在金属液中，在凝固时析出所致。

皮下气孔的形状与结晶特点和气体析出速度有关。铸钢件表面层多为柱状晶，故易生成条状针孔；铸铁件凝固速度较慢，且初晶为共晶团，气泡成长速度较快，故呈球形或团形。

（2）金属与熔渣间的反应性气孔　液态金属与熔渣相互作用产生的气孔称为渣气孔。这类气孔多数因反应生成的 CO 气体所致。

在钢铁凝固过程中，若凝固前沿液相区内存在有 FeO 等低熔点氧化夹杂物，则其中的 FeO 可与液相中富集的碳发生反应，即

$$(FeO)+[C]\rightarrow Fe+CO\uparrow \tag{6-18}$$

反应生成的 CO 气体，依附在（FeO）熔渣上，就会形成渣气孔。

（3）液态金属内元素间的反应性气孔

1）碳-氧反应性气孔。钢液脱氧不足或铁液氧化严重时，溶解的氧将与液态金属中的碳反应，生成 CO 气泡。CO 气泡上浮中吸入氢和氧，使其长大。由于液态金属温度下降快，凝固时气泡来不及完全排除，最终在铸件中产生许多蜂窝状气孔（其周围为脱碳层）。

2）氢-氧反应性气孔。液态金属中溶解的［O］和［H］如果相遇就会产生 H_2O 气泡，凝固前若来不及析出，就会产生气孔。这类气孔主要出现在溶解氧和氢的铜合金铸件中。

3）碳-氢反应性气孔。铸件最后凝固部位的偏析液相中，含有较高含量的 H 和 C，凝固过程中产生甲烷气（CH_4），形成局部性气孔。

（六）防止铸件产生气孔的措施

1. 防止析出性气孔的措施

（1）消除气体来源。保持炉料清洁、干燥，控制型砂、芯砂的水分；限制铸型中有机黏结剂的用量和树脂的氮含量；加强保护，防止空气侵入液态金属中。

（2）金属熔炼时控制熔炼温度勿使其过高或采用真空熔炼，可降低液态金属的含气量。

（3）对液态金属进行除气处理。金属熔炼时常用的除气方法有浮游去气法和氧化去气法。前者是向金属液中吹入不溶于金属的气体（如惰性气体、氮气等），使溶解的气体进入气泡而排出。

（4）阻止液态金属内气体的析出。提高金属凝固时冷却速度和外压，可有效地阻止气体的析出。如在铝合金中采用金属型铸造，或将浇注的铝合金铸型放在通入 4～6at（约 0.4～0.6MPa）的压缩空气室中凝固，均可减少或防止铝合金中析出性气孔的产生。

2. 防止侵入性气孔的措施

（1）控制侵入气体的来源。严格控制型砂和芯砂中发气物质的含量和湿型的水分。干型应保证烘干质量并及时浇注。冷铁或芯铁应保证表面清洁、干燥。浇口套和冒口套应烘干后使用。

（2）控制砂型的透气性和紧实度。砂型的透气性越差，紧实度越高，侵入性气孔的产生倾向越大。在保证砂型强度的条件下，应尽量降低砂型的紧实度。采用面砂加粗背砂的方法是提高砂型透气性的有效措施。

（3）提高砂型和砂芯的排气能力。砂型上扎排气孔帮助排气，保持砂芯排气孔的畅通，铸件顶部设置出气冒口，采用合理的浇注系统。

（4）适当提高浇注温度，提高液态金属温度，以有充足的时间排气。浇注时应控制浇注高度和浇注速度，保证液态金属平稳地流动和充型。

（5）提高液态金属的熔炼质量，尽量降低铁液中的硫含量，保证铁液的流动性。防止液态金属过分氧化，减小气体排出的阻力。

3. 防止反应性气孔的措施

（1）采取烘干、除湿等措施，防止和减少气体进入液态金属。严格控制砂型水分和透气性，避免铸型返潮。重要铸件可采用干型或表面烘干型，限制树脂砂中树脂的氮含量。

（2）严格控制合金中强氧化性元素的含量，如球墨铸铁中的镁及稀土元素，钢中用于脱氧的铝等，其用量要适当。

（3）适当提高液态金属的浇注温度，尽量保证液态金属平稳进入铸型，减少液态金属的氧化。

二、夹杂物

（一）夹杂物的来源及分类

1. 夹杂物（inclusions）的来源

夹杂物是指金属内部或表面存在的与基本金属成分不同的物质，它主要来源于原材料本身的杂质，以及金属在熔炼、浇注和凝固过程中与非金属元素或化合物发生反应而形成的产物。

1）原材料本身含有杂质，如金属炉料表面的粘砂、氧化锈蚀、随同炉料一起进入熔炉的泥沙、焦炭中的灰分等，熔化后变为熔渣。

2）金属熔炼时，在脱氧、孕育和变质等处理过程中，产生大量的 MnO、SiO_2、Al_2O_3 等夹杂物。

3）液态金属与炉衬、浇包的耐火材料及熔渣接触时，会发生相互作用，产生大量的 MnO、Al_2O_3 等夹杂物。

4）在精炼后转包及浇注过程中，金属表面与空气接触形成的表面氧化膜，被卷入金属后形成氧化夹杂物。

5）在铸造过程中，金属与非金属元素发生化学反应而产生的各种夹杂物，如 FeS、MnS 等硫化物。

2. 夹杂物的分类

1）按夹杂物的来源，可分为内在夹杂物和外来夹杂物。前者是指在熔炼、铸造或焊接过程中，金属与其内部非金属发生化学反应而生成的化合物；后者是指金属与外界物质接触发生相互作用所生成的非金属夹杂物。

2）按夹杂物的组成，可分为氧化物、硫化物、硅酸盐等。常见的氧化物夹杂如 FeO、MnO、SiO_2、Al_2O_3，硫化物夹杂如 FeS、MnS、Cu_2S。硅酸盐是一种玻璃夹杂物，其成分较复杂，常见的有 FeO、SiO_2、Fe_2SiO_4、Mn_2SiO_4。几种氧化物和硫化物的熔点及密度见表 6-2、表 6-3。

表 6-2　几种氧化物的熔点和密度

化合物	FeO	MnO	SiO_2	TiO_2	Al_2O_3	$(FeO)_2SiO_2$	$MnO \cdot SiO_2$	$(MnO)_2SiO_2$
熔点/℃	1370	1580	1713	1825	2050	1205	1270	1326
密度/10^{-3}kg·cm^{-3}(20℃)	5.80	5.11	2.26	4.07	3.95	4.30	3.60	4.10

表 6-3　几种硫化物夹杂的熔点和密度

夹杂物	熔点/℃	密度/g·cm^{-3}
Al_2S_3	1100	—
MnS	1610±10	3.6
FeS	1193	4.5
MgS	2000	2.8
CaS	2525	2.8
CeS	2450	5.88
Ce_2S_3	1890	5.07
LaS	2200	5.75
La_2S_3	2095	4.92
LaS_2	1650	5.75

3）按夹杂物形成时间，可分为一次和二次夹杂物。一次夹杂物是在金属熔炼及炉前处理过程中产生的；二次夹杂物是液态金属在充型和凝固过程中产生的。

4）按夹杂物形状，可分为球形、多面体、不规则多角形、条形、薄板形、板形等。氧化物一般呈球形或团状。同一类夹杂物在不同合金中有不同形状，如 Al_2O_3 在钢中呈链球多角状，在铝合金中呈板形；同一夹杂物在同种合金中也可能存在不同的形态，如 MnS 在钢中通常有球形、枝晶间杆形、多面体结晶形三种形态。

此外，还可根据夹杂物的大小分为宏观和微观夹杂物；按熔点高低分为难熔和易熔夹杂物等。

夹杂物的存在将影响金属的力学性能。为确保铸件的质量，对宏观夹杂物的数量、大小等有较严格的检验标准，铸件中除宏观夹杂物外，通常不可避免地含有 $10^7 \sim 10^8$ 个/cm^3 数量的微观夹杂物，它会降低铸件的塑性、韧性和疲劳性能。试验证明，疲劳裂纹源主要发生在非金属夹杂物处，这是因为夹杂物与金属基体有着不同的弹性模量和膨胀系数。当夹杂物与基体相比其弹性模量较大，而膨胀系数又较小时，基体产生较大的拉应力，此时，在夹杂物的尖角处出现应力集中，甚至出现裂纹。

此外，金属液内含有的悬浮状难熔固体夹杂物显著降低其流动性。易熔的夹杂物（如钢铁中的 FeS），往往分布在晶界，导致铸件或焊件产生热裂；收缩大、熔点低的夹杂物（如钢中 FeO）将促进缩松形成。

在某些情况下，可以利用夹杂物来改善合金某些方面的性能，如铝合金液中加入 Ti，可形成 $TiAl_3$，在 Ti 的质量分数超过 0.15% 时，发生 $TiAl_3$ 与 Al 的包晶反应，所产生的 α 相可作为铝合金的非均质核心，使 α-Al 相得以细化。

（二）一次夹杂物

1. 一次夹杂物的形成

在金属熔炼及炉前处理过程中，液态金属内会产生大量的一次非金属夹杂物。这类夹杂物的形成大致经历了两个阶段，即夹杂物的偏晶析出和聚合长大。

（1）夹杂物的偏晶析出　从液态金属中析出固相夹杂物是一个结晶过程，夹杂物往往是结晶过程中最先析出的相，并且大多属于偏晶反应。

液态金属内原有的固体夹杂物有可能作为异质晶核，同时液态金属中总是存在着浓度起伏。当对金属进行脱氧、脱硫和孕育处理时，由于对流、传质和扩散，液态金属内会出现许多有利于夹杂物形成的元素微观聚集区域。该区的液相含量到达 L_1 时，将析出非金属夹物相，发生偏晶反应

$$L_1 \xrightarrow{T_0} L_2 + A_m B_n \tag{6-19}$$

即在 T_0 温度下，含有形成夹杂物元素 A 和 B 的高含量聚集区域的液相，析出固相非金属夹杂物 $A_m B_n$ 和含有与其平衡的液相 L_2。L_1 与 L_2 的含量差使 A、B 元素从 L_1 向 L_2 扩散，夹杂物不断长大，直到 L_1 达到 L_2 含量为止。这样，在 T_0 温度下达到平衡时，只存在 L_2 与 $A_m B_n$ 相。

（2）夹杂物的聚合长大夹杂物从液相中析出时尺寸很小（仅有几个微米），数量却很多（数量级可达 10^8 个/cm^3）。由于对流、环流及夹杂物本身的密度差，夹杂物质点在液态金属内将产生上浮或下沉运动，并发生高频率的碰撞。异类夹杂物碰撞后可产生化学反应，形成更复杂的化合物，如

$$3Al_2O_3 + 2SiO_2 \longrightarrow 3Al_2O_3 \cdot 2SiO_2 \tag{6-20}$$

$$SiO_2 + FeO \longrightarrow FeSiO_3 \tag{6-21}$$

不能产生化学反应的同种夹杂物相遇后，可机械地黏附在一起，组成各种成分不均匀、形状不规则的复杂夹杂物。夹杂物粗化后，其运动速度加快，并以更高的速度与其他夹杂物发生碰撞。如此不断进行，使夹杂物不断长大，其成分或形状也越来越复杂。与此同时，某些夹杂物因成分变化或熔点较低而重新熔化，有些尺寸大、密度小的夹杂物则会浮到液态金属表面。

2. 一次夹杂物的分布

不同类型的一次夹杂物在金属中的分布不同，主要有以下几种情况：

（1）能作为金属异质结晶核心的夹杂物　这类夹杂物因结晶体与液态金属存在密度差而下沉，故在铸件底部分布较密集，且多数分布在晶内。显然，冷却速度或凝固速度越快，铸件断面越小，浇注温度越低，这些微小晶体下沉就越困难，夹杂物的分布就越均匀。

（2）不能作为异质结晶核心的微小固体夹杂物　这类夹杂物的分布取决于液态金属 L、晶体 C 与夹杂物 I 之间的界面能关系。当凝固区域中的固态夹杂物与正在成长的树枝晶发生接触时，如果满足

$$\sigma_{IC} < \sigma_{LI} + \sigma_{LC} \tag{6-22}$$

相互黏附后能使能量降低，则微小夹杂物就会被树枝晶所黏附而陷入晶内，否则夹杂物就会被凝固界面所推开。显然，夹杂物被晶体黏附的先决条件是两者必须发生接触。夹杂物越小（运动速度越慢），晶体成长速度越快，两者越容易发生接触，夹杂物被晶体粘住的可能性越大。通常，陷入晶内的夹杂物分布比较均匀，被晶体推走的夹杂物常聚集在晶界上。

（3）能上浮的液态和固态夹杂物　液态金属中不溶解的夹杂物也会产生沉浮运动，发生碰撞、聚合而粗化。若夹杂物密度小于液态金属的密度，则夹杂物的粗化将加快其上浮速度。铸件凝固后，这些夹杂物可能移至冒口而排除，或保留在铸件的上部及上表面层。

3. 排除液态金属中一次夹杂物的途径

（1）加熔剂　在液态金属表面覆盖一层能吸收上浮夹杂物的熔剂（如铝合金精炼时加入氯化盐），或加入能降低夹杂物密度或熔点的熔剂（如球墨铸铁加冰晶石），有利于夹杂物的排除。

（2）过滤法　使液态金属通过过滤器以去除夹杂物。过滤器分非活性和活性两种，前者起机械作用，如用石墨、镁砖、陶瓷碎屑等；后者还多一种吸附作用，排杂效果更好，如用 NaF、CaF_2、Na_3AlF_6 等。

此外，排除和减少液态金属中气体的措施，如合金液静置处理、浮游法净化、真空浇注等，同样也能达到排除和减少夹杂物的目的。

（三）二次氧化夹杂物

液态金属在浇注及充型过程中因氧化而产生的夹杂物，称为二次氧化夹杂物。

1. 二次氧化夹杂物的形成

液态金属与大气或氧化性气体接触时，其表面会很快形成一层氧化薄膜。吸附在表面的氧元素将向液体内部扩散，而内部易氧化的金属元素则向表面扩散，从而使氧化膜的厚度不断增加。若表面形成的是一层致密的氧化膜，则能阻止氧原子继续向内部扩散，氧化过程将停止。若氧化膜遭到破坏，在被破坏的表面上又会很快形成新的氧化膜。

在浇注及充型过程中，由于金属流动时产生的紊流、涡流及飞溅等，表面氧化膜会被卷入液态金属内部。此时因液体的温度下降较快，卷入的氧化物在凝固前来不及上浮到表面，从而在金属中形成二次氧化夹杂物。这类夹杂物常出现在铸件表面、型芯下表面或死角处。

二次氧化夹杂物是铸件非金属夹杂缺陷的主要来源，其形成与下列因素有关：

（1）化学成分　液态金属含有易氧化的金属元素（如镁、稀土等）时，容易生成二次氧化夹杂物。氧化物的标准生成吉布斯自由能越低，即金属元素的氧化性越强，生成二次氧化夹杂物的可能性就越大；易氧化元素的含量越多，二次氧化夹杂物的生成速度和数量就会越大。

（2）液流特性　液态金属与大气接触的机会越多，接触面积越大和接触时间越长，产生的二次氧化夹杂物就越多。浇注时，液态金属若呈平稳的层流运动，则可减少二次氧化夹杂物；若呈紊流运动，则会增加液态金属与大气接触的机会，则会增加二次氧化夹杂物。液态金属产生的涡流、对流和飞溅等容易将氧化物和空气带入金属液内部，使二次氧化夹杂物形成的可能性增大。

（3）熔炼温度　金属熔炼温度低，易出现液态氧化物熔渣和固态渣；熔炼温度越低，金属流动性越差，金属氧化越严重，熔渣越不易上浮而残留在液态金属内，凝固后形成夹杂。

2. 防止和减少二次氧化夹杂物的途径

1）正确选择合金成分，严格控制易氧化元素的含量。

2）采取合理的浇注系统及浇注工艺，保持液态金属充型过程平稳流动。

3）严格控制铸型水分，防止铸型内产生氧化性气氛。另外，还可加入煤粉等碳质材料或采用涂料，使铸型内形成还原性气氛。

4）对要求高的重要零件或易氧化的合金，可以在真空或保护性气氛下浇注。

（四）偏析夹杂物（次生夹杂物）

偏析夹杂物是指合金凝固过程中因液-固界面处液相内溶质元素的富集而产生的非金属

夹杂物，其大小通常属于微观范畴。

合金结晶时，由于溶质再分配，在凝固区域内合金及杂质元素将高度富集于枝晶间尚未凝固的液相内。在一定条件（温度、压力等）下，靠近液-固界面的"液滴"有可能具备产生某种夹杂物的条件，这时处于过饱和状态的液相 L_1 将发生 $L_1 \rightarrow \alpha + L_2$ 偏晶反应，析出非金属夹杂物 α。由于这种夹杂物是从偏析液相中产生的，因此称为偏析夹杂物。因各枝晶间偏析的液相成分不同，产生的偏析夹杂物也就有差异。

和高熔点一次夹杂物一样，偏析夹杂物有的能被枝晶黏附而陷入晶内（图6-5），其分布比较均匀，此时大多能满足产生黏附的界面能条件。有的被生长的晶体推移到尚未凝固的液相内，并在液相中产生碰撞、聚合而粗化，凝固完毕时被排挤到初晶晶界上（图6-6），大多密集分布在断面中心或铸件上部。

偏析夹杂物大小主要由合金的结晶条件和成分决定。凡是能细化晶粒的条件都能减小偏析夹杂物尺寸；形成夹杂物的元素原始含量越高，枝晶间偏析液相中富集该元素的数量越多，同样结晶条件下产生的偏析夹杂物越大，数量也越多。

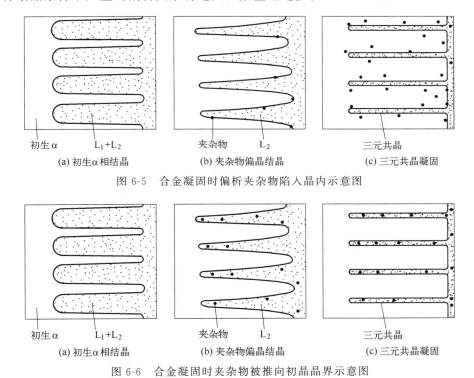

| 初生α | L₁+L₂ | 夹杂物 | L₂ | 三元共晶 |
| (a) 初生α相结晶 | | (b) 夹杂物偏晶结晶 | | (c) 三元共晶凝固 |

图 6-5 合金凝固时偏析夹杂物陷入晶内示意图

| 初生α | L₁+L₂ | 夹杂物 | L₂ | 三元共晶 |
| (a) 初生α相结晶 | | (b) 夹杂物偏晶结晶 | | (c) 三元共晶凝固 |

图 6-6 合金凝固时夹杂物被推向初晶晶界示意图

第二节 缩孔与缩松的形成原理

一、金属的收缩

金属在液态、凝固态和固态冷却过程中发生的体积减小现象，称为收缩（contraction）。它是金属本身的物理性质，也是引起缩孔、缩松、应力、变形、热裂和冷裂等缺陷的重要原因。

液态金属从浇注温度冷却到常温要经历三个阶段（图6-7），即液态收缩阶段（Ⅰ）、凝固收缩阶段（Ⅱ）和固态收缩阶段（Ⅲ），在不同的阶段，金属具有不同的收缩特性。

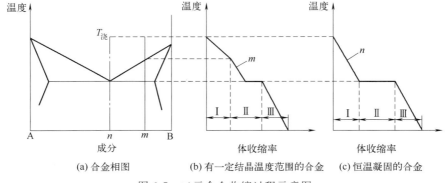

图 6-7   二元合金收缩过程示意图

（一）液态收缩

液态金属从浇注温度 $T_{浇}$ 浇冷却到液相线温度 T_L 产生的体收缩（体积改变量），称为液态收缩。液态收缩的表现形式为金属液面降低，其大小可用如下液态体收缩率表示

$$\varepsilon_{V液}＝\alpha_{V液}(T_{浇}－T_L)\times100\%\tag{6-23}$$

式中，$\varepsilon_{V液}$ 为液态体收缩率，%；$\alpha_{V液}$ 为金属液体收缩系数，℃$^{-1}$；$T_{浇}$ 为液态金属的浇注温度，℃；T_L 是液相线温度，℃。

液态体收缩系数 $\alpha_{V液}$ 和液相线温度 T_L 主要取决于合金成分。例如，碳钢中碳含量增加时，T_L 降低，$\alpha_{V液}$ 增大（碳的质量分数 w_C 每增 1%，$\alpha_{V液}$ 增大 20%）；对于铸铁，w_C 每增加 1%，T_L 下降 90℃，而 $\alpha_{V液}$ 与 w_C 之间存在下列关系

$$\alpha_{V液}(90＋30w_C)\times10^{-6}\tag{6-24}$$

此外，$\alpha_{V液}$ 还受温度、合金中气体及杂质含量等因素的影响。

表 6-4 列出了亚共晶铸铁的液态体收缩率 $\varepsilon_{V液}$。可见，浇注温度一定时，$\varepsilon_{V液}$ 随着碳含量的增加而增大。但是，当相对过热度一定而仅变化铸铁的碳含量时，$\varepsilon_{V液}$ 变化不大，这是因为 $\alpha_{V液}$ 随碳含量增加变化比较缓慢所致。

表 6-4   亚共晶铸铁的液态体收缩率 $\varepsilon_{V液}$

碳的质量分数 $w_C/\%$	2.0	2.5	3.0	3.5	4.0
$\varepsilon_{V液}(T_{浇}=1400℃)/\%$	0.6	1.4	2.3	3.4	4.6
$\varepsilon_{V液}(T_{浇}－T_L=100℃)/\%$	1.5	1.7	1.8	2.0	2.1

（二）凝固收缩

金属从液相线冷却到固相线所产生的体收缩，称为凝固收缩（solidification shrinkage）。

对于纯金属和共晶合金，凝固期间的体收缩仅由状态改变引起，与温度无关，故具有一定的数值。对于有一定结晶温度范围的合金，其凝固收缩率既与状态改变时的体积变化有关，也与结晶温度范围有关。某些合金（如 Bi-Sb）在凝固过程中，体积不但不收缩反而产生膨胀，故其凝固体收缩率 $\varepsilon_{V凝}$ 为负值。

钢和铸铁的凝固收缩包括状态改变和温度降低部分，可表示为

$$\varepsilon_{V凝} = \varepsilon_{V(L \to S)} + \alpha_{V(L \to S)} (T_L - T_S) \times 100\% \tag{6-25}$$

式中，$\varepsilon_{V凝}$ 为凝固体收缩率，%；$\varepsilon_{V(L \to S)}$ 为因相变的体收缩率，%；$\alpha_{V(L \to S)}$ 为凝固温度范围内的体收缩系数，$℃^{-1}$。

钢因状态改变而引起的体收缩为一固定值，而碳含量增加时，其结晶温度范围变宽，由温度降低引起的体收缩增大。碳钢的凝固体收缩率见表6-5。

表 6-5　碳钢的凝固体收缩率 $\varepsilon_{V凝}$

碳的质量分数 w_C/%	0.10	0.25	0.35	0.45	0.70
凝固体收缩率 $\varepsilon_{V凝}$/%	2.0	2.5	3.0	4.3	5.3

对于亚共晶铸铁，$\varepsilon_{V(L \to S)}$ 和 $\alpha_{V(L \to S)}$ 的平均值分别为 3.0% 和 1.0×10^{-4}；而碳含量 w_C 每增加 1%，T_L 降低 $90℃$，由此可得铸铁的凝固体收缩率为

$$\varepsilon_{V凝} = 6.9 - 0.9 w_C \tag{6-26}$$

灰铸铁在凝固后期共晶转变时，由于石墨的析出膨胀而使体收缩得到一定的补偿。因此其凝固体收缩率为

$$\varepsilon_{V凝} = 10.1 - 2.9 w_C \tag{6-27}$$

可见，铸铁的凝固体收缩率随着碳含量的增加而减小。对于灰铸铁，当其碳含量足够高时，凝固体收缩率将变为负值（见表6-6）。

表 6-6　亚共晶铸铁的凝固体收缩率 $\varepsilon_{V凝}$

碳的质量分数 w_C/%		2.0	2.5	3.0	3.5	4.0
凝固体收缩率 $\varepsilon_{V凝}$/%	白口铸铁	5.1	4.6	4.2	3.7	3.3
	灰铸铁	4.3	2.8	1.4	−0.1	−1.5

凝固收缩的表现形式分为两个阶段。当结晶尚少未搭成骨架时，表现为液面下降；当结晶较多并搭成完整骨架时，收缩的总体表现为三维尺寸减小即线收缩，在结晶骨架间残留的液体则表现为液面下降。

（三）固态收缩

金属在固相线以下发生的体收缩，称为固态收缩。固态体收缩率表示为

$$\varepsilon_{V固} = \alpha_{V固} (T_S - T_0) \times 100\% \tag{6-28}$$

式中，$\varepsilon_{V固}$ 为金属的固态体收缩率，%；$\alpha_{V固}$ 为金属的固态体收缩系数，$℃^{-1}$；T_S 为固相线温度，$℃$；T_0 为室温，$℃$。

固态收缩的表现形式为三维尺寸同时缩小。因此，常用线收缩率 ε_l 表示固态收缩，即

$$\varepsilon_l = \alpha_l (T_S - T_0) \times 100\% \tag{6-29}$$

式中，ε_l 为金属的固态线收缩率，%，$\varepsilon_l \approx \varepsilon_{V固}/3$；$\alpha_l$ 为金属的固态线收缩系数，$℃^{-1}$，$\alpha_l \approx \alpha_{V固}/3$。

对于纯金属和共晶合金，线收缩在金属形成凝固壳时开始；对于具有结晶范围的合金，线收缩在表面形成凝固骨架后开始。

当合金有固态相变发生时，α_l 将发生突变，并在不同温度区段取不同的值。例如，碳钢在共析转变前后都随温度降低而收缩，但在共析转变时，因产物体积增加而膨胀。同样，铸铁在共析转变和析出石墨时，也会发生膨胀。

碳钢和铸铁的线收缩率分别见表 6-7 和表 6-8。

表 6-7 碳钢的线收缩率与碳含量的关系

$w_C/\%$	0.08	0.14	0.35	0.45	0.55	0.60
$\varepsilon_l/\%$	2.47	2.46	2.40	2.35	2.31	2.18

注：碳钢中 $w_{Mn}=0.55\%\sim0.80\%$，$w_{Si}=0.25\%\sim0.40\%$。

表 6-8 铸铁的自由线收缩率

材料名称	化学成分(质量分数)/%						碳当量 CE[①]/%	线收缩率 /%	浇注温度 /℃
	C	Si	Mn	P	S	Mg			
白口铸铁	2.65	1.00	0.48	0.06	0.015	—	3.04	2.180	1300
灰铸铁	3.30	3.14	0.66	0.095	0.026	—	4.38	1.082	1270
球墨铸铁	3.00	2.96	0.69	0.11	0.015	0.045	4.02	0.807	1250

① $CE=w_C+(w_{Si}+w_P)/3$。

金属从浇注温度冷却到室温所产生的体收缩为液态收缩、凝固收缩和固态收缩之和，即

$$\varepsilon_{V总}=\varepsilon_{V液}+\varepsilon_{V凝}+\varepsilon_{V固} \tag{6-30}$$

其中，液态收缩和凝固收缩是铸件产生缩孔和缩松的基本原因，$\varepsilon_{V液}+\varepsilon_{V凝}$ 越大，缩孔的容积就越大；而金属的固态收缩（线收缩）是铸件产生尺寸变化、应力、变形和裂纹的基本原因。

（四）铸件的收缩

铸件收缩时还会受到外界阻力的影响。这些阻力包括热阻力（铸件温度分布不均匀所致）、铸型表面摩擦力和机械阻力（铸型和型芯的阻碍作用）等。表面摩擦力和机械阻力均使铸件收缩量减少。

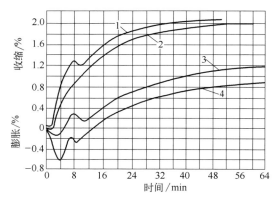

图 6-8 Fe-C 合金的自由固态收缩（线收缩）曲线
1—碳钢；2—白口铸铁；3—灰铸铁；4—球墨铸铁

铸件在铸型中的收缩若仅受到可以忽略的阻力影响时，则为自由收缩；否则，称为受阻收缩。显然，对于同一种合金，受阻收缩率小于自由收缩率。生产中应采用考虑各种阻力影响的实际收缩率。

图 6-8 所示为常见 Fe-C 合金的自由固态收缩（线收缩）曲线。由图可见，灰铸铁和球墨铸铁有两次膨胀过程，第一次膨胀量大，称为体膨胀（缩前膨胀），由共晶时石墨及气体析出所致；第二次膨胀较小，由共析转变引起。白口铸铁的缩前膨胀很小，共析转变膨胀也不明显；而碳钢主要发生共析转变膨胀。

二、缩孔与缩松的分类及特征

铸件在凝固过程中，由于合金的液态收缩和凝固收缩，往往在铸件最后凝固的部位出现孔洞。容积大而集中的孔洞称为缩孔，细小而分散的孔洞称为缩松。

1. **缩孔**（shrinkage hole）

常出现于纯金属、共晶成分合金和结晶温度范围较窄的铸造合金中，且多集中在铸件的上部和最后凝固的部位。铸件厚壁处、两壁相交处及内浇道附近等凝固较晚或凝固缓慢的部位（称为热节），也常出现缩孔。缩孔尺寸较大，形状不规则，表面不光滑，有枝晶脉络状凸起特征。

缩孔有内缩孔和外缩孔两种形式（图6-9）。外缩孔出现在铸件的外部或顶部，一般在铸件上部呈漏斗状（图a）。铸件壁厚很大时，有时会出现在侧面或凹角处（图b）。内缩孔产生于铸件内部（图c、d），孔壁粗糙不规则，可以观察到发达的树枝晶末梢，一般为暗黑色或褐色，如果是气缩孔，则内表面为氧化色。

2. **缩松**（porosity）

按其形态分为宏观缩松（简称缩松）和微观缩松（也称显微缩松）两类。缩松多出现于结晶温度范围较宽的合金中，常分布在铸件壁的轴线区域、缩孔附近或铸件厚壁的中心部位（图6-10）。微观缩松则在各种合金铸件中（特别在球铁铸件中）或多或少都会存在，一般出现在枝晶间和分枝晶间，与微观气孔难以区分，只有在显微镜下才能观察到。

(a) 明缩孔　　　　　(b) 凹角缩孔　　　　　(c) 芯面缩孔　　　　　(d) 内部缩孔

图6-9　铸件缩孔形式

铸件中存在的任何形态的缩孔和缩松，都会减少铸件的受力面积，在缩孔和缩松的尖角处产生应力集中，使铸件的力学性能显著降低。此外，缩孔和缩松还会降低铸件的气密性和物理化学性能。因此，必须采取有效措施予以防止。

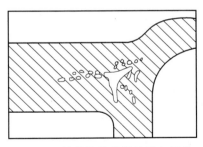

三、缩孔与缩松的形成机理

（一）缩孔的形成

图6-10　铸件热节处的缩孔与缩松

纯金属、共晶成分合金和结晶温度范围窄的合金，在一般铸造条件下按由表及里逐层凝固的方式凝固。由于金属或合金在冷却过程中发生的液态收缩和凝固收缩大于固态收缩，从而在铸件最后凝固的部位形成尺寸较大的集中缩孔。现以圆柱体铸件为例，说明缩孔的形成机理。

缩孔的形成过程如图6-11所示。液态金属充满型腔后，由于铸型的吸热作用，其温度下降，产生液态收缩。此时，液态金属可通过浇注系统得到补充，因而型腔始终保持充满状态（图a）。当铸件外表温度降到凝固温度时，铸件表面就凝固成一层固态外壳，并将内部液体包住（图b），这时内浇道已经凝结。当铸件进一步冷却时，壳内的液态金属因温度降低一方面产生液态收缩，另一方面继续凝固使壳层增厚并产生凝固收缩；与此同时，壳层金属也因温度降低而发生固态收缩。如果液态收缩和凝固收缩造成的体积缩减等于固态收缩引起的体积缩减，则壳层金属和内部液态金属将紧密接触，不会产生缩孔。但是，由于金属的液态收缩和凝固收缩大于壳层的固态收缩，壳内液体与外壳顶面将发生脱离（图 c）。随着冷却的进行，固态壳层不断加厚，内部液面不断下降。当金属全部凝固后，在铸件上部就形成一个倒锥形的缩孔（图 d）。

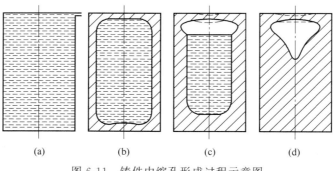

图 6-11　铸件中缩孔形成过程示意图

在液态金属含气量不大的情况下，当液态金属与外壳顶面脱离时，液面上部要形成真空。在大气压力作用下，顶面的薄壳可能向缩孔方向凹进去，如图 6-11（c）、（d）中虚线所示。因此缩孔应包括外部的缩凹和内部的缩孔两部分。如果铸件顶面的薄壳强度很大，也可能不出现缩凹。

综上所述，铸件产生集中缩孔的基本原因是金属的液态收缩和凝固收缩之和大于固态收缩；产生集中缩孔的条件是铸件由表及里逐层凝固。缩孔一般集中在铸件顶部或最后凝固的部位，如果在这些部位设置冒口，缩孔将被移入冒口中。

（二）缩松的形成

结晶温度范围较宽的合金，一般按照体积凝固的方式凝固。由于凝固区域较宽，凝固区内的小晶体很容易发展成为发达的树枝晶。当固相达到一定数量形成晶体骨架时，尚未凝固的液态金属便被分割成一个个互不相通的小熔池。在随后的冷却过程中，小熔池内的金属液体将发生液态收缩和凝固收缩，已凝固的金属则发生固态收缩。由于熔池内的金属液的液态收缩和凝固收缩之和大于其固态收缩，两者之差引起的细小孔洞又得不到外部液体的补充，因而在相应部位便形成了分散性的细小缩孔，即缩松。金属的凝固区域越宽，产生缩松的倾向越大。

可见，缩松和缩孔形成的基本原因是相同的，即金属的液态收缩和凝固收缩之和大于固态收缩。但形成缩松的条件是金属的结晶温度范围较宽，倾向于体积凝固或同时凝固方式、断面厚度均匀的铸件，如板状或棒状铸件，在凝固后期不易得到外部液态金属的补充，往往在轴线区域产生缩松，称为轴线缩松。

显微缩松通常伴随着微观气孔的形成而产生。当铸件在凝固过程中析出气体时，显微缩松的形成条件用下式表示为

$$p_g + p_s + p_a + \frac{2\sigma}{r} + p_H \tag{6-31}$$

式中，p_g 为某一温度下金属中气体的析出压力；p_s 为对显微孔洞的补缩阻力；p_a 为凝固着的金属上方的大气压；σ 为气-液界面的表面张力；r 为显微孔洞半径；p_H 为孔洞上方的

金属压头。

当金属在常压下凝固时，式（6-31）中变化的参数只有 p_g 和 p_s。p_g 与液态金属中气体的含量有关，p_s 与枝晶间通道的长度、晶粒形态以及晶粒大小等因素有关。铸件的凝固区域越宽，树枝晶越发达，则通道越长，晶间和分枝间被封闭的可能性越大，产生显微缩松的可能性也就越大。

（三）铸铁的缩孔和缩松

灰铸铁和球墨铸铁在凝固过程中会析出石墨相而产生体积膨胀，因此其缩孔和缩松的形成比一般合金复杂。

亚共晶灰铸铁和球墨铸铁凝固的共同特点是，初生奥氏体枝晶能迅速布满铸件的整个断面，而且奥氏体枝晶具有很大的连成骨架的能力。因此，这两种铸铁都有产生缩松的可能性。但是，由于它们的共晶凝固方式和石墨长大的机理不同，产生缩孔和缩松的倾向有很大差别。

灰铸铁共晶团中的片状石墨，与枝晶间的共晶液直接接触（图 6-12a），因此片状石墨长大时所产生的体积膨胀大部分作用在所接触的晶间液体上，迫使它们通过枝晶间的通道去充填奥氏体枝晶间因液态收缩和凝固收缩所产生的小孔洞，从而大大降低了灰铸铁产生缩松的严重程度。这就是灰铸铁的所谓"自补缩现象"。

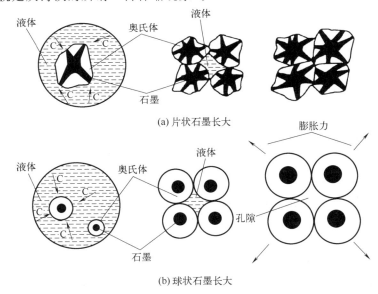

图 6-12　灰铸铁和球墨铸铁共晶石墨长大示意图

被共晶奥氏体包围的片状石墨，由于碳原子的扩散作用，在横向上也要长大，但速度很慢。石墨片横向长大所产生的膨胀力作用在共晶奥氏体上，使共晶团膨胀，并传到邻近的共晶团或奥氏体晶体骨架上，使铸铁产生缩前膨胀。显然，这种缩前膨胀会抵消一部分自补缩效果。但是，由于这种横向的膨胀作用很小而且是逐渐发生的，同时因灰铸铁在共晶凝固中期，在铸件表面已经形成硬壳，所以灰铸铁的缩前膨胀一般只有 $0.1\% \sim 0.2\%$。因此，灰铸铁件产生缩松的倾向性较小。

从图 6-12（b）可以看出，球墨铸件在凝固中后期，石墨球长大到一定程度后四周形成奥氏体壳，碳原子通过奥氏体壳扩散到共晶团中使石墨球长大。当共晶团长大到相互接触后，石墨化膨胀所产生的膨胀力，只有一小部分作用在晶间液体上，而大部分作用在相邻的共晶团上或奥氏体枝晶上，趋向于把它们挤开。因此，球墨铸铁的缩前膨胀比灰铸铁大得多。

随着石墨球的长大，共晶团之间的间隙逐步扩大，并使铸件普遍膨胀。共晶团之间的间隙就是球墨铸铁的显微缩松，而共晶团集团之间的间隙则构成铸件的（宏观）缩松。所以，球墨铸铁产生缩松的倾向性很大。如果铸件厚大，球墨铸铁的缩前膨胀也会导致铸件产生缩孔。如果铸型刚度足够大，石墨化膨胀力有可能将缩松压合。在这种情况下，球墨铸铁也可看作具有"自补缩"能力。

四、影响缩孔与缩松的因素及防止措施

（一）影响缩孔与缩松的因素

1. 影响缩孔与缩松大小的因素

（1）金属的性质　金属的液态体收缩系数 $\alpha_{V液}$ 和凝固体收缩率 $\varepsilon_{V液}$ 越大，缩孔及缩松容积越大。金属的固态体收缩系数 $\alpha_{V固}$ 越大，缩孔及缩松容积越小。

（2）铸型条件　铸型的激冷能力越大，缩孔及缩松容积就越小。因为铸型激冷能力越大，越易造成边浇注边凝固的条件，使金属的收缩在较大程度上被后注入的金属液所补充，使实际发生收缩的液态金属量减少。

（3）浇注条件　浇注温度越高，合金的液态收缩越大，则缩孔容积越大。但是，在有冒口或浇注系统补缩的条件下，提高浇注温度固然使液态收缩增加，然而它也使冒口或浇注系统的补缩能力提高。

（4）铸件尺寸　铸件壁厚越大，表面层凝固后，内部的金属液温度就越高，液态收缩就越大，则缩孔及缩松的容积越大。

（5）补缩压力　凝固过程中增加补缩压力，可减小缩松而增加缩孔的容积。

2. 影响灰铸铁和球墨铸铁缩孔与缩松的因素

（1）铸铁成分　对于灰铸铁，随碳当量增加共晶石墨的析出量增加，石墨化膨胀量增加，有利于消除缩孔和缩松。

共晶成分灰铸铁以逐层方式凝固，倾向于形成集中缩孔。但是，共晶转变的石墨化膨胀作用，能抵消甚至超过共晶液体的收缩，使铸件不产生缩孔。

球墨铸铁的碳当量大于 3.9% 时，经过充分孕育，在铸型刚度足够时，利用共晶石墨化膨胀作用，产生自补缩效果，可以获得致密的铸件。

球墨铸铁中磷含量、残余镁量及残余稀土量过高，均会增加缩松倾向。因为磷共晶会削弱铸件外壳的强度，增加缩前膨胀量，松弛了铸件内部压力；镁及稀土会增大铸件白口倾向，减少石墨析出，使石墨化膨胀作用减弱。

（2）铸型刚度　铸铁在共晶转变发生石墨化膨胀时，型壁是否迁移是影响缩孔容积的重要因素。铸型刚度大，缩前膨胀就小，缩孔容积也相应减小，甚至不产生缩孔。铸型刚度依下列次序逐级降低：金属型—覆砂金属型—水泥型—水玻璃砂型—干型—湿型。因此，高刚度的铸型（如覆砂金属型等）可以生产无冒口球墨铸铁件。

（二）防止铸件产生缩孔和缩松的途径

缩孔和缩松可以通过凝固工艺原则的选择（即顺序凝固还是同时凝固）加以控制。

1. 顺序凝固

铸件的顺序凝固原则是采取各种措施，保证铸件各部分按照距离冒口的远近，由远及近

朝着冒口方向凝固，冒口本身最后凝固（图 6-13）。
铸件按照这一原则凝固时，可使缩孔集中在冒口中，
以获得致密的铸件。

　　均匀壁厚铸件的顺序凝固过程如图 6-14 所示。
图（a）是厚度为 δ 带冒口的板状铸件，采用顶注式
浇注。由于金属液是从冒口浇入的，所以铸件纵截面
中心线上的温度自远离冒口处向冒口方向依次递增
（图 b）。在 A、B、C 三点的横截面上，铸件外表冷
却快，温度低（图 c）。而在图（d）所示的铸件纵截面
上，向着冒口张开的 φ 角（等液相线之间的夹角，称
为补缩通道扩张角）范围内，金属都处于液态，形成
"楔形"补缩通道。φ 角越大，越有利于冒口的补缩。

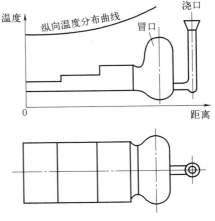

图 6-13　顺序凝固方式示意图

　　在铸件中，液固两相区与铸件壁热中心相交的线段为"补缩困难区 μ"。液固两相区越宽，
扩张角 φ 越小，补缩困难区 μ 就越长，如图 6-15 所示。

图 6-14　均匀壁厚铸件顺序凝固过程示意图
图（c）、（d）较图（a）放大 1 倍

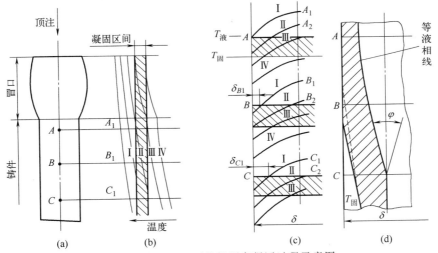

图 6-15　扩张角对补缩困难区的影响

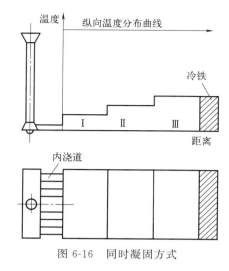

图 6-16 同时凝固方式

顺序凝固可以充分发挥冒口的补缩作用，防止缩孔和缩松的形成，获得致密铸件。因此，对凝固收缩大、结晶温度范围小的合金，以及断面较厚大的铸件通常采用这一原则。但顺序凝固时，铸件各部分存在温差，在凝固过程中易产生热裂，凝固后铸件易产生变形。此外，由于有时需要使用冒口和补贴（主要是铸钢件），故工艺出品率较低。

2. 同时凝固

同时凝固原则是采取工艺措施保证铸件各部分之间没有温差或温差尽量小，使各部分同时凝固，如图 6-16 所示。

同时凝固条件下扩张角 φ 等于零，没有补缩通道，无法实现补缩。但是，由于同时凝固时铸件温差小，不容易产生热裂，凝固后不易引起应力和变形，因此常在以下情况下采用：

1）碳硅含量高的灰铸件，其体收缩较小甚至不收缩，合金本身不易产生缩孔和缩松。

2）结晶温度范围大、容易产生缩松的合金（如锡青铜），对气密性要求不高时，可采用这一原则，以简化工艺。

3）壁厚均匀的铸件，尤其是均匀薄壁铸件，倾向于内浇道采用同时凝固。因该类铸件消除缩松困难，故多采用同时凝固原则设计浇注系统。

4）球墨铸铁件利用石墨化膨胀进行自补缩时，必须采用同时凝固原则。

5）某些适合采用顺序凝固原则的铸件，当热裂、变形成为主要矛盾时，也可采用同时凝固原则。

应当指出，对于某一具体铸件，究竟采用何种凝固方式，应根据合金特点、铸件结构及其技术要求，以及可能出现的其他缺陷（如应力、变形、裂纹）等综合加以考虑。对于某些结构复杂的铸件，也可采用复合凝固方式，即整体上按同时凝固，局部为顺序凝固，或者相反。

3. 控制缩孔和缩松的工艺措施

调整液态金属的浇注温度和浇注速度，可以加强顺序凝固或同时凝固。采用高温慢浇工艺，能增加铸件的纵向温差，有利于实现顺序凝固原则。通过多个内浇道低温快浇，可减少纵向温差，有利于实现同时凝固原则。

使用冒口、补贴和冷铁是防止缩孔和缩松最有效的工艺措施。冒口一般设置在铸件厚壁或热节部位，其尺寸应保证铸件被补缩部位最后凝固，并能提供足够的金属液以满足补缩的需要。此外，冒口与被补缩部位之间必须有补缩通道。

冷铁和补贴与冒口配合使用，可以造成人为的补缩通道及末端区，延长了冒口的有效补缩距离。冒口有效补缩距离等于冒口补缩区长度与末端区长度之和（图 6-17）。此外，冷铁还可以加速铸件厚壁局部热节的冷却，实现同时凝固。

加压补缩法是防止产生显微缩松的有效方法。该法是将铸件放在具有较高压力的装置中，使铸件

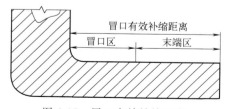

图 6-17 冒口有效补缩距离

在压力下凝固，以消除显微缩松，获得致密铸件。加压越早，压力越高，补缩效果越好。对于致密要求高而缩松倾向较大的铸件，通常需采用加压补缩方法。

第三节 化学成分的偏析

液态合金在凝固过程中发生的化学成分不均匀现象称为偏析（segregation）。根据偏析范围的不同，可将偏析分为微观偏析和宏观偏析两大类。微观偏析是指小范围（约一个晶粒范围）内的化学成分不均匀现象，按位置不同可分为晶内偏析（枝晶偏析）和晶界偏析。宏观偏析是指凝固断面上各部位的化学成分不均匀现象，按其表现形式可分为正常偏析、逆偏析、重力偏析等。

微观偏析和宏观偏析主要是合金在凝固过程中溶质再分配和扩散不充分引起的。它们对合金的力学性能、可加工性、抗裂性能，以及耐蚀性能等有着程度不同的损害。但偏析现象也有有益的一面，如利用偏析现象可以净化或提纯金属等。

偏析还可根据合金各部位的溶质浓度 C_S 与合金原始平均浓度 C_0 的偏离情况分类。凡 $C_S > C_0$ 者称为正偏析；$C_S < C_0$ 者称为负偏析。这种分类对微观偏析和宏观偏析均适用。

一、微观偏析

1. 晶内偏析

晶内偏析是在一个晶粒内出现的成分不均匀现象，常产生于具有一定结晶温度范围、能够形成固溶体的合金中。

在实际生产条件下，过冷速度较快，扩散过程来不及充分进行，因而固溶体合金凝固后每个晶粒内的成分是不均匀的。对于溶质分配系数 $k < 1$ 的固溶体合金，晶粒内先结晶部分含溶质较少，后结晶部分含溶质较多。这种成分不均匀性就是晶内偏析。固溶体合金按树枝晶方式生长时，先结晶的枝干与后结晶的分枝也存在着成分差异。这种在树枝晶内出现的成分不均匀现象，称为枝晶偏析。

晶内偏析程度取决于合金相图的形状、偏析元素的扩散能力和冷却条件。

1）合金相图上液相线与固相线间隔越大，则先后结晶部分的成分差别越大，晶内偏析越严重。如锡青铜（Cu-Sn 合金）结晶的成分间隔和温度间隔都比较大，故偏析严重。

2）偏析元素在固溶体中的扩散能力越小，晶内偏析倾向越大。如硅在钢中的扩散能力大于磷，故硅的偏析程度小于磷。

3）在其他条件相同时，冷却速度越快，则实际结晶温度越低，原子扩散能力越小，晶内偏析越严重。但另一方面，随着冷却速度的增加，固溶体晶粒细化，晶内偏析程度减轻。因此，冷却速度的影响应视具体情况而定。

晶内偏析程度一般用偏析系数 $|1-k|$ 来衡量。$|1-k|$ 值越大，固相与液相的浓度差越大，晶内偏析越严重。表 6-9 列出了不同元素在铁中的偏析系数。

表 6-9 不同元素在铁中的偏析系数

元素	P	S	B	C	V	Ti	Mo	Mn	Ni	Si	Cr
质量分数/%	0.01~0.03	0.01~0.04	0.002~0.10	0.30~1.0	0.50~4.0	0.20~1.20	1.00~4.0	1.00~2.50	1.00~4.50	1.00~3.0	1.00~8.0
偏析系数 $\|1-k\|$	0.94	0.90	0.87	0.74	0.62	0.53	0.51	0.86	0.65	0.35	0.34

晶内偏析通常是有害的。晶内偏析的存在，使晶粒内部成分不均匀，导致合金的力学性能降低，特别是塑性和韧性降低。此外，晶内偏析还会引起合金化学性能不均匀，使合金的耐蚀性能下降。

晶内偏析是一种不平衡状态，在热力学上是不稳定的。如果采取一定的工艺措施，使溶质充分扩散，就能消除晶内偏析。生产上常采用均匀化退火来消除晶内偏析，即将合金加热到低于固相线 $100\sim200℃$ 的温度进行长时间保温，使偏析元素进行充分扩散以达到均匀化的目的。

2. 晶界偏析

在合金凝固过程中，溶质元素和非金属夹杂物富集于晶界，使晶界与晶内的化学成分出现差异，这种成分不均匀现象称为晶界偏析。晶界偏析的产生一般有两种情况，如图 6-18 所示。

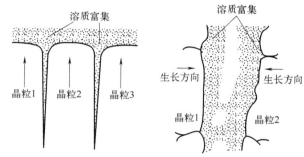

(a) 晶界平行于生长方向形成的晶界偏析　(b) 晶粒相遇形成的晶界偏析

图 6-18　晶界偏析形成

1）两个晶粒并排生长，晶界平行于晶体生长方向。由于表面张力平衡条件的要求，在晶界与液相的接触处出现凹槽（图 6-18a），此处有利于溶质原子的富集，凝固后就形成了晶界偏析。

2）两个晶粒相对生长，彼此相遇而形成晶界（图 6-18b），晶粒结晶时所排出溶质（$k<1$）富集于固-液界面，其他的低熔点物质也可能被排出在固-液界面。这样，在最后凝固的晶界部分将含有较多的溶质和其他低熔点物质，从而造成晶界偏析。

固溶体合金凝固时，若成分过冷不大，会出现一种胞状结构。这种结构由一系列平行的棒状晶体组成。沿凝固方向长大，呈六方断面。当 $k<1$ 时，六方断面的晶界处将富集溶质元素，如图 6-19 所示。这种偏析又称为胞状偏析。实质上，胞状偏析属于亚晶界偏析。这种情况类似于图 6-18（a）。

晶界偏析比晶内偏析的危害更大，它既会降低合金的塑性和高温性能，又会增加热裂倾向，因此必须加以防止。生产中预防和消除晶界偏析的方法与晶内偏析所采用的措施相同，即细化晶粒，均匀化退火。但对于氧化物和硫化物引起的晶界偏析，即使均匀化退火也无法消除，必须从减少合金中氧和硫的含量入手。

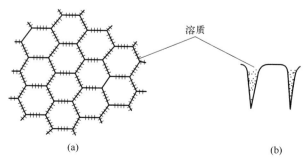

图 6-19　胞状偏析时溶质分布示意图

二、宏观偏析

1. 正常偏析

铸造合金一般从与铸型壁相接触的表面层开始凝固。当合金的溶质分配系数 $k<1$ 时，凝固界面的液相中将有一部分被排出，随着温度的降低，溶质的浓度将逐渐增加，越是后来结晶的固相，溶质浓度越高。当 $k>1$ 时则与此相反，越是后来结晶的固相，溶质浓度越低。按照溶质再分配规律，这些都是正常现象，故称之为正常偏析。

正常偏析随凝固条件的变化如图 6-20 所示。在平衡凝固条件下，固相和液相中的溶质都可以得到充分的扩散，这时从铸件凝固的开始端到中止端，溶质的分布是均匀的，无偏析现象发生，如图 6-20 中的 a 所示。当固体内溶质无扩散或扩散不完全时，铸件中出现了严重偏析，如图 6-20 中的 b、d 所示。凝固开始时，在冷却端结晶的固体溶质浓度为 kC_0（$k<1$），随后结晶出的固相中溶质浓度逐渐增加，而在最后凝固端的凝固界面附近固相溶质的浓度急剧上升。

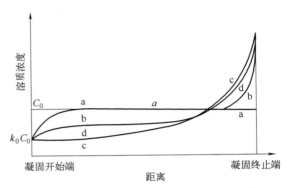

图 6-20　单向凝固时铸件内溶质的分布曲线

正常偏析随着溶质偏析系数 $|1-k|$ 的增大而增大。但对于偏析系数较大的合金，当溶质含量较高时，合金倾向于体积凝固，正常偏析反而减轻，甚至不产生正常偏析。

正常偏析的存在使铸件性能不均匀，在随后的加工和处理过程中也难以根本消除，故应采取适当措施加以控制。

利用溶质的正常偏析现象，可以对金属进行精炼提纯。"区域熔化提纯法"就是利用正常偏析的规律发展起来的。

2. 逆偏析

铸件凝固后常出现与正常偏析相反的情况，即 $k<1$ 时，铸件表面或底部含溶质元素较多，而中心部位或上部含溶质元素较少，这种现象称为逆偏析。如 Cu-10％Sn（质量分数）合金，其表面有时会出现含 20％~25％Sn 的"锡汗"。图 6-21 所示为 $w_{Cu}=4.7％$ 的铝合金铸件断面上产生的逆偏析情况。逆偏析会降低铸件的力学性能、气密性和可加工性能。

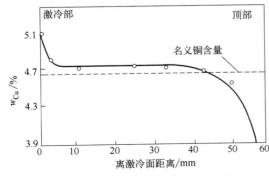

图 6-21　Al-4.7％Cu 合金铸件的逆偏析

逆偏析的形成特点是：结晶温度范围宽的固溶体合金和粗大的树枝晶易产生逆偏析，缓慢冷却时逆偏析程度增加。若液态合金中溶解有较多的气体，则在凝固过程中将促进逆偏析的形成。

逆偏析的形成原因在于结晶温度范围宽的固溶体型合金，在缓慢凝固时易形成粗大的树枝晶，枝晶相互交错，枝晶间富集着低熔点相，当铸件产生体收缩时，低熔点相将沿着树枝晶间向外移动。

向合金中添加细化晶粒的元素，减少合金的含气量，有助于减少或防止逆偏析的形成。

3. V 形偏析和逆 V 形偏析

V 形偏析和逆 V 形偏析常出现在大型铸锭中，一般呈锥形，偏析带中含有较高的碳以及硫和磷等杂质。图 6-22 所示为 V 形偏析和逆 V 形偏析产生部位。关于 V 形偏析和逆 V 形偏析的形成机理，有以下几种解释。

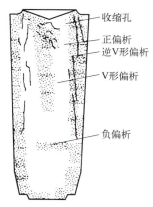

收缩孔
正偏析
逆V形偏析
V形偏析

负偏析

图 6-22 铸锭产生 V 形偏析
和逆 V 形偏析部位

俄罗斯科学家认为，固-液界面偏析元素的富集将阻碍结晶的生长，出现周期性结晶。并且认为，金属在液态时，由于密度的差异已开始产生偏析。由于结晶沉淀，在铸锭的下半部形成低于平均成分的负偏析区，上半部则形成高于平均成分的正偏析区。

大野笃美认为，铸锭凝固初期，晶粒从型壁或固-液界面脱落沉淀，堆积在下部，凝固后期堆积层收缩下沉对 V 形偏析起着重要作用。铸锭在凝固过程中，由于结晶堆积层的中央下部收缩下沉，上部不能同时下沉，就会在堆积层上方产生 V 形裂纹，V 形裂纹被富溶质的液相填充，便形成 V 形偏析。

逆 V 形偏析的形成是由于密度小的溶质浓化液沿固-液界面上升引起的。另一种观点认为，当铸锭中央部分在凝固过程中下沉时，侧面向斜下方产生拉应力，从而在其上部形成逆 V 形裂纹，并被低熔点物质所填充，最终形成逆 V 形偏析带。

降低铸锭的冷却速度，枝晶粗大，液体沿枝晶间的流动阻力减小，促进富集液的流动，均会增加形成 V 形偏析和逆 V 形偏析的倾向。

4. 带状偏析

带状偏析常出现在铸锭或厚壁铸件中，有时是连续的，有时则是间断的。带状偏析的形成特点是它总是和凝固的固-液界面相平行。

带状偏析的形成是由于固-液界面前沿液相中存在溶质富集层且晶体生长速度发生变化。以单向凝固的合金（$k < 1$）为例，当晶体生长速度突然增大时，会出现溶质富集带（正偏析）；当晶体生长速度突然减小时，会出现溶质贫乏带（负偏析）。如果液相中溶质能完全混合（即存在对流和搅拌），则生长速度的波动不会造成带状偏析。

溶质的偏析系数越大，带状偏析越容易形成。减少溶质的含量，采取孕育措施细化晶粒，加强固-液界面前的对流和搅拌，均有利于防止或减少带状偏析的形成。

5. 重力偏析

重力偏析是由于重力作用而出现的化学成分不均匀现象，通常产生于金属凝固前和刚刚开始凝固之际。当共存的液体和固体，或互不相溶的液相之间存在密度差时，将会产生重力偏析。例如，Cu-Pb 合金在液态时由于组元密度不同存在分层现象，上部为密度较小的 Cu，下部为密度较大的 Pb，凝固前即使进行充分搅拌，凝固后也难免形成重力偏析。Sn-Sb 轴承合金也易产生重力偏析，铸件上部富 Sb，下部富 Sn。

防止或减轻重力偏析的方法有以下几种：

1）加快铸件的冷却速度，缩短合金处于液相的时间，使初生相来不及上浮或下沉。

2）加入能阻碍初晶沉浮的元素，如在 Cu-Pb 合金中加入少量 Ni；能使 Cu 固溶体枝晶首先在液体中形成枝晶骨架，从而阻止 Pb 下沉。再如向 Pb-17%Sn 合金中加入质量分数为 1.5% 的 Cu，首先形成 Cu-Pb 骨架，也可以减轻或消除重力偏析。

3）浇注前对液态合金充分搅拌，并尽量降低合金的浇注温度和浇注速度。

第四节　变形与裂纹

一、铸件应力的基本概念

铸件从液态转变为固态的凝固过程中会发生体积收缩。有些合金在固态冷却时还会发生相变而伴生收缩或膨胀。如果铸件或者铸件某部位由于凝固所带来的尺寸变化受到阻碍不能自由进行，就会产生应力、变形或裂纹（包括冷裂、热裂）。

对铸件收缩过程中力学行为的研究表明，在合金有效结晶温度间隔内，合金的强度和塑性都很低，在应力作用下很容易产生变形或热裂，应力不会残留于铸件内。该温度范围即为热裂区。但处于固相线以下某一温度范围时，合金的强度和塑性随温度的下降而升高。因此，铸件在应力作用下，容易发生塑性变形而使应力松弛。该温度范围称变形区，其温度下限称为塑性与弹性转变的临界温度（T_k）。不同材料的临界温度不同，有人认为铸铁可取400℃左右，铸钢为600℃。在临界温度以下，强度随温度下降而继续升高，塑性则急剧下降至某一较低水平。如果铸件受外力作用则将发生弹性变形，并在铸件内部保持着应力。该温度范围称应力区。

铸件在冷却过程中产生的应力，按产生的原因可分为热应力、相变应力和机械阻碍应力三种。热应力是铸件冷却过程中各部位冷却速度不同，因而同一时刻的收缩量不等，互相制约形成的应力。相变应力是固态发生相变的合金，因各部位达到相变温度的时刻不同，相变程度也不同而产生的应力。机械阻碍应力是铸件收缩受到诸如铸型、型芯、箱带或芯骨等外部机械阻碍产生的应力。

通常说的铸造应力，有时是泛指，即不论产生应力的原因如何，凡铸件冷却过程中尺寸变化受阻所产生的应力都称铸造应力。但通常指的铸造应力多指残余应力。实际铸件中的应力，通常是热应力、相变应力和机械阻碍应力的矢量和，称为总应力。由于应力的存在，将引起铸件变形和冷裂。若总应力超过屈服强度，铸件将产生塑性变形或挠曲。若总应力超过抗拉强度，铸件将产生冷裂。若总应力低于弹性极限，铸件中将存在残余应力。

有残余应力的铸件，机械加工后残余应力失衡，可能产生新的变形使铸件精度降低或尺寸超差。若铸件承受的工作应力与残余应力方向相同而叠加，也可能超过抗拉强度而破坏。有残余应力的铸件在长期存放过程中还会产生变形；若在腐蚀介质中存放或工作，还会因耐蚀性降低产生应力腐蚀而开裂。因此，应尽量减小铸件冷却过程中产生的残余应力并设法消除之。

二、铸件的变形和冷裂

1. 铸件的变形

如果铸件冷却过程中形成的铸造应力较大，或者冷却至室温时铸件内有残余应力存在，在应力作用下，铸件就有发生塑性变形的趋势，从而减小或消除应力，使之趋于稳定状态。

铸件中铸造应力的状态及其分布规律取决于铸件的结构及温度分布情况。而铸件发生的变形是各种应力综合作用的结果。挠曲（warp）是铸件中最常见的变形。

图 6-23 是几种铸件变形的例子。图（a）是 T 形梁在热应力作用下的变形情况。由于厚

部内的拉应力力图使铸件缩短，薄部内的压应力力图使铸件伸长，结果使铸件弯曲。图 （b）是镁合金雷达罩铸件，由于浇注系统收缩及引入位置的影响，使 α、β 两个张角变大。 图（c）是壁厚均匀的槽形铸件，由于充填铸型先后的影响，下部先冷，上部后冷，最终出 现与 T 形梁类似的应力和变形。图（d）是采用熔模精铸法生产的半球形铸钢件轴承壳，由 于浇口棒粗大，最后冷却时的收缩使铸件变形为椭圆，其短轴方向与浇口棒方向一致。壁厚 均匀的大平板铸件，其边角部位比中心部位冷却快，产生压应力，中心部位为拉应力。如果 平板上下表面冷却速度也不同，平板将发生挠曲变形，中心部位向冷却较快的下表面凸出。

铸件的变形可能造成尺寸超差，增加加工余量，导致铸件重量和切削加工成本增加。铸 件变形超差而又不能校正时则将报废。

2. 铸件的冷裂

冷裂（cold crack）是铸件处于弹性状态、铸造应力超过材料的抗拉强度时产生的裂纹。 冷裂总发生在拉应力集中的部位，如铸件厚部或内部以及转角处等。与热裂产生的部位相 同。但冷裂的断口表面有金属光泽或呈轻度氧化色，裂纹走向平滑，而且往往是穿过晶粒而 非沿晶界发生，这与热裂有显著的不同。

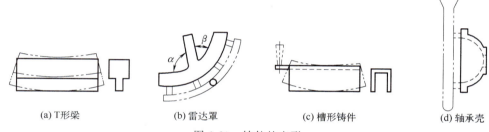

(a) T 形梁　　　　　(b) 雷达罩　　　　　(c) 槽形铸件　　　　　(d) 轴承壳

图 6-23　铸件的变形

大型复杂铸件由于冷却不均匀，应力状态复杂，铸造应力大而易产生冷裂。有的铸件在 落砂和清理前可能未产生冷裂，但内部已有较大的残余应力，而在清理或搬运过程中，因为 受到激冷或振击作用而促使其冷裂。

铸件产生冷裂的倾向还与材料的塑性和韧性有密切关系。有色金属由于塑性好易产生塑 性变形，冷裂倾向较小。低碳奥氏体钢弹性极限低而塑性好，很少形成冷裂。合金成分中含 有降低塑性及韧性的元素时，将增大冷裂倾向。磷增加钢的冷脆性，而容易冷裂。当合金中 含有较多的非金属夹杂物并呈网状分布时，也会降低韧性而增加冷裂倾向。

总之，使铸件中铸造应力增大，或者使材料的强度、塑性及韧性降低的因素，都会使冷 裂倾向增加。

3. 铸造应力、变形和冷裂的预防与消除

（1）铸造应力的防止与消除　防止或减小铸造应力的主要途径是使铸件冷却均匀，减小 各部分温度差，改善铸型及型芯退让性，减少铸件收缩时的阻力。

上述这些原则对防止热裂同样适用，如两者都希望铸型和型芯有好的退让性等。但由于 铸造应力产生的温度比热裂要低，因此它只要求在铸件凝固后的冷却阶段，尤其是在 T_k 以 下时退让性要好，如掌握好合理的开箱时间，对于减小铸造应力将是有效的。

铸件产生残余应力后，可以采取自然时效、人工时效及共振法等方法消除。

（2）变形和冷裂的防止与消除　如前所述，铸件变形和冷裂的主要原因是铸造应力。因此，防止及消除变形和冷裂的最根本的方法是设法减小铸造应力。如前所述的防止和消除铸造应力的方法，对于变形和冷裂的防止同样适用。在生产实践中，还可以根据具体情况采用一些专门的工艺措施。

1）反变形措施。在掌握了铸件变形规律的情况下，设计并制造出与铸件变形量相等而方向相反的模样或芯盒，以抵消铸件的变形。如图 6-23（a）的 T 形梁模型可做成向上凸起形状。

2）设置防变形的"拉肋"。针对铸造应力集中的情况及变形趋势设置拉肋，可以增强刚性，防止变形。图 6-23（b）的雷达罩，在 α、β 两角对面各设一拉肋，将伸出的臂连接起来，即能防止变形。拉肋可在热处理后去除。

3）对于容易变形的重要铸件，可采用早开箱并立即入炉内缓冷的方法。

4）用浇注系统调整铸件的温度场。图 6-23（c）的槽形铸件，如果浇注时将直浇道一端抬高，改变原来的充填顺序，有利于应力和变形的防止。图 6-23（d）的球轴承壳铸件，改用环形横浇道，内浇道增加为三个后，消除了原来发生的变形。

已经产生变形的铸件，如果材料的塑性好，可以用机械方法进行校正，如精密铸造件及有色金属铸件。但对于变形量过大或材料塑性差的铸件，则校正困难。

铸件产生冷裂以后，如果材料的焊接性好，工艺文件也允许时，可以焊补修复，否则报废。

三、热裂

1. 热裂的形态及危害

热裂（hot crack）是铸件处于高温状态时形成的裂纹类缺陷，是许多合金铸件最常见的缺陷之一。合金的热裂性是重要的铸造性能之一。

热裂的外形不规则，弯弯曲曲，深浅不一，有时还有分叉。裂纹表面不光滑，有时可以看到树枝晶凸起，并呈现高温氧化色，如铸钢为黑灰色，铸铝为暗灰色。在铸件表面可以观察到的裂纹为外裂纹，隐藏在铸件内部的裂纹为内裂纹。外裂纹表面宽，内部窄，有的裂纹贯穿整个铸件断面，它常产生于铸件的拐角处、截面厚度突变处、外冷铁边缘附近以及凝固冷却缓慢且承受拉应力的部位。内裂纹多产生在铸件最后凝固部位，如缩孔附近，需用 X 射线、γ 射线或超声波探伤检查才能发现。外裂纹大部分可用肉眼观察到，细小的外裂纹需用磁力探伤或荧光检查等方法才能发现。

铸件中的热裂严重降低其力学性能，引起应力集中。在铸件使用中，裂纹扩展而导致断裂，是酿成事故的主要原因之一。发现热裂纹后，若铸造合金的焊接性好，在技术条件许可的情况下经焊补后仍可使用；若焊接性差，铸件则应报废。内裂纹不易发现，危害性更大。

关于热裂产生的机理也有液膜理论及高温强度理论，与焊缝的热裂相同。

2. 防止铸件热裂的途径

热裂的影响因素主要是合金性质、铸型性质、浇注条件及铸件结构四个方面，因此，防止热裂的途径及措施也主要从这四个方面入手。

（1）提高合金抗热裂能力。

在满足铸件使用性能的前提下，调整成分或选用热裂倾向小的合金。例如：在铸铁中调整 Si、Mn 含量；采用接近共晶成分的合金等；控制炉料中的杂质含量和采取有效的精炼措施，以改善夹杂物在铸件中的形态和分布，从而提高抗裂能力。另外，控制结晶过程，细化一次结晶组织。采取变质处理、振动结晶、在旋转磁场中凝固、悬浮铸造等细化一次结晶的措施。细小晶粒表面积大，液膜薄而均匀，变形时晶粒位置易于调整，不易断裂。

（2）改善铸型和型芯的退让性，减少铸件收缩时的各种阻力。

铸型紧实度不应过大，使用溃散性好的芯砂。湿砂型代替干砂型，黏土砂中加入木屑；采用空心型芯或在大型芯中加入焦炭、草绳等松散材料，都可改善退让性。此外，避免芯骨和箱带阻碍铸件的收缩，浇注系统的结构不应增加铸件的收缩阻力，避免过长或截面积过大的横浇道，尽量减少铸件产生的披锋等。

（3）减小铸件各部位温差，建立同时凝固的冷却条件。

如预热铸型；在铸件薄壁处开设多个分散的内浇道；在热节及铸件内角处安放冷铁，并在单个厚大冷铁边缘采用导热能力好的材料（如铬矿砂）过渡；薄壁铸件可采取高温快浇等。这些措施都可使铸件冷却均匀，从而达到减少热裂的目的。

（4）改进铸件结构的设计。

在铸件结构设计中应尽量缩小或消除热节和应力集中，增强高温脆弱部位的冷却条件及抗裂能力。在厚薄相接处要逐渐过渡；在两壁转角处要有适当的半径圆角，减小铸件不等厚截面收缩时的互相阻碍（如轮类铸件的轮辐设计成弯曲形状）；在铸件易产生热裂的部位设置防裂肋（图 6-24），有的防裂肋在铸件冷却到室温后或热处理后可以去除掉。

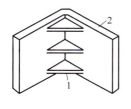 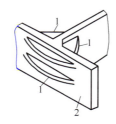

图 6-24　增加防裂肋防止热裂
1—防裂肋；2—铸件

总之，影响热裂形成的因素很多，应根据具体情况具体分析，找出主要原因，才能有效地采取适当措施，防止铸件的热裂。

课程思政内容的思考

从铸件的缺陷及防治措施上，深入思考人的成长不会一帆风顺，会遇到各种干扰，要学习正确对待干扰和错误的态度和方法，积极应对，措施得当，就能达成最终的成功。

思考与练习

1. 简述析出性气孔的特征、形成机理及主要防止措施。

2. 分析初生夹杂物、次生夹杂物及二次氧化夹杂物是如何形成的？主要防治措施有哪些？

3. 何谓体收缩、线收缩、液态收缩、凝固收缩、固态收缩、收缩率、顺序凝固和同时凝固？

4. 试分析缩孔、缩松形成条件及形成原因的异同点。

5. 试分析灰铸铁及球墨铸铁产生缩孔及缩松的倾向性及影响因素。

6. 顺序凝固原则和同时凝固原则分别适用于哪些情况？

7. 何谓晶内偏析、晶界偏折、正偏析、逆偏析、V 形偏析、逆 V 形偏折、带状偏析？

8. 如何控制铸件氢的含量？

第七章

焊缝及热影响区的组织与性能

第一节　焊接热循环条件下的金属组织转变特点

焊接条件下热影响区的组织转变与热处理条件下的组织转变相比，其基本原理是相同的。但由于焊接过程的特殊性，焊接条件下的组织转变又具有与热处理不同的特点。对于低合金高强钢来说，钢的固态相变规律仍是分析焊接热影响区组织转变的基础。

一、焊接过程的特殊性

焊接热过程概括起来有以下六个特点：

（1）加热温度高。一般热处理时加热温度最高在 A_{c3} 以上 $100 \sim 200℃$，而焊接时加热温度远超过 A_{c3}，在熔合线附近温度可达 $1350 \sim 1400℃$。

（2）加热速度快。焊接时由于采用的热源强烈集中，故加热速度比热处理时要快得多，往往超过几十倍甚至几百倍。

（3）高温停留时间短。焊接时由于热循环的特点，在 A_{c3} 以上保温的时间很短（一般焊条电焊为 $4 \sim 20s$，埋弧焊时为 $30 \sim 100s$），而在热处时可以根据需要任意控制保温时间。

（4）自然条件下连续冷却。在热处理时，可以根据需要来控制冷却速度或在冷却过程中不同阶段进行保温。然而在焊接时，一般都是在自然条件下连续冷却，个别情况下才进行焊后保温或焊后热处理。

（5）加热的局部性和移动性。将产生不均相变及应变。

（6）在应力状态下进行组织转变。

综合上述，焊接条件下热影响区的组织转变必然有它本身的特殊性。

二、焊接热过程的组织转变

焊接过程的快速加热，首先将使各种金属的相变温度比起等温转变时大有提高。从大量的试验结果看，加热速度越快，不仅被焊金属的相变点 A_{c1} 和 A_{c3} 提高幅度增大，而且 A_{c1}

和 A_{c3} 之间的间隔也越大，如图 7-1 和表 7-1 所示。由表 7-1 可以看出，钢中含有较多的碳化物形成元素（Cr、W、Mo、V、Ti、Nb 等）时，随着加热速度的提高，对相变点 A_{c1} 和 A_{c3} 的影响更为明显（如 18Cr2WV）。这是因为碳化物形成元素的扩散速度很小（仅为碳的 $1/1000 \sim 1/10000$），同时它们本身还阻碍碳的扩散，因而大大地减慢了奥氏体的转变过程。加热速度除对相变温度有影响外，还影响奥氏体的形成过程，特别是对奥氏体的均质化过程有着重要的影响。由于奥氏体的均质化过程属于扩散过程，因此加热速度快，相变点以上停留时间短，不利于扩散过程的进行，从而均质化的程度很差。这一过程必然影响冷却过程的组织转变。由图 7-1 可以看出，不含强碳化物形成元素的 45 钢，奥氏体晶粒开始长大温度低，高温区晶粒粗大。而含强碳化物形成元素的 40Cr 钢，因强碳化物分解温度较高，碳化物的存在会阻碍奥氏体晶粒长大，只有当强碳化物完全溶解于奥氏体中，这种阻碍才消失，所以含强碳化物形成元素的钢其奥氏体开始长大的温度相对要高。

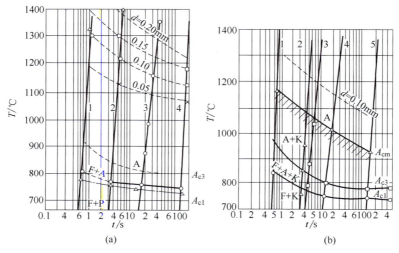

(a) (b)

图 7-1　焊接快速加热对 A_{c1}、A_{c3} 和晶粒长大的影响

（a）45 钢（1—1400℃/s；2—270℃/s；3—35℃/s；4—7.5℃/s）

（b）40Cr（1—1600℃/s；2—300℃/s；3—150℃/s；4—42℃/s；5—7.2℃/s）

d—晶粒的平均直径；A—奥氏体；P—珠光体；F—铁素体；K—碳化物

表 7-1　加热速度对相变点 A_{c1} 和 A_{c3} 及其温度变化差值的影响

钢种	相变点	平衡状态 /℃	非平衡状态/℃				非平衡状态下 A_{c1} 和 A_{c3} 变化差值/℃		
			加热速度 ω_H/℃·s^{-1}				加热速度 ω_H/℃·s^{-1}		
			6~8	40~50	250~300	1400~1700	40~50	250~300	1400~1700
45	A_{c1}	730	770	775	790	840	45	60	110
	A_{c3}	770	820	835	860	950	65	90	180
40Cr	A_{c1}	740	735	750	770	840	15	35	105
	A_{c3}	780	775	800	850	940	25	75	165
23Mn	A_{c1}	735	750	770	785	830	35	50	95
	A_{c3}	830	810	850	890	940	40	80	130

续表

钢种	相变点	平衡状态 /℃	非平衡状态/℃				非平衡状态下 A_{c1} 和 A_{c3} 变化差值/℃		
			加热速度 $\omega_H/℃\cdot s^{-1}$				加热速度 $\omega_H/℃\cdot s^{-1}$		
			6~8	40~50	250~300	1400~1700	40~50	250~300	1400~1700
30CrMnSi	A_{c1}	740	740	775	825	920	35	85	180
	A_{c3}	820	790	835	890	980	45	100	190
18Cr2WV	A_{c1}	710	800	860	930	1000	60	130	200
	A_{c3}	810	860	930	1020	1120	70	160	260

三、焊接冷却过程的组织转变

根据材料化学成分和冷却条件的不同，固态相变一般可分为扩散型相变和非扩散型相变，焊接过程中这两种相变都会遇到。焊接条件下的组织转变特点不仅与等温转变不同，也与热处理条件下的连续冷却组织转变不同，而且在组织成分上比一般热处理条件下更为复杂。

焊接过程属于非平衡热力学过程，在这种情况下，随着冷却速度增大，相图上各相变点和温度线均发生偏移。如图 7-2 所示的 Fe-C 合金，随着冷却速度的增加，A_{r1}、A_{r3}、A_{cm} 等均向更低的温度移动，同时共析成分已经不是一个点，而是一个成分范围。当冷却速度 30℃/s（相当于焊条电弧焊热输入为 17kJ/cm 的情况）时，共析成分范围 $w_C = 0.4\% \sim 0.8\%$。也就是说，在快速冷却的条件下，碳的质量分数为 0.4% 的钢就可以得到全部为珠光体的组织（伪共析）。

钢中除碳之外，尚有多种合金元素（如 Mn、Si、Cr、Ni、Mo、V、Nb、Ti、B、Re 等），它们对相图的影响也十分复杂。当冷却度增加到一定之后，珠光体转变将被抑制，发生贝氏体或马氏体转变。

应当指出，在焊接连续冷却条件下，过冷奥氏体转变并不按平衡条件进行，如珠光体的成分由 $w_C = 0.8\%$ 而变成一个成分范围，形成伪共析组织。此外，贝氏体、马氏体也都处在非平衡条件下的组织，种类繁多。这与焊接时快速加热、高温、连续冷却等因素有关。

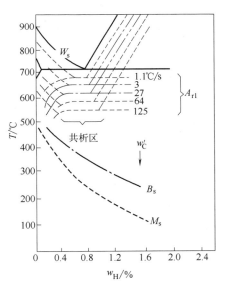

图 7-2　冷却速度对 Fe-C 相图的影响
A_{r1}—珠光体开始形成温度；
B_s—贝氏体开始形成温度；
M_s—马氏体开始形成温度；
W_s—魏氏组织开始形成温度

通过进行焊接热模拟试验，研究各种材料热影响区的组织转变，建立"模拟焊接热影响区连续冷却组织转变图 SH-CCT"技术资料数据库，可以比较方便地预测焊接热影响区的组织和性能，同时也能作为选择焊接热输入、预热温度和制定焊接工艺的依据。有关典型钢种的 CCT 图及组织的变化可参阅有关焊接手册。

第二节 焊接熔池凝固及控制

熔焊条件下的液态金属凝固过程与第三章和第四章所阐述的一般液态金属凝固过程在本质上没有区别，都是晶核生成和晶核长大的过程。然而，由于焊接熔池凝固条件的特殊性，其凝固过程还存在着自己的一些特征。

一、熔池凝固条件

熔焊时，在高温热源的作用下，母材发生局部熔化，并与熔化了的焊接材料相互混合形成熔池，同时进行短暂而复杂的冶金反应。当热源离开后，熔池金属便开始了凝固，如图7-3所示。因此，焊接熔池具有以下一些特殊性。

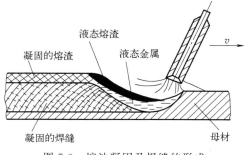

图 7-3 熔池凝固及焊缝的形成

（1）熔池金属的体积小，冷却速度快 在一般电弧焊条件下，熔池的体积最大也只有 $30cm^3$，重量不超过 100g，因为其周围被冷态金属所包围，熔池的冷却速度很快，通常可达 $4\sim100℃/s$，远高于一般铸件的冷却速度。由于冷却快，温度梯度大，焊缝中柱状晶得到充分发展。这也是造成高碳、高合金钢以及铸铁材料焊接性差的主要原因之一。

（2）熔池金属中不同区域温差很大，中心部位过热温度最高 因加热与冷却速度很快，熔池中心和边缘存在较大的温度梯度。例如，对于电弧焊接低碳钢或低合金钢，熔池中心温度高达 $2100\sim2300℃$，而熔池后部表面温度只有 $1600℃$ 左右，熔池平均温度为（1700 ± 100）$℃$。由此可见，熔池金属中温度不均匀，且过热度较大，尤其是中心部位过热温度最高，非自发形核的原始质点数将大为减少，这也促使焊缝柱状晶的发展。

（3）热源移动 凝固过程是一个动态过程，一般熔焊时，熔池是以一定的速度随热源而移动，如图7-4所示，处于热源移动方向前端（abc）的母材不断熔化，连同过渡到熔池中的熔融的焊接材料一起，在电弧吹力作用下对流至熔池后部（cda）。随着热源的离去，熔池后部的液态金属立即开始凝固。因此，凝固过程是连续进行并随热源同步运动的。

（4）液态金属对流激烈 熔池中存在许多复杂的作用力，如电弧的机械力、气流吹力、电磁力，以及液态金属中密度差，使熔池金属产生强烈的搅拌和对流，在熔池上部其方向一般趋于从熔池头部向尾部流动（图

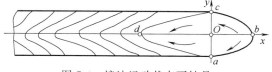

图 7-4 熔池运动状态下结晶

7-4），而在熔池底部的流动方向与之正好相反，这一点有利于熔池金属的混合与纯净。

二、熔池结晶特征

（1）联生结晶 从前面所述的结晶理论知道，过冷是凝固的条件，并且通过萌生晶核和晶核长大而进行。但因熔池金属过热较大，在开始凝固时，自发形核的可能性是极其微小

的，特别是在过热度最大的熔池中心区域尤其困难。研究证明，熔池结晶是非自发形核起主要作用。

在熔池中存在两种现成固相表面：一种是合金元素或杂质的悬浮质点（在正常情况所起作用不大）；另一种就是熔池边界未熔母材晶粒表面，非自发形核就依附在这个表面，从而可以在较小的过冷度下，以柱状晶的形态向焊缝中心生长，如图 7-5 和图 7-6所示。这种结晶特征称为联生结晶（也称外延生长）。可以看出，焊缝金属初始晶体是直接从熔合区附近母材的晶粒生长区延续过来的，即熔合区母材晶粒对焊缝晶体结构具有一定的遗传性。例如，在埋弧焊或电渣焊

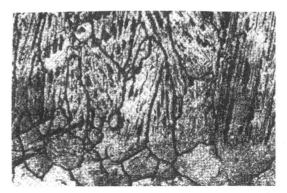

图 7-5　不锈钢自动焊时的联生结晶

中，由于焊接线能量较大，熔池周围过热的母材晶粒会变得粗大，致使焊缝柱状晶粗大。因此，焊接过程中应避免母材长时间过热。

（2）晶体成长的选择性与弯曲柱状晶　一般典型的焊接熔池形状如图 7-7 所示，熔池的轮廓即表示液相面，其形状很像不标准的半椭球。由第二章焊接过程温度场可知，熔池的形状和大小，受母材的热物理性质、尺寸和焊接方法以及工艺参数等因素的影响。

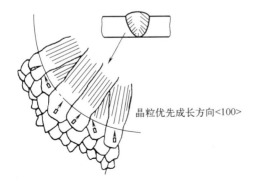

图 7-6　熔池中柱状晶的形成

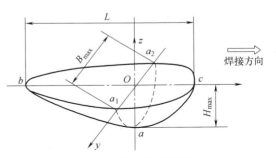

图 7-7　典型熔池形状

如图 7-8 所示，熔池的最大散热方向是液相等温线的法线方向。假定焊接时熔池保持一定的形状，并首先假定晶体生长方向与最大散热方向正好相反，则可以按如下方式来讨论晶粒生长方向与焊接方向间的关系。

在液相等温线上任一点 A 的晶粒主轴沿等温线法线方向生长，设晶体的生

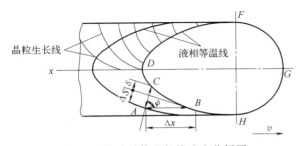

图 7-8　熔池晶体生长线速度分析图

长线速度为 R，而熔池则以焊接速度 v 沿 x 方向移动。当经过 Δt 时间后，焊接熔池移动距离为 Δx，A 点便移至 B 点。与此同时，A 点晶粒长大至 C 点，以保持熔池形状不变。设 A点晶粒的增长量为 $\Delta S + \sigma$。于是有

$$\Delta x = v \Delta t$$

$$\Delta S + \sigma = R \Delta t$$

故

$$\frac{\Delta S + \sigma}{\Delta x} = \frac{R}{v}$$

当 $\Delta t \rightarrow 0$ 时，σ 将比 ΔS 更快趋向于零，故可忽略不计。则上式成为

$$R = v \cos\psi \qquad\qquad (7\text{-}1)$$

式中，ψ 为晶粒生长方向与熔池移动方向之间的夹角。

由式（7-1）和图 7-8 可看出：等温线上各点的 ψ 角是变化的，说明晶粒成长的方向和线速度都是变化的。在熔合区上晶粒开始成长的瞬时（如图 7-8 中 H 和 F 点），$\psi = 90°$，$\cos\psi = 0$，晶粒生长线速度 R 为零，即焊缝边缘的生长速度最慢。而在热源移动后面的焊中心（D 点），$\psi = 0°$，$\cos\psi = 1$，晶粒生长速度 R 与焊接速度 v 相等，即晶体生长最快。一般情况下，由于等温线是弯曲的，其曲线上各点的法线方向不断地改变，因此晶粒生长的有利方向也随之变化，形成了特有的弯曲柱状晶的形态。

焊接速度对晶粒生长形态有较大的影响。如图 7-9 所示，焊接速度大时，焊接熔池长度增加，ψ 角也相应增大，柱状晶便趋向垂直于焊缝中心线生长（图 a）。焊接速度小时，ψ 角也相应减小，柱状晶越弯曲（图 b）。垂直于焊缝中心线的柱状晶，最后结晶的低熔点夹杂物被推移到焊缝中心区域，易形成脆弱的结合面，导致纵向热裂纹的产生。这就是为什么在焊接热裂敏感性大的奥氏体钢和铝合金时不能采用高速焊的主要原因。

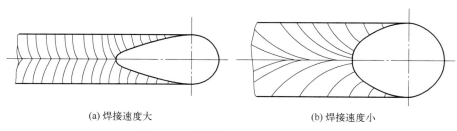

(a) 焊接速度大　　　　　　　　　　(b) 焊接速度小

图 7-9　焊接速度对结晶形态的影响

在式（7-1）中，我们假设晶体生长是各向同性，并且生长的方向总是沿着焊接熔池中温度梯度最大的方向（散热最快的方向）。实际上，晶体生长倾向于沿着特定的晶体方向，如在立方晶体（体心立方和面心立方）中沿<100>方向。在<100>方向上选择生长是因为在该方向上原子的堆垛最松散，这表明，由于结晶是从原子杂乱排列的液体中进行，在<100>方向上原子的排列比较松散，则可以使晶体在该方向上的生长线速度比其他方向（原子排列比较紧密方向）更快。考虑这一点，必须对式（7-1）进行修正。如果定义 θ 为<100>方向与最大温度梯度方向之间的夹角，那么晶体生长的实际线速度为

$$R' = R \cos\theta \qquad\qquad (7\text{-}2)$$

这样，当晶体<100>方向与散热最快方向（最大温度梯度方向）相一致时，则晶体实际生长线速度最快，最有利于晶粒长大，这种优先得到成长的晶体，可以一直长至熔池的中心，形成粗大的柱状晶体。而当晶体<100>方向与散热最快方向不一致时，这时晶粒的成长就缓慢甚至停止下来，这就是缝中柱状晶体选择长大的结果。

（3）熔池凝固组织形态的多样性　实验证明，熔池中成分过冷的分布在不同的凝固阶段

是不同的，因此，其凝固生长界面亦将发生变化。在熔池两侧翼边界（图 7-8 中点 F、H），由于结晶速度 R 非常小，温度梯度 G 较大，G/R 则很大，成分过冷接近于零，满足平面晶生长的条件。随着凝固界面远离熔合区边界向焊缝中心推进时，结晶速度 R 逐渐增大，而温度梯度 G 减小，G/R 逐步减小，在某一时刻以后，将发生成分过冷，平面生长将转为胞状生长；随着成分过冷的进一步加大，树枝晶生长的方式逐渐占主导地位，在到达熔池尾端结束凝固时，G/R 最小，成分过冷度最大，有可能形成等轴树枝晶区。图 7-10 表示了焊缝中不同部位凝固界面生长方式的大致情况。

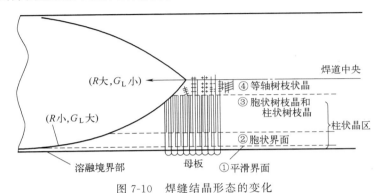

图 7-10　焊缝结晶形态的变化

应当指出的是：在实际焊缝中，由于化学成分、板厚和接头形式不同，不一定具有上述全部凝固形态。此外，焊接参数对凝固形态也有很大影响。例如：当焊接速度增大时，在焊缝中心部位的温度梯度 G 变小，而结晶速度 R 增大，因此，往往容易出现大量的等轴晶；而在焊接速度较低时，主要是胞状树枝晶。

三、熔池结晶组织的细化

焊缝金属的力学性能是影响焊接接头使用可靠性的重要因素，其中强度与韧性是最关键的性能指标。在一定的条件下，焊缝中易生成粗大的柱状晶体，它会降低焊缝金属的强度和韧性。特别是在焊接稳定型奥氏体钢时，粗大柱状晶还是造成热裂纹的原因之一，同时对焊缝抗晶间腐蚀也不利。因此，细化熔池结晶组织具有十分重要的意义。

目前焊接中也是从提高形核率和抑制晶粒长大两个方面来细化熔池凝固组织。

（1）晶粒细化　焊接时，通过焊接材料向熔池加入一定量的合金元素（如 B、Mo、V、Ti、Nb 等）可以作为熔池中非自发晶核的质点，从而使焊缝晶粒细化。

（2）振动结晶　所谓振动结晶，就是采用振动的方法来打断正在成长的柱状晶，增大晶粒游离倾向，达到细化晶粒的目的。振动方式主要有机械振动、超声振动和电磁搅拌。

（3）焊接工艺　采用恰当的焊接工艺措施，也可改善熔池凝固结晶。主要方法是小热输入、多层焊和锤击焊道表面等。

小热输入焊接，可以减小熔池尺寸和液态金属过热度，同时提高了焊缝的冷却速度，即可避免产生粗大的柱状晶组织。但冷却速度也不宜过快，否则会引起焊缝和热影响区固态相变时产生淬火组织，增大冷裂纹倾向。

对于一定板厚的焊接结构，采用多层焊可使每道焊缝尺寸变小，即柱状晶成长的空间减小，有利于晶粒细化。另外，多层焊时后一层焊道对前一层焊道具有附加热处理的作用，从而也可改善焊缝固态相变的组织。

焊接过程中，锤击焊道可使前一层焊缝（或坡口表面）晶粒不同程度地破碎，后层焊缝在凝固时因联生结晶而使晶粒细小。此外，锤击焊道还会产生塑性变形而降低残余应力，从而提高焊缝的韧性和疲劳强度。

第三节　焊接热影响区的组织与性能分析

根据钢的热处理特性，把焊接用钢分为两类，一类是淬火倾向很小的钢种，如低碳钢和某些低合金钢，称为不易淬火钢；另一类是淬硬倾向较大的钢种，如中碳钢、低、中碳调质合金钢等，称为易淬火钢。由于淬火倾向不同，这两类钢的焊接热影响区组织也不同。

（一）不易淬火钢的热影响区组织

在一般的熔焊条件下，不易淬火钢按照热影响区中不同部位加热的最高温度及组织特征，可分为以下四个区，如图 7-11 所示。

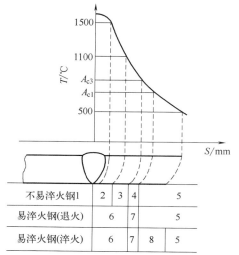

图 7-11　焊接热影响区的分布特征
1—熔合区；2—过热区；3—相变重结晶区；4—不完全重结晶区；5—未变化的母材；6—淬火区；7—部分淬火区；8—回火区

（1）熔合区　焊缝与母材之间的过渡区域，常称为熔合区（亦称半熔化区）。该区的范围很窄，常常只有几个晶粒。熔合区最大的特征是具有明显的化学成分不均匀性，从而引起组织、性能上的不均匀性，所以对焊接接头的强度、韧性都有很大的影响。在许多情况下，熔合区常常成为焊接接头最薄弱的部位，是产生裂纹、脆性破坏的发源地。

（2）过热区（粗晶区）　加热温度在固相线以下到晶粒开始急剧长大温度（约为 1100℃）范围内的区域叫过热区。由于金属处于过热的状态，奥氏体晶粒发生严重的粗化，冷却之后便得到粗大的组织，并极易出现脆性的魏氏组织，故该区的塑性、韧性较差。焊接刚度较大的结构时，常在过热粗晶区产生脆化或裂纹。过热区的大小与焊接方法、焊接线能量和母材的板厚等有关。过热区与熔合区一样，都是焊接接头的薄弱环节。

（3）相变重结晶区（正火区或细晶区）　该区的母材金属被加热到 A_{c3} 至 1100℃ 左右温度范围，其中铁素体和珠光体将发生重结晶，全部转变为奥氏体。形成的奥氏体晶粒尺寸小于原铁素体和珠光体，然后在空气中冷却就会得到均匀而细小的珠光体和铁素体，相当于热处理时的正火组织，故亦称正火区。由于组织细密，此区的塑性和韧性较好，是热影响区中组织性能最佳的区段。

（4）不完全重结晶区　焊接时处于 $A_{c1} \sim A_{c3}$ 范围内的热影响区属于不完全重结晶区。因为在 $A_{c1} \sim A_{c3}$ 范围内只有一部分组织发生了相变重结晶过程，成为晶粒细小的铁素体和珠光体，而另一部分是始终未能溶入奥氏体的剩余铁素体，由于未经重结晶仍保留粗大晶粒，所以此区特点是晶粒大小不一，组织不均匀，因此力学性能也不均匀。

图 7-12 所示为 Q235 钢热影响区的组织金相图。

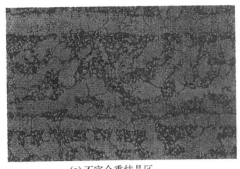

(a) 不完全重结晶区　　　　　　　　　　　　　　　(b) 重结晶区

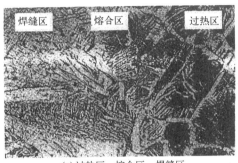

(c) 过热区、熔合区、焊缝区

图 7-12　Q235 钢板埋弧自动焊热影响区各部位组织

对于低碳钢和一些淬硬倾向较小的钢，除了过热区的组织以外，其他部位的热影响区组织基本相同。低碳钢的过热区主要是魏氏组织，而不易淬火的低合金钢由于合金元素 Mn 的加入，过热区还出现少量粒状贝氏体。某些不易淬火的低合金钢则由于过热区加热温度高，除 Mn 以外，还有部分 Ti 的碳化物、氮化物溶入奥氏体，提高了奥氏体的稳定性，因此过热区全部获得粒状贝氏体组织。

必须指出，热影响区的组织变化除取决于母材的化学成分外，还受板厚、接头形式以及焊接方法与规范等因素的影响，因此需根据具体情况分析。

（二）易淬火钢热影响区的组织

焊接硬倾向较大的钢种，如低碳调质钢（18MnMoNb）、中碳钢（45 钢）和中碳调质高强钢（30CrMnSi）等，其焊接热影响区的组织分布与母材焊前热处理状态有关。如母材焊前是正火状态或退火状态，则焊后热影响区可分为：

（1）完全淬火区　焊接时热影响区处于 A_{c3} 以上的区域，与不易淬火钢的过热区和正火区相对应。加热时铁素体和珠光体全部转变为奥氏体。由于这类钢的淬硬倾向较大，焊后冷却时很易得到淬火组织（马氏体），故称完全淬火区。在紧靠焊缝相当于低碳钢过热区的部位，由于晶粒严重粗化，故得到粗大的马氏体，如图 7-13（a）所示。而相当于正火区的部位则得到细小的马氏体，如图 7-13（b）所示。但在实际焊接接头中，由于焊接用钢一般淬硬性不会太高，并在实际施焊时注意选择恰当的加热规范，加之该处的奥氏体均匀性差，故出现贝氏体、索氏体等正火组织的可能性更大，从而形成了与马氏体共存的混合组织。

（2）不完全火区　母材被加热到 $A_{c1} \sim A_{c3}$ 温度之间的热影响区，在快速加热条件下，铁素体很少融入奥氏体，而珠光体、贝氏体、索氏体等转变为奥氏体。在随后快冷时，奥氏

 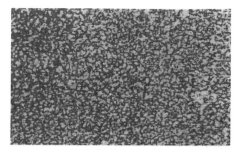

(a) 过热区(粗大马氏体)　　　　　　　　　(b) 细晶区(细小马氏体)

图 7-13　低碳调质钢焊条电弧焊完全淬火区组织

体转变为马氏体，原铁素体保持不变，并有不同程度的长大，最后形成马氏体加铁素体的混合组织，故称不完全淬火区。如含碳量和合金元素含量不高或冷却速度较小时，奥氏体也可能转变成索氏体或珠光体。

（3）回火软化区　如果母材焊前是调质状态，焊接热影响区的组织分布除存在完全淬火区和不完全淬火区外，还存在一个回火软化区。在回火区内组织和性能发生变化的程度决定于焊前调质的回火温度。如焊前调质时的回火温度为 T_t，那么低于此温度的部位，其组织性能不发生变化，而高于此温度的部位，组织性能将发生变化，出现软化现象；若焊前为淬火态，则可获得不同的回火组织。紧靠 A_{c1} 的部位，相当于瞬时高温回火，故得到回火索氏体。而离焊缝较远的区域，由于温度较低则相应获得回火马氏体。由此可知，热影响区的组织和性能不仅与母材的化学成分有关，同时也与焊前的热处理状态有关。

总之，焊接热影响区的组织分布是不均匀的，其中近缝区常是影响接头性能的关键部位，是整个焊接接头的薄弱地带。

以上所讨论的焊接热影响区组织特征，仅仅是一般的情况，实际上由于各种因素的影响可能出现某些特殊问题，这就要根据母材和施焊的具体条件进行分析。

第四节　焊接热影响区的性能

根据前面的讨论可以知道，焊接热影响区的组织分布是不均匀的，因而在性能上也不均匀。焊接热影响区与焊缝不同，焊缝可以通过化学成分的调整再配合适当的焊接工艺来保证性能的要求。而热影响区性能不可能进行成分上的调整，它是在焊接热循环作用下才产生的不均匀性问题。对于一般焊接结构来讲，主要考虑热影响区的硬化、脆化、韧化、软化，以及综合的力学性能、耐蚀性能和疲劳性能等，这要根据焊接结构的具体使用要求来决定。

（一）焊接热影响区的硬化

焊接热影响区的硬度主要取于被焊钢种的化学成分和冷却条件，其实质是反映不同金相组织的性能。由于硬度试验比较方便，因此，常用热影响区的最高硬度 H_{max} 判断热影响区的性能，它可以间接预测热影响区的韧性、脆性和抗裂性等。近年来已把热影响区的 H_{max} 作为评定焊接性的重要指标。应当指出，即使同一组织也有不同的硬度，这与钢的含碳量以及合金成分有关。例如高碳马氏体的硬度可达 600HV，而低碳马氏体只有 350～390HV。

同时二者在性能上也有很大不同，前者属脆硬相（孪晶马氏体），后者硬度虽高，但仍有较好的韧性。

1. 化学成分的影响

热影响区的硬化倾向从根本上说取决于母材的化学成分，焊接工艺条件只是能否出现硬化的外界因素。首先是含碳量，它显著影响奥氏体的稳定性，对硬化倾向影响最大。含碳量越高，越容易得到马氏体组织。但马氏体数量增多并不意味着硬度一定大。马氏体的硬度随含碳量的增高而增大。

合金元素的影响与其所处的形态有关。溶于奥氏体时提高淬硬性（和淬透性）；而形成未溶碳化物、氮化物时，则可能成为非马氏体相变产物非均形核的核心，从而细化晶粒，导致淬硬性下降。

碳当量（Carbon Equivalent）反映钢中化学成分对硬化程度的影响，它是把钢中合金元素（包括碳）按其对淬硬性（包括冷裂、脆化等）的影响程度折合成碳的相当含量。世界各国根据具体情况建立了许多碳当量公式。实践证明，这些碳当量公式对于解决工程实际问题起到了良好的作用。

在 20 世纪 40～50 年代，当时钢材以 C-Mn 强化为主，为评定这类钢的焊接性，先后建立了许多碳当量公式，其中以国际焊接学会推荐的 $CE_{(\mathrm{HW})}$ 和日本焊接协会的 $C_{\mathrm{eq(WES)}}$ 公式应用较广。这两个公式为

$$CE_{(\mathrm{HW})} = w_{\mathrm{C}} = \frac{w_{\mathrm{Cu+Ni}}}{15} + \frac{w_{\mathrm{Cr+Mo+V}}}{5} \tag{7-3}$$

$$C_{\mathrm{eq(WES)}} = w_{\mathrm{C}} + \frac{w_{\mathrm{Mn}}}{6} + \frac{w_{\mathrm{Si}}}{24} + \frac{w_{\mathrm{Ni}}}{40} + \frac{w_{\mathrm{Cr}}}{5} + \frac{w_{\mathrm{Mo}}}{4} + \frac{w_{\mathrm{V}}}{14} \tag{7-4}$$

式（7-3）主要适用于中等强度的非调质低合金钢（$\sigma_{\mathrm{b}} = 400\sim700\mathrm{MPa}$）；式（7-4）主要适用于强度级别较高的低合金高强钢（$\sigma_{\mathrm{b}} = 500\sim1000\mathrm{MPa}$），调质和非调质的钢均可应用。根据文献报道，这两个公式均适用于碳的质量分数为 0.180% 以上的钢种；而碳的质量分数在 0.170% 以下时，不可采用式（7-3）和式（7-4），这是根据试验和统计而确定的。

2. 冷却条件的影响

焊接热影响区的冷却条件主要取决于焊接热循环特性。延长 $t_{8/5}$（焊缝从 800℃冷却到 500℃所需时间）可以在一定程度上降低 HAZ（焊接热影响区）的硬化性；不过却增大了高温持续时间 t_{H}，这样不仅使晶粒粗化，而且易使第二相固溶，且使奥氏体中碳的均匀化程度增高，所有这些又都促使硬化性增大。

在同样冷速条件下，晶粒越粗大，越易于获得马氏体组织。因此应尽可能控制高温持续时间，使 t_{H} 越小越好。为此，必须减小焊接热输入，并适当降低预热温度。

实验证明，为了减小硬化倾向，应尽可能降低 t_{H} 值，以减小晶粒粗化，同时又必须保证适当缓慢的冷却条件。

采用热影响区最大硬度 H_{max} 作为一个因子来评价金属的焊接性（包括冷裂纹的敏感性），不仅反映了化学成分的作用，同时也反映了不同组织形态的作用。因此，不少国家结合本国的钢种，在大量实验的基础上建立了硬度计算公式。对于国产低合金钢，作为粗略估算，有如下公式

$$H_{\max}(\mathrm{HV10})=140+1089P_{\mathrm{cm}}-8.2t_{8/5} \tag{7-5}$$

式中 P_{cm} 为碳当量。

（二）焊接热影响区的脆化

焊接热影响区的脆化常常是引起焊接接头开裂和脆性破坏的主要原因。目前其脆化的形式有粗晶脆化、析出脆化、组织转变脆化、热应变时效脆化、氢脆以及石墨脆化等。下面主要讨论前四种脆化的形成。

1. 粗晶脆化

在热循环的作用下，焊接接头的熔合线附近和过热区将发生晶粒粗化。其晶粒粗化程度受到多种因素的影响，如钢种的化学成分、组织状态、加热温度和时间等。

晶粒长大是晶粒相互吞并、晶界迁移的过程。如果钢中含有碳化物、氮化物元素，就会阻碍晶界迁移，从而可以防止晶粒长大。例如 18CrWV 钢，由于含有 Cr、W、V 等碳化物合金元素，晶粒难以长大，晶粒显著长大温度可高达 1140℃。而不含碳化物元素的 23Mn 和 45 钢，超过 1000℃ 晶粒就显著长大。

晶粒粗大严重影响组织的脆性。一般来讲，晶粒越粗，则脆性转变温度越高。图 7-14 所示为脆性转变温度 VT_{rs} 与晶粒直径 d 的关系。

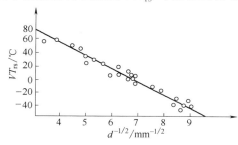

图 7-14　晶粒直径 d 对脆性转变温度 VT_{rs} 的影响

根据 N. J. Petch 的研究，晶粒直径 d 与脆性断裂应力 σ_{f} 存在如下关系

$$\sigma_{\mathrm{f}}=\sigma_{0.2}+Bd^{-1/2} \tag{7-6}$$

式中，$\sigma_{0.2}$ 是在试验温度下单晶体的屈服强度；B 为常数。

应当指出，脆化的程度与粗晶区出现的组织类型有关。对于某些低合金高强钢，希望出现下贝氏体或低碳马氏体，适当降低焊接线能量和提高冷却速度，反而有改善粗晶区韧性的作用，提高抗脆能力。但高碳低合金高强钢与此相反，提高冷却速度会促使生成孪晶马氏体，使脆性增大。所以，应采用适当提高焊接热输入和降低冷却速度的工艺措施。

HAZ 的粗晶脆化与一般单纯晶粒长大所造成的脆化不同，它是在化学成分、组织状态不均匀的非平衡态条件下形成的，故而脆化的程度更为严重。它常常与组织脆化交混在一起，是两种脆化的叠加。但对不同的钢种，粗晶脆化的机制有所不同。对于淬硬倾向较小的钢，粗晶脆化主要是晶粒长大所致，而对于易淬火钢，则主要是由于产生脆性组织所造成（如孪晶马氏体、非平衡态的粒状贝氏体，以及组织遗传等）。

2. 析出脆化

某些金属或合金在焊接过程中，由于经历了快速加热与冷却的作用，其热影响区组织处于非平衡态。在时效或回火过程中，其过饱和固溶体中将析出碳化物、氮化物、金属间化合物及其他亚稳定的中间相等。这些新相的析出使金属或合金的强度、硬度和脆性提高，这种现象称为析出脆化。一般强度和硬度提高并不一定发生脆化（如时效马氏体钢），但发生脆化必然伴随强度和硬度的提高。

析出脆化的机理目前认为是由于析出物出现以后阻碍了位错运动，使塑性变形难以进行，从而使金属的强度和硬度提高，脆性增大。

此外，析出物的形态和尺寸对于脆化也有影响。若析出物以弥散的细颗粒分布于晶内或晶界，将有利于改善韧性。析出物以块状或沿晶界以薄膜状分布时，就会成为脆化的发源地。

3. 组织脆化

焊接 HAZ 中由于出现脆硬组织而产生的脆化称为组织脆化。对于常用的低碳低合金高强钢，焊接 HAZ 的组织脆化主要是 M-A 组元、上贝氏体、粗大的魏氏组织等所致。但对含碳量较高的钢（一般 $w_C \geqslant 0.2\%$），则组织脆化主要是高碳马氏体。

M-A 组元是焊接高强钢时在一定冷却速度下形成的。它不仅出现在热影响区，也出现在焊缝中。M-A 组元是在粗大铁素体的基底上，由于先形成铁素体而使残留奥氏体的碳浓度增高，连续冷却到 $400 \sim 350℃$ 时，残留奥氏体的碳质量分数可达 $0.5\% \sim 0.8\%$，随后这种高碳奥氏体可转变为高碳马氏体与残留奥氏体的混合物，即 M-A 组元。

M-A 组元的形成温度是在形成上贝氏体的温度范围内。实际上，M-A 组元只在生成上贝氏体的冷却条件下才能观察到，冷速太快和太慢都不能产生 M-A 组元。由于残留奥氏体的碳浓度增高，在较大冷速下会全部转变为片状马氏体（孪晶马氏体）。当冷却速度缓慢时，奥氏体发生分解，转变为铁素体和渗碳体。因此，只有中等的冷速才能形成 M-A 组元。

除冷却条件之外，影响 M-A 组元形成的还有合金化程度。合金化程度较高时，奥氏体的稳定性较大，因而不易分解形成 M-A 组元。

一旦出现 M-A 组元，脆性倾向显著增加，即脆性转变温度 VT_{rs} 显著升高。实践证明，低温回火（$<250℃$）可以改善 M-A 组元的韧性；中温回火（$450℃$）可改善分解组织的韧性，但改善的程度与组元的含量有关。

综上所述，焊缝和 HAZ 有 M-A 组元存在时，对韧性是不利的。根据研究，M-A 组元的韧性低是由于残留奥氏体增碳后，易形成孪晶马氏体，夹杂于贝氏体、铁素体板条之间，并在界面上产生显微裂纹沿 M-A 组元的边界扩展。因此，有 M-A 组元存在时易成为潜在的纹源，并起到应力集中的作用。

4. HAZ 的热应变时效脆化

在制造过程中要对焊接结构进行一系列冷、热加工，如下料、剪切、冷弯成形、气割和其他热加工等。若由这些加工引起局部应变、塑性变形的部位在随后又经历焊接热循环作用，由此而引起的脆化称为热应变时效脆化（hot straining embrittlement，HSE）。根据近年来的研究，应变时效脆化大体上可分为两大类：

（1）静应变时效脆化　一般把室温或低温下受到预应变后产生的时效现象叫作静应变时效。它的一般特点是强度和硬度普遍升高，而塑性和韧性下降；只有钢中含有碳、氮等自由间隙型原子时才发生静应变时效。

（2）动应变时效脆化　一般为在高温下发生的预应变，特别是在 $200 \sim 400℃$ 的预应变。这种在较高温度下承受塑性变形所产生的时效现象称为动应变时效。它比室温下产生的脆化现象更为严重。通常说的"蓝脆性"就属于动应变时效现象。

产生应变时效脆化的原因，主要是由于应变引起位错增殖，碳、氮原子析集到这些位错的周围形成所谓 Cottrell 气团，对位错产生钉扎和阻塞作用。

在某些低碳钢和碳钢接头中，由于受到焊接热循环的作用，金相组织具有明显的不均匀性，为产生 HSE 提供了良好条件。实践证明，明显产生 HSE 的部位是熔合区和 A_{r1} 以下的亚临界热影响区 $200 \sim 600℃$。

一般认为，HSE 由动应变时效引起。实际上，焊接接头的 HSE 往往是静态应变时效和动态应变时效综合作用的结果。对于无缺口的焊接接头，焊接过程中产生的热应变一般不超过 1％，这时动态应变时效脆化度不会很大。而静态应变时效脆化的程度取决于钢材在焊前所受到的预应变量以及轧制、弯曲、冲孔、剪切、校直、滚圆等冷作工序。为了衡量钢材在焊接条件下的应变时效脆化程度，工业上常用静态应变时效试验方法，即从母材取样，室温下预拉伸应变 5％或 10％，在 250℃加热 0.5~1h，然后制成冲击试样，在室温下进行冲击试验，即时效冲击试验。一般规定，时效冲击韧度应不低于未时效的冲击韧度的 50％。

（三）焊接 HAZ 的韧化

焊接 HAZ 在组织和性能上是一个非均匀体，特别是熔合区和粗晶区易产生脆化，是整个焊接接头的薄弱地带。因此，应采取措施提高焊接 HAZ 的韧性。但 HAZ 的韧性不可能像焊缝那样，利用添加微量合金元素的方法加以调整和改善，而是材质本身所固有的，故只能通过提高材质本身的韧性和某些工艺措施在一定范围内加以改善。根据研究，HAZ 的韧化可采用以下两方面的措施：

（1）控制母材成分与组织　对低合金钢，应控制含碳量，使合金元素的体系为低碳微量多种合金元素的强化体系。这样，在焊接的冷却条件下，使 HAZ 分布有弥散强化质点，在组织上能获得低碳马氏体、下贝氏体和针状铁素体等韧性较好的组织。另外，应尽量控制晶界偏析。

采用微合金化（加入微量 Nb、V、Ti）和控制轧制技术达到细化晶粒和沉淀强化相结合的效果，同时从冶炼工艺上采取降碳、降硫、改变夹杂物形态、提高钢的纯度等措施，使钢材组织具有均匀的细晶粒等轴铁素体基体。这类钢具有很高的韧性，其焊接热影响区的韧性也有大幅度提高。

（2）韧化处理　提高焊接 HAZ 韧性的工艺途径很多。对于一些重要的结构，常采用焊后热处理来改善接头的性能。但是对一些大型而复杂的结构，即使要采用局部热处理也是困难的。

合理制定焊接工艺，正确选择焊接热输入和预热、后热温度是提高焊接韧性的有效措施。

课程思政内容的思考

从焊接热影响区的区域分布及性能上，延伸思考正确的交友观，积极主动避免与不良的人和事接触，提高自己的生活格调，建立健康的生活方式并主动帮助他人。

思考与练习

1. 焊接条件下组织转变与热处理条件下组织转变有何不同？
2. 在相同条件下焊接 45 钢和 40Cr 钢，哪一种钢的近缝区淬硬倾向大？为什么？
3. 焊接热影响区的脆化类型有几种？如何防止？
4. 何谓热影响区的热应变时效脆化？在焊接工艺上如何防止？
5. 试述中碳调质钢焊接热影响区软化机制。应如何改善和控制？
6. 如何提高热影响区的韧性？韧化的途径有哪些？

第八章

焊接过程中的冶金及反应原理、焊接缺陷控制

在焊接或熔炼过程中，液态金属会与各种气体发生相互作用，从而对焊件或铸件的性能产生影响。本章着重介绍各种气体的来源、气体与金属的相互作用机制、气体对金属质量的影响以及控制气体的措施等。

第一节 焊接金属与气体的反应

焊接区内的气体是参与液态金属冶金反应最重要的物质，因此必须了解这类物质的来源、成分和性质。

一、气体的来源

焊接区的气体主要来源于焊接材料，如焊条药皮、焊剂及药芯焊丝中的造气剂、高价氧化物和水分等；而气体保护焊时主要来自所采用的保护气体和其中的杂质（如氧、氮、水汽等）。此外，热源周围的空气也是一种难以避免的气体源；焊材表面和母材坡口附着的吸附水、油、锈和氧化皮等在焊接时也会析出气体，如水汽、氧、氢等。

除了直接进入焊接区内的气体（如空气、保护气体中的水分等）外，焊接区内的气体主要是通过一些物理化学反应产生的。

（1）有机物的分解和燃烧 制造焊条时常用淀粉、纤维素等有机物作为造气剂和涂料增塑剂，这些物质被加热到 $220 \sim 250\,^\circ\!C$ 以后，将发生复杂的热氧化分解反应。反应生成的气态产物主要是 CO_2、CO、H_2、烃和水汽。纤维素的热氧化分解反应可表示为

$$(C_6H_{10}O_5)_m + 7/2\,mO_2\,(气) = 6mCO_2\,(气) + 5mH_2\,(气)$$

（2）碳酸盐和高价氧化物的分解 焊接材料中常用的碳酸盐有 $CaCO_3$、$MgCO_3$ 及 $BaCO_3$ 等，当其被加热到一定温度后，开始发生分解并放出 CO_2 气体

$$CaCO_3 \Longrightarrow CaO + CO_2 \uparrow$$

$$MgCO_3 \Longrightarrow MgO + CO_2 \uparrow$$

在空气中，$CaCO_3$ 和 $MgCO_3$ 开始分解的温度分别为 545℃ 和 325℃，剧烈分解的温度分别为 910℃ 和 650℃。可见，在焊接条件下，它们能够完全分解。

焊接材料中常用的高价氧化物主要有 Fe_2O_3 和 MnO_2，它们在焊接过程中将发生逐级分解

$$6Fe_2O_3 \Longrightarrow 4Fe_3O_4 + O_2$$

$$2Fe_3O_4 \Longrightarrow 6FeO + O_2$$

$$4MnO_2 \Longrightarrow 2Mn_2O_3 + O_2$$

$$6Mn_2O_3 \Longrightarrow 4Mn_3O_4 + O_2$$

$$2Mn_3O_4 \Longrightarrow 6MnO + O_2$$

反应结果生成大量的氧气和低价氧化物 FeO 和 MnO。

（3）材料的蒸发　焊接过程中，除了焊接材料和母材表面的水分发生蒸发外，金属元素和熔渣的各种成分在电弧高温作用下也会发生蒸发，形成相当多的蒸气。

金属材料中 Zn、Mg、Pb、Mn 和氟化物中 AlF_3、KF、LiF、NaF 的沸点都比较低，它们在焊接过程中极易蒸发。铁合金的沸点虽然较高，但焊接时其浓度较大，所以气相中铁蒸气的量相当可观。焊接电流和电弧电压增加时，材料的蒸发也会加剧。

焊接时的蒸发现象不仅使气相成分和冶金反应复杂化，而且造成合金元素损失，甚至产生焊接缺陷，增加焊接烟尘，污染环境，影响焊工身体健康。

（一）气体的分解

进入焊接区内的气体在电弧高温作用下将进一步分解或电离，从而影响气体在金属中的溶解或其与金属的作用。

（1）简单气体的分解　简单气体是指 N_2、H_2、O_2、F_2 等双原子气体，它们受热而获得足够的能量后，将分解为单个原子或离子和电子（见表 8-1）。利用标准状态下分解反应的热效应 ΔH°_{298}，可以比较各种气体和同一气体按不同方式进行分解的难易程度。

表 8-1　气体分解反应

编号	反应式	$\Delta H^\circ_{298}/(kJ \cdot mol)$	编号	反应式	$\Delta H^\circ_{298}/(kJ \cdot mol)$
1	$F_2 = F + F$	−270	6	$CO_2 = CO + 1/2O_2$	−282.8
2	$H_2 = H + H$	−433.9	7	$H_2O = H_2 + 1/2O_2$	−483.2
3	$H_2 = H + H^+ + e$	−1745	8	$H_2O = OH + 1/2H_2$	−532.8
4	$O_2 = O + O$	−489.9	9	$H_2O = H_2 + O$	−977.3
5	$N_2 = N + N$	−711.4	10	$H_2O = 2H + O$	−1808.3

N_2、H_2、O_2 的分解度 α（已分解的分子数与原始分子数之比）随温度的变化如图 8-1 所示。由图可见，在焊接温度（5000K）下，H_2 和 O_2 的分解度很大，绝大部分以原子状态存在，而 N_2 的分解度很小，基本上以分子状态存在。

（2）复杂气体的分解　CO_2 和 H_2O 是焊接过程中最常见的复杂气体，它们在高温下将

分解出 O_2（图 8-2 和图 8-3），使气相的氧化性增加。水蒸气的分解产物除了 O_2 和 O^{2-}外，还有 H_2、H^+ 和 OH^- 等，这不仅增加了气相的氧化性，而且还会增加气相中的氢分压。

复杂气体分解的产物在高温下还可进一步分解和电离。

（二）气相的成分

焊接区内常常同时存在多种气体，这些气体之间也将发生复杂的反应。表 8-2 列出了焊条电弧焊时焊接区的气相组成。由表可见，用

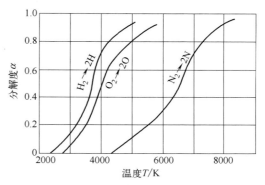

图 8-1　双原子气体分解度 α 与温度的
关系（$p_0 = 0.1\text{MPa}$）

低氢型焊条焊接时，气相中 H_2 和 H_2O 的含量很少，故称"低氢型"。酸性焊条焊接时氢含量均较高，其中纤维素型焊条的氢含量最高。

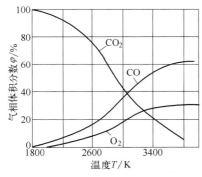

图 8-2　CO_2 分解时气相的平衡成分
与温度的关系

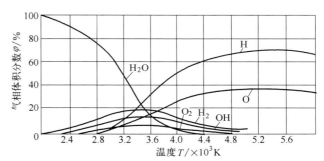

图 8-3　H_2O 分解形成的气相成分与温度的
关系（$p_0 = 0.1\text{MPa}$）

综上所述，焊接区内的气体是由 CO、CO_2、H_2O、O_2、H_2、N_2、金属和熔渣的蒸气以及它们分解或电离的产物所组成的混合物。其中，对焊接质量影响最大的是 N_2、H_2、O_2、CO_2 和 H_2O。

二、气体在金属中的溶解

在焊接和熔铸过程中，与液态属接触的气体可分为简单气体和复杂气体两大类。前者如 H_2、N_2、O_2 等，后者如 CO_2、H_2O、CO 等。本节主要讨论 H_2、N_2 和 O_2 在金属中的溶解规律。

表 8-2　碳钢焊条电弧焊焊接区室温时的气相成分

焊条药皮类型	气相成分（体积分数）/%				备注
	CO	CO_2	H_2	H_2O	
高钛型（J421）	46.7	5.3	35.5	13.5	
钛钙型（J422）	50.7	5.9	37.5	5.7	
钛铁矿型（J423）	48.1	4.8	36.6	10.5	焊条在 110℃
氧化铁型（J424）	55.6	7.3	24.0	13.1	烘干 2h
纤维素型（J425）	42.3	2.9	41.2	12.6	
低氢型（J427）	79.8	16.9	1.8	1.5	

（一）气体的溶解过程

气体在高温下可以分子、原子或离子状态存在。原子或离子状态的气体可直接溶入液态金属，而分子状态的气体必须分解为原子或离子，才能溶解到液态金属中。

双原子气体溶解于液态金属的动力学过程如图 8-4 所示，一般有两种方式。氮在高温下多呈分子状态，故其溶解过程以图（a）所示的方式为主，该过程可分为以下四个阶段：

1）气体分子向金属-气体界面运动。

2）气体被金属表面吸附。

3）气体分子在金属表面上分解为原子。

4）原子穿过金属表面层向金属内部扩散。

氢在高温时分解度较大，电弧温度下可完全分解为原子氢，故焊接时氢的溶解过程以图（b）所示的方式为主。

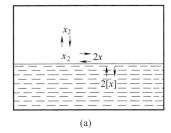
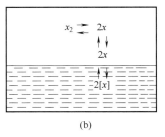

图 8-4 双原子气体 x_2 的溶解过程示意图

气体无论以何种方式向金属中溶解，都要先趋近金属表面并吸附于表面上，然后以原子状态溶入金属内部。气体趋近于金属表面的过程，可以是气体质点的机械运动，也可以是带电质点在电场作用下的定向运动。金属吸收不带电气体质点。（如分子、原子）的过程是纯化学过程，它遵从化学反应平衡法则；而金属吸收带电质点（如子）的过程则是电化学过程，它不服从化学反应平衡法则。

气体溶入液态金属时，扩散过程起着关键作用，它决定着气体的溶入速度。显然，金属表面与内部气体原子的浓度差越大，气体的压力或温度越高，扩散速度越快。

（二）气体的溶解度

在一定温度和压力条件下，气体溶入金属的饱和浓度，称为该条件下气体的溶解度。

气体在金属中的溶解度与压力、温度、合金成分等因素有关。对于一定成分的合金，影响气体溶解度的因素主要是温度和压力。

1. 温度和压力对溶解度的影响

由物理化学可知，双原子气体溶解度 S 与温度和压力的关系为

$$S = K_0 \sqrt{p} \exp\left(-\frac{\Delta H}{2RT}\right) \tag{8-1}$$

式中，K_0 为常数；p 为气体分压；ΔH 为气体溶解热；R 为气体常数；T 为热力学温度。

（1）压力的影响 当温度一定时，双原子气体的溶解度与其分压的平方根成正比，这一规律称为平方根定律，可表示为

$$S = K \sqrt{p} \tag{8-2}$$

式中，K 为气体溶解反应的平衡常数，取决于温度和金属的种类。

氮和氢在钢、铁中的溶解度，以及氢在 Al、Cu、Mg 等金属和合金中的溶解度均服从方根定律。由式（8-2）可见，降低气相中氮或氢的分压，可以减少金属中的氮含量或氢含量。

（2）温度的影响 当压力不变时，溶解度与温度的关系决定于溶解反应的类型（见图 8-5）。气体溶解过程为吸热反应时，ΔH 为正值，溶解度随温度的升高而增加；金属吸收气体为放热反应时，ΔH 为负值，溶解度随温度的上升而降低。氮和氢在不同金属或合金中的溶解反应类型如表 8-3 所示。

此外，金属发生相变时，由于金属组织结构的变化，气体的溶解度将发生突变。液相比固相更有利于气体的溶解。当金属由液相转变为固相时，溶解度的突然下降将对铸件和焊件中气孔的形成产生直接的影响。

表 8-3 氮和氢在金属或合金中的溶解反应类型及形成化合物倾向

气体	金属与合金	溶解反应类型	形成化合物倾向
氮	铁和铁基合金	吸热反应	能形成稳定氮化物
	Al、Ti、V、Zr 等金属及合金	放热反应	
氢	Fe、Ni、Al、Cu、Mg、Cr、Co 等金属及合金	吸热反应	不能形成稳定氢化物
	Ti、Zr、V、Nb、Ta、Th 等金属及合金	放热反应	能形成稳定氢化物

从氢在其他金属中的溶解度变化可以看出，第 II 类金属（吸氢过程是放热反应）不同于第 I 类金属（氢的溶解是吸热反应），随着温度的升高，氢在第 II 类金属的溶解度减小，即第 II 类金属在低温下吸氢量大，高温时吸氢量小。

氮在铝、铜及其合金中的溶解度一般都非常低。因此，在铝、铜合金精炼时，可借助于氮气去除金属液中的有害气体和杂质。氮与铜、镍不发生作用（既不溶解，也不形成氮化物），故焊接这类金属时，可用氮作保护气体。

氧通常以原子氧和 FeO 两种形式溶入液态铁中。氧在液态铁中的溶解度随温度的升高而增大。室温下 $\alpha-Fe$ 几乎不溶解氧。因此，铁基金属中的氧绝大部分以氧化物（FeO、MnO、SiO_2、Al_2O_3 等）和硅酸盐夹杂物的形式存在。

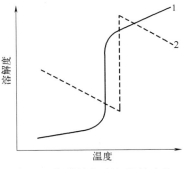

图 8-5 气体溶解度与热效应和温度的关系
1—吸热溶解；2—放热溶解

2. 合金成分对溶解度的影响

气体的溶解度除了受制于温度和压力外，还会受到合金成分的影响。合金元素含量对液态铁中氧的溶解度的影响见图 8-6。

合金元素对氢、氮、氧在铁液和铁基合金中溶解度的影响随碳含量的增高而降低，因此铸铁的吸气能力比钢低。当铁液中存在第二种合金元素时，随着合金元素含量的增加，氧的溶解度下降。

一般来说，液态金属中加入能提高气体含量的合金元素，可提高气体的溶解度；若加入的合金元素能与气体形成稳定的化合物（即氮、氢、氧化合物），则可降低气体的溶解度。

此外，合金元素还能改变金属表面膜的性质及金属蒸气压，从而影响气体的溶解度。例如，铁中加入微量的铝会加速水蒸气在铁液表面的分解，从而加速氢在铁液中的溶解；而含

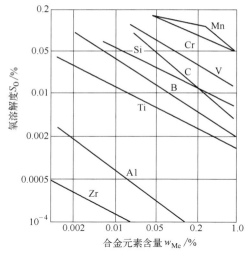

图 8-6　合金元素含量对液态铁
中氧的溶解度的影响（1600℃）

有易挥发的镁时，既能提高铁液的蒸气压，又能显著降低铁液的含气量。但铝合金含有镁时，由于镁破坏了合金表面氧化膜的致密性，致使铝合金增氢。

3. 其他因素的影响

（1）电流极性的影响　电流极性决定了电弧气氛中阳离子 N^+ 和 H^+ 的运动方向，从而影响气体的溶解量。直流正接时，熔滴处于阴极，阳离子将向熔滴表面运动，由于熔滴温度高，比表面积大，故熔滴中将溶解大量的氢或氮；直流反接时，阳离子仍向阴极运动，但此时阴极已是温度较低的熔池，故氢或氮的溶解量要少。

（2）焊接区气氛性质的影响　在还原性介质中，氮的质点主要为 N^+、N 和 N_2；而在氧化性气氛中，氮还可以 NO^- 的形式溶入液态金属。

此外，电弧气氛中存在少量氧时，能提高阴极电压，促使 N^+ 在阴极中的溶解。氧的存在还可减少液态金属对氢的吸附，有效降低氢在液态铁、低碳钢和低合金钢中的溶解度。

研究表明，在电弧焊条件下，氢和氮在熔化金属中的含量高于按平方根定律计算出来的溶解度。其主要原因在于：气体分子或原子受激后溶解速度加快；电弧气氛中的阳离子 N^+ 或 H^+ 可直接在阴极溶解；在氧化性电弧气氛中形成的 NO，遇到温度较低的液态金属时可分解为 N 和 O，而 N 能迅速溶入金属。

三、气体对金属的氧化

在焊接和熔炼过程中，液态金属可与多种氧化性气体发生作用而导致氧化。本节主要讨论 O_2、CO_2、H_2O 等气体对金属的氧化。

（一）金属氧化还原方向的判据

在一个由金属、金属氧化物和氧化性气体组成的系统中，判别金属是否被氧化可以采用金属氧化物的分解压 p_{O_2} 作为判据。若氧在金属-氧-氧化物系统中的实际分压为 $\{p_{O_2}\}$，则

$\{p_{O_2}\} > p_{O_2}$ 时，金属被氧化；

$\{p_{O_2}\} = p_{O_2}$ 时，处于平衡状态；

$\{p_{O_2}\} < p_{O_2}$ 时，金属被还原。

金属氧化物的分解压是温度的函数，它随温度的升高而增加，见图 8-7。可以看出，除了 Ni 和 Cu 外，在同样温度下，FeO 的分解压最大，即最不稳定。

（二）氧化性气体对金属的氧化

1. 自由氧对金属的氧化

除了铁以外，钢液中其他对氧亲和力比铁大的元素也会发生氧化，如

$$[C] + \frac{1}{2}O_2 \Longrightarrow CO \uparrow$$

$$[Si] + O_2 \Longrightarrow (SiO_2)$$

$$[Mn] + \frac{1}{2}O_2 = (MnO)$$

2. CO_2 对金属的氧化

纯 CO_2 高温分解得到的平衡气相成分和气相中氧的分压 $\{p_{O_2}\}$ 如表 8-4 所示。可以看出，温度高于铁的熔点时，$\{p_{O_2}\}$ 远大于 FeO 的分解压 $\{p_{O_2}\}$，当温度为 3000K 时，$\{p_{O_2}\} \approx 20.3\text{kPa}$，约等于空气中氧的分压；当温度高于 3000K 时，CO_2 的氧化性超过了空气。所以，高温下 CO_2 对液态铁和其他许多金属均为活泼的氧化剂。

CO_2 与液态铁的反应式和平衡常数为

$$CO_2 + [Fe] = CO + [FeO] \qquad (8\text{-}3)$$

$$\lg K = -\frac{11576}{T} + 6.855 \qquad (8\text{-}4)$$

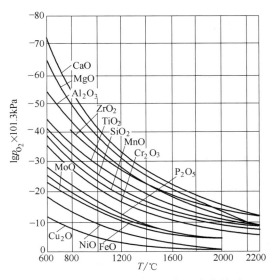

图 8-7　自由氧化物分解压与温度的关系

表 8-4　纯 CO_2 分解得到的平衡气相成分

温度/K		1800	2000	2200	2500	3000	3500	4000
气相成分 （体积分数） /%	CO_2	99.34	97.74	93.94	81.10	44.26	16.69	5.92
	CO	0.44	1.51	4.04	12.60	37.16	55.54	62.72
	O_2	0.22	0.76	2.02	6.30	18.58	27.77	31.36
气相中氧的分压 $\{p_{O_2}\}/\times101.325\text{kPa}$		2.2×10^{-3}	7.6×10^{-3}	2.02×10^{-2}	6.3×10^{-2}	18.58×10^{-2}	27.77×10^{-2}	31.36×10^{-2}
饱和时 FeO 分解压 $p_{O_2}/\times101.325\text{kPa}$		3.81×10^{-9}	1.08×10^{-7}	1.35×10^{-6}	5.3×10^{-5}	—	—	—

温度升高时，平衡常数 K 增大，反应向右进行，促使铁氧化。计算表明，即使气相中只有少量的 CO_2，对铁也有很大的氧化性。因此，用 CO_2 作保护气体只能防止空气中氮的侵入，不能避免金属的氧化。

（三）H_2O 对金属的氧化

H_2O 气与 Fe 的反应式和平衡常数为

$$H_2O(\text{气}) + [Fe] = [FeO] + H_2 \qquad (8\text{-}5)$$

$$\lg K = -\frac{10200}{T} + 5.5 \qquad (8\text{-}6)$$

可见，温度越高，H_2O 的氧化性越强。比较式（8-4）和式（8-6）可以看出，在液态存在的温度，H_2O 气的氧化性比 CO_2 小。但应注意，H_2O 气除了使金属氧化外，还会提高气相中 H_2 的分压，导致金属增氢。

（四）混合气体对金属的氧化

焊条电弧焊时，焊接区的气相是多种气体的混合物。理论计算表明，钛铁矿型焊条和低氢型焊条电弧气氛中，氧的分压 $\{p'_{O_2}\}$ 在温度高于 2500K 时大于 FeO 的分解压 p'_{O_2}，因此混合气体对铁是氧化性的。

气体保护焊时，为了改善电弧的电、热和工艺特性，常采用氧化性混合保护气体，在所有混合气体中，随着 O_2 和 CO_2 含量的增加，焊缝中的氧含量增加。

四、气体的影响与控制

（一）气体对金属质量的影响

气体在金属中无论以何种形式存在，都会对金属的性能产生一定的影响。氮、氢和氧是最常见的三种气体，它们对金属的有害作用归纳起来大致有以下几个方面。

（1）使材料脆化　钢材中氮、氢或氧的含量增加时，其塑性和韧性都将下降，尤其是低温韧性下降更为严重。

室温时氮在 α-Fe 中的溶解度仅为 0.001%（质量分数）。若钢在高温时溶入了较多的氮，则在快速冷却条件下，一部分氮以过饱和形式存在于固溶体中，另一部分氮则以针状 Fe_4N 的形式析出，分布于晶界和晶内，使金属的强度和硬度升高，塑性和韧性下降。过饱和氮在金属中处于不稳定状态，随着时间的延长也将逐渐析出，并形成稳定的针状 Fe_4N，导致金属时效脆化。炼钢时若加入过多的铝而生成大量的 AlN，则因 AlN 呈细微的多角形颗粒状分布在晶界，也会使材料脆化。

氢导致钢材脆化主要体现在两个方面：一是引起氢脆，二是形成白点。氢在室温附近使钢的塑性严重下降的现象称为氢脆，它是由溶解在金属晶中的原子氢发生扩散、聚集引起的。白点是氢含量较高的碳钢和低合金钢拉伸或弯曲断面上出现的银白色圆形脆断点，又称鱼眼，其直径一般为 $0.5\sim3\text{mm}$，白点的中心常有夹杂物或气孔。金属的氢含量越高，出现白点的可能性越大。一旦产生白点，金属的塑性就会大大下降。

氧在金属中多以化合物形态的氧化物夹杂存在，使金属的强度、塑性和韧性明显下降，氧含量的增加还会引起金属红脆、冷脆和时效硬化等。

（2）形成气孔　氮和氢均能使金属产生气孔。液态金属在高温时可以溶解大量的氮或氢，而在凝固时氮或氢的溶解度突然下降，这时过饱和的氮或氢以气泡的形式从液态金属中向外逸出。当液态金属的凝固速度大于气泡的逸出速度时，就会形成气孔。

溶解在液态金属中的氧能与碳发生反应，生成不溶于金属的 CO 气体。CO 气体在液态金属凝固时若来不及逸出，也会形成气孔。

金属中的气孔，尤其是形状不规则的气孔，不仅会增加缺口敏感性，使金属强度下降，而且能降低金属的疲劳强度和气密性。

（3）产生冷裂纹　冷裂纹是金属冷却到较低温度下产生的一种裂纹，其危害性很大。氢是促使产生冷裂纹的主要因素之一，这将在后面进行讨论。

（4）引起氧化和飞溅　氧可使钢中有益的合金素烧损，导致金属性能下降；焊接时若熔滴中含有较多的氧和碳，则反应生成的 CO 气体因受热膨胀会使熔滴爆炸，造成飞溅，影响焊接过程的稳定性。

应当指出，焊接材料具有氧化性并不都是有害的，有时故意在焊接材料中加入一定量的氧化剂，以减少焊缝的氢含量，改善电弧的特性，获得必要的熔渣物化性能。

（二）气体的控制措施

鉴于氮、氢和氧的有害作用，必须采取有效措施，减少这些气体在金属中的含量。

（1）限制气体的来源　氮主要来源于空气，它一旦进入液态金属，去除就比较困难。因此，控制氮的首要措施是加强对金属的保护，防止空气与金属接触。如金属冶炼时，根据不同的冶炼期配制不同组成和足够数量的熔渣，以加强对液态金属的保护；液态金属出炉后，在浇包的液面上用覆盖剂覆盖，以免液态金属与空气接触；在真空中熔炼和浇注等。焊接工艺中，在焊条药皮中加入造气剂（如碳酸盐、有机物等），形成气-渣联合保护，气体保护焊时，采用惰性气体（如氩、氦等）保护，焊接合金钢、化学活性金属及其合金等。

氢主要来源于水分，包括原材料（炉料、造渣材料、母材、焊接材料等）本身含有的水分，材料表面吸附的水分以及铁锈或氧化膜中的结晶水、化合水等。因此，必须采取措施限制水分的来源。此外，材料内的碳氢化合物和材料表面的油污等也是氢的重要来源。原材料使用前均应进行烘干、去油、除锈等处理；炉膛、出钢槽、浇包等均应充分干燥；炼钢工具在使用前也要加热去除水分；低氢型焊条烘干后应立即使用或放在低温（100℃）烘箱内，以免吸潮。

在焊接要求比较高的合金钢和活泼金属时，应尽量选用不含氧或氧含量少的焊接材料，如采用高纯度的惰性保护气体，采用低氧或无氧的焊条、焊剂等，以降低金属中的氧含量。

（2）控制工艺参数　金属中氮、氢、氧的含量与工艺参数密切相关。增大电弧电压时，保护效果变差，液态金属与空气的接触机会增多，使焊缝中氮、氧的含量增加。因此，应尽量采用短弧焊。焊接电流增加时，熔滴过渡频率增加，气体与熔滴作用时间缩短，焊缝中氮、氧含量减少。此外，焊接方法、熔滴过渡特性、电流种类等也有一定的影响。

控制液态金属的保温时间、浇注方式、冷却速度，或调整焊接参数，控制熔池存在时间和冷却速度等，可在一定程度上减少金属中氮、氢、氧的含量。

（3）冶金处理　采用冶金方法对液态金属进行脱氮、脱氧、脱氢等除气处理，是降低金属中气体含量的有效方法。下面着重讨论氮和氢的冶金控制措施。

液态金属中加入 Ti、Al 和稀土等对氮有较大亲和力的元素，可形成不溶于液态金属的稳定氮化物而进入熔渣，从而减少金属的氮含量，降低其形成气孔和时效脆化倾向。但在炼钢时，要严格控制加铝量。

在金属冶炼过程中，常常通过加入固态或气态除气剂进行除氢。如将氯气通入铝液后，可产生下列反应

$$2Al+3Cl_2 \longrightarrow 2AlCl_3 \uparrow +Q$$

$$H_2+Cl_2 \longrightarrow 2HCl \uparrow +Q$$

铝液中的氢既能与氯化合成氯化氢气体而逸出铝液表面，又可通过扩散作用进入氯化铝气泡内，促使 $AlCl_3$ 气体逸出。由于逸出的 $AlCl_3$ 气体能降低气相中氢的分压，因此去氢的效果较好。在生产中，也可采用通入混合气体（如氮-氯或氯-氮-一氧化碳）的方法除气，以减少氯对熔炼设备的腐蚀作用。

焊接工艺中常通过调整焊接材料的成分，使氢在高温下生成比较稳定的不溶于液态金属的氢化物（如 HF、OH），以降低焊缝中的氢含量。具体措施如下。

1）在焊条药皮和焊剂中加入氟化物。最常用的氟化物是 CaF_2，焊条药皮中加入 7%～8%（质量分数）即可急剧减少焊缝的氢含量。氟化物的去氢机理主要有以下两种。

① 在酸性渣中，CaF_2 和 SiO_2 共存时能发生如下化学反应

$$2CaF_2+3SiO_2 \Longrightarrow 2CaSiO_3+SiF_4$$

生成的气体 SiF_4 沸点很低（90℃），它以气态形式存在，并与气相中的原子氢和水蒸气发生

反应

$$SiF_4 + 3H \longrightarrow SiF + 3HF$$

$$SiF_4 + 2H_2O \longrightarrow SiO_2 + 4HF$$

反应生成的 HF 在高温下比较稳定，故能降低焊缝的氢含量。

② 在碱性焊条药皮中，CaF_2 首先与药皮中的水玻璃发生反应

$$Na_2O \cdot nSiO_2 + mH_2O \longrightarrow 2NaOH + nSiO_2 \cdot (m-1)H_2O$$

$$2NaOH + CaF_2 \longrightarrow 2NaF + Ca(OH)_2$$

$$K_2O \cdot nSiO_2 + mH_2O \longrightarrow 2KOH + nSiO_2 \cdot (m-1)H_2O$$

$$2KOH + CaF_2 \longrightarrow 2KF + Ca(OH)_2$$

与此同时，CaF_2 与氢和水蒸气发生如下反应

$$CaF_2 + H_2O \longrightarrow CaO + 2HF$$

$$CaF_2 + 2H \longrightarrow Ca + 2HF$$

上述反应生成的 NaF 和 KF 与 HF 发生反应

$$NaF + HF \longrightarrow NaHF_2$$

$$KF + HF \longrightarrow KHF_2$$

生成的氟化氢钠和氟化氢钾进入焊接烟尘，从而达到去氢的目的。

2）控制焊接材料的氧化。气相中的氧可以夺取氢，生成较稳定的 OH，从而减小气相中的氢分压，降低熔池中氢的含量。因此，适当提高气相的氧化性，有利于降低焊缝的氢含量。焊条药皮中加入碳酸盐或 Fe_2O_3，采用 CO_2 作保护气体，均可获得含量较低的焊缝。因为碳酸盐受热后分解出 CO_2，Fe_2O_3 则分解出 O_2，能促使下列反应向右进行

$$O + H \longrightarrow OH$$

$$O_2 + H_2 \longrightarrow 2OH$$

$$2CO_2 + H_2 \longrightarrow 2CO + 2OH$$

然而，在药皮中加入脱氧剂如钛铁，会增加扩散氢的含量。因此，要得到氧和氢含量都低的焊缝金属，在增加脱氧剂的同时，必须采取其他有效的去氢措施。

3）在药皮或焊芯中加入微量稀土元素。焊条药皮中加入微量的钇，可显著降低焊缝中扩散氢的含量，同时能提高焊缝的韧性。

此外碲和硒也有很强的去氢作用。

4）脱氢处理。焊后把焊件加热到一定温度，促使氢扩散外逸的工艺称为脱氢处理。将焊件加热到 350℃，保温 1h，可使绝大部分的扩散氢去除。在生产上，对于易产生冷裂的焊件常要求进行焊后脱氢处理。但对于奥氏体钢焊接接头，脱氢处理效果不大。

第二节　液态金属与熔渣的相互作用

焊接过程中或合金熔炼过程中，与液态金属接触并发生化学冶金反应的除了气体介质之外，还有高温下熔融的液态熔渣。了解熔渣的特性对于控制焊接、铸造过程中的化学冶金反应十分重要。

一、熔渣的作用与分类

（一）熔渣的作用

熔渣对于焊接、合金熔炼过程起着积极作用，主要有：

（1）机械保护作用　熔渣的密度一般轻于液态金属，高温下浮在液态金属的表面，使之与空气隔离，可避免液态金属中合金元素的氧化烧损，防止气相中的氢、氮、氧、硫等直接溶入，并减少液态金属的热损失。熔渣凝固后形成的渣壳覆盖在焊缝上，可以继续保护处在高温下的焊缝金属免受空气的有害作用。

（2）冶金处理作用　熔渣与液态金属之间能够发生一系列物化反应，从而对金属的成分与性能产生较大影响。适当的熔渣成分可以去除金属中的有害杂质，如脱氧、脱硫、脱磷和去氢。熔渣还可以起到吸附或溶解液态金属中非金属夹杂物的作用。焊接过程中可通过熔渣向焊缝中过渡合金。

（3）改善成形工艺性能作用　适当的熔渣（或焊条药皮）构成，对于熔焊电弧的引燃、稳定燃烧、减少飞溅、改善脱渣性能及焊缝外观成形等焊接工艺性能的影响至关重要；电弧炉熔炼时，熔渣起到稳定电弧燃烧作用；电渣熔炼中的熔渣作为电阻发热体重熔并精炼金属。

熔渣也有不利的作用，如强氧化性熔渣可以使液态金属增氧，侵蚀炉衬；密度或熔点与金属接近的熔渣易残留在金属中形成夹渣。因此对于不同的成形工艺过程，应合理地选择熔渣的组成，以控制成形件的质量与生产效益。

（二）熔渣的成分与分类

熔渣由多种化合物构成，其性能主要取决于熔渣的成分与结构。焊接熔渣按其成分可分为三类：

第一类为盐型熔渣。它主要由金属氟酸盐、氯酸盐和不含氧的化合物组成。如 CaF_2-NaF、CaF_2-$BaCl_2$-NaF、KCl-NaCl-Na_3AlF_6、BaF_2-MgF_2-CaF_2-LiF 等。盐型熔渣的氧化性很小，主要用于铝、钛等化学活性金属的焊接。

第二类为盐-氧化物型熔渣。这类熔渣主要由氟化物和金属氧化物组成。比较常见的有 CaF_2-CaO-Al_2O_3、CaF_2-CaO-SiO_2、CaF_2-MgO-Al_2O_3-SiO_2 等。这类熔渣的氧化性较小，主要用于重要的低合金高强钢、合金钢及合金的焊接。

第三类为氧化物型熔渣。这类熔渣含有较多的弱碱金属氧化物，是应用最为普遍的一类渣系，如 MnO-SiO_2、FeO-MnO-SiO_2、CaO-TiO_2-SiO_2 等。这类熔渣一般具有较强的氧化性，用于低碳钢、低合金高强钢的焊接。

铸造冶金过程中熔渣的组成与分类较复杂。钢铁熔炼熔渣的主要成分有 SiO_2、CaO、Al_2O_3、FeO、MgO、MnO 等氧化物和少量 CaF_2；有色金属熔炼中熔渣主要来源于熔剂。由于各类有色金属的物理、化学性能大相径庭，因此熔炼中用于除气、脱氧或去夹杂的熔剂品种繁多。如铝合金精炼时采用以 NaCl、KCl 为主的多种氯化盐合成低熔点的熔剂，覆盖在铝液表面；铜合金精炼时常用的覆盖熔剂有木炭、玻璃（$Na_2O \cdot CaO \cdot 6SiO_2$）、苏打（$Na_2CO_3$）、石灰（CaO）和硼砂（$Na_2B_4O_7$）等。熔渣类型除了与熔炼材料品种有关外，还与具体熔炼方法或工艺过程有关，不同熔炼方法需要不同的熔渣组成，甚至熔炼过程的不同阶段根据冶金反应的要求或其他工艺要求需要改变（或更换）熔渣的组成。

二、熔渣的来源与构成

（一）焊条电弧焊时的熔渣与药皮

焊条电弧焊时的熔渣来源于焊条药皮中的造渣剂，它们是药皮中最基本的组成物，通常包括钛铁矿（$TiO_2 \cdot FeO$）、金红石（TiO_2）、大理石（$CaCO_3$）、硅砂（SiO_2）、长石、白泥和云母（$SiO_2 \cdot Al_2O_3$）等。焊接过程中造渣剂熔化，形成独立熔渣相，覆盖在熔滴与熔池表面。

低氢型焊条又称碱性焊条，其药皮的主要特点是不含具有造气功能的有机物而含大量碳酸盐和一定数量的 CaF_2。碳酸盐在加热分解过程中形成熔渣（CaO 或 MgO）并放出 CO_2 保护气体。CaF_2 除了造渣作用之外，还能减少液态金属中的氢含量。非低氢型焊条又称为酸性焊条，酸性焊条药皮不论是以硅酸盐为主还是以钛酸盐为主，一般不含 CaF_2，含少量碳酸盐和有机物。

（二）埋弧焊、电渣焊过程中的熔渣与焊剂

埋弧焊、电渣焊过程中，堆积在焊件坡口上方的焊剂受电弧热或自身电阻热加热熔化，形成熔渣，覆盖在焊接电弧和熔池上方，对熔化金属起保护和冶金处理作用。在埋弧焊及电渣焊焊接时，焊剂是与焊丝（或焊带）配套使用。焊丝的作用相当于焊条中的焊芯，焊剂的作用相当于焊条中的药皮。焊剂与焊丝的合理匹配是决定焊缝金属化学成分和力学性能的重要因素。

焊剂按制造方法分类可以分为熔炼焊剂与非熔炼焊剂两大类。熔炼焊剂是将一定比例的各种配料放在炉内熔炼，然后经过水冷粒化、烘干、筛选而制成的。非熔炼焊剂的组成与焊条药皮相似，按烘焙温度不同又分为粘结焊剂与烧结焊剂。

熔炼焊剂是由一些氧化物和氟化物组成的，它和焊条电弧焊的熔渣成分类似。熔炼焊剂的制造工艺过程简单，一直是使用最为普遍的一类焊剂。但由于在焊剂制造过程中要消耗大量的电能，因此在一些国家中已经受到限制。

烧结焊剂的碱度可调整范围广，易于添加各种合金元素，有利于改善焊接工艺性能和提高焊缝力学性能，因此具有推广应用的良好前景。粘结焊剂易于实现焊缝金属的合金化，主要用于堆焊和高强钢、不锈钢的焊接。

（三）熔炼过程中的熔渣

炼钢中的熔渣组成物来源于以下几个方面：

1）生铁或废钢原材料中所含的各种合金元素，熔炼过程中由于氧化而形成的氧化物。

2）作为氧化剂或冷却剂使用的矿石和烧结矿等。

3）原材料带入的泥沙或铁锈。

4）加入的造渣材料，如石灰、石灰石、氟石、铁矾土、黏土砖块等。

5）浸蚀下来的炉衬耐火材料。

6）脱氧、脱硫产物。

除冶炼过程中形成的熔渣外，还有用于炉外处理钢液的由人工配制的合成渣，例如炉外脱硫及脱磷精炼过程中的熔渣，用于熔体浇注时的保护浇注渣等。

三、熔渣的碱度

碱度是熔渣的重要化学性质之一。熔渣的其他物化性质，例如氧化能力、黏度等都和熔渣的碱度密切相关。碱度对液态金属的脱硫、脱磷效果也有重要影响。

（一）熔渣碱度的分子理论

按照分子理论，熔渣的碱度就是熔渣中的碱性氧化物与酸性氧化物浓度的比值。表示为

$$B = \frac{\sum 碱性氧化物的摩尔分数}{\sum 酸性氧化物的摩尔分数} \tag{8-7}$$

从原子结构的观点来看，氧化物的酸性和碱性的基本区别在于电子层的结构。当两种氧化物互相结合时，如果某氧化物提供电子，则这种氧化物叫作碱性氧化物，而享用电子的氧化物叫作酸性氧化物。当用式（8-7）进行计算时，$B > 1$ 为碱性渣，$B < 1$ 为酸性渣，$B = 1$ 为中性渣。但实际上这样的计算结果并不准确。这是因为用该式计算时既没有考虑到各氧化物酸、碱性强弱程度的差别，也没有考虑碱性氧化物和酸性氧化物形成中性复合物的情况。按照氧化物的酸性（或碱性）由强至弱的顺序排列有：酸性氧化物 SiO_2、TiO_2、P_2O_5 等；碱性氧化物 K_2O、Na_2O、CaO、MgO、BaO、MnO、FeO 等。

因此产生对式（8-7）的修正公式

$$B_1 = \frac{0.018CaO + 0.015MgO + 0.006CaF_2 + 0.014(K_2O + Na_2O) + 0.007(MnO + FeO)}{0.017SiO_2 + 0.05(Al_2O_3 + TiO_2 + ZrO_2)} \tag{8-8}$$

式中，各化合物的浓度以质量分数计。$B_1 > 1$ 为碱性渣，$B_1 < 1$ 为酸性渣，$B_1 = 1$ 为中性渣。

（二）熔渣碱度的离子理论

离子理论把液态熔渣中自由氧离子的浓度（或氧离子的活度）定义为碱度。渣中自由氧离子的浓度越大，其碱度越大。其表达式为

$$B_2 = \sum_{i=1}^{n} a_i M_i \tag{8-9}$$

式中，M_i 为渣中第 i 种氧化物的摩尔分数；a_i 为渣中第 i 种氧化物的碱度系数。

表 8-5 给出了 a_i 的取值。

表 8-5　渣中氧化物的 a_i 值

氧化物	K_2O	Na_2O	CaO	MnO	MgO	FeO	SiO_2	TiO_2	ZrO_2	Al_2O_3	Fe_2O_3
a_i 值	9.0	8.5	6.05	4.8	4.0	3.4	−6.31	−4.97	−0.2	−0.2	0

$B_2 > 0$ 为碱性渣，$B_2 < 0$ 为酸性渣，$B_2 = 0$ 为中性渣。

碱性氧化物的 a_i 为正值，这是因为碱性氧化物在液态渣中产生 O^{2-}。

$$CaO = Ca^{2+} + O^{2-} \tag{8-10}$$

而酸性氧化物消耗渣中的 O^{2-}。例如

$$SiO_2 + 2O^{2-} = SiO_4^{4-} \tag{8-11}$$

因此，碱性渣中 O^{2-} 多，碱度高；酸性渣中 O^{2-} 少，碱度低。

四、渣相的物理性质

（一）熔渣的凝固温度与密度

熔渣是一个多元体系，它的液固转变是在一个温度区间进行的，其凝固温度的高低决定于熔渣的组分。一般构成熔渣的各组元独立相的熔点较高，而以一定比例构成复合渣时可使

凝固温度大大降低。金属熔炼或熔焊中，若熔渣的熔点过高，将不能均匀覆盖在液态金属表面，保护效果变差。

焊接过程中，要求熔渣的凝固温度（或焊条的熔点）与焊丝和母材的熔点相匹配，这对于焊接过程影响很大。若熔渣的凝固温度过高，就会影响焊缝外观成形，甚至产生气孔和夹杂。凝固温度过低时，熔渣不能在焊缝凝固后及时凝固，也会影响对焊缝的保护及外观成形。对于药皮焊条电弧焊，一般药皮熔点要略低于焊芯金属熔点（低 $100\sim200℃$）。由于药皮是机械混合物，熔化后才能形成熔渣，所以熔渣的凝固温度必然要比药皮的熔点更低一些。

密度也是熔渣的基本性质之一，它影响熔渣与液态金属间的相对位置与相对运动速度。密度与金属接近的熔渣易滞留于金属内部形成夹杂。几种常见化合物的熔点和密度见表 8-6。选用焊材时，首先要保证所形成的熔渣具有合适的凝固温度范围和较低的密度。

表 8-6　几种常见化合物的熔点和密度

化合物	FeO	MnO	SiO_2	TiO_2	Al_2O_3	$(FeO)_2SiO_2$	$MnO \cdot SiO_2$	$(MnO)_2SiO_2$
熔点/℃	1369	1580	1723	1825	2050	1205	1270	1326
密度/ $\times10^3 kg \cdot m^{-3}$	5.80	5.11	2.26	4.07	3.95	4.30	3.60	4.10

（二）熔渣的黏度

熔渣的黏度是一个较为重要的性能。如果熔渣不具备足够的流动性，则不能正常工作。由于金属与渣之间的冶金反应，从动力学考虑，在很大程度上取决于它们之间的相对传输速度。因此，熔渣的黏度越小，流动性越好，则扩散越容易，对冶金反应的进行就越有利。从焊接工艺的要求出发，焊接熔渣的黏度不能过小，否则容易流失，影响对熔池（或焊缝）在全位置焊接时的成形和保护效果。

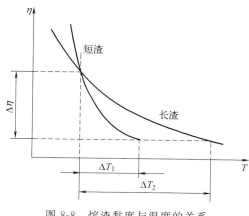

图 8-8　熔渣黏度与温度的关系

药皮焊条电弧焊时，根据熔渣黏度随温度变化的速率，可将熔渣分为"长渣"和"短渣"两类。随温度增高黏度急剧下降的渣称为短渣，而随温度增高黏度下降缓慢的渣称为长渣，如图 8-8 所示。短渣在焊缝凝固后迅速凝固，可保证全位置焊的焊缝外观成形；长渣只能用于平焊位置焊接。

熔渣的黏度与它的成分和结构有关。含 SiO_2 多的渣结构复杂，Si-O 阴离子聚合程度大，离子尺寸大，黏度大。在温度升高时复杂的 Si-O 离子逐渐破坏，形成较小的 Si-O 阴离子，黏度缓慢下降，因此含 SiO_2 多的酸性渣为长渣。碱性渣中离子尺寸小，黏度低，且随温度升高离子浓度增大，黏度迅速下降，因此碱性渣为短渣。

在酸性渣中减少 SiO_2，增加 TiO_2，使复杂的 Si-O 阴离子减少，可降低黏度，使渣成为短渣。例如，SiO_2 含量较多的纤维素型、氧化铁型焊条的熔渣属于长渣，只能用于平焊位置的施焊，而 TiO_2 含量较多的钛型、钛钙型焊条的熔渣属于短渣，可用于全位置焊接。另外，在酸性渣中加入能产生 O^{2-} 的碱性氧化物（CaO、MgO、MnO、FeO 等）能破坏 $Si-O$ 离子键，使 $Si-O$ 离子的聚合程度降低，黏度降低，使渣向短渣转化。

碱性渣中高熔点 CaO 多时，可出现未熔化的固体颗粒而使黏度升高。渣中加入 CaF_2 可起到很好的稀释作用。在碱性渣中，CaF_2 能促使 CaO 熔化，降低黏度；在酸性渣中，CaF_2 中的 F^- 能更有效地破坏 $Si-O$ 键，减小聚合离子尺寸，降低黏度。因此，在焊接熔渣和炼钢熔渣中常用 CaF_2 作为稀释剂。

（三）熔渣的表面张力及界面张力

熔渣的表面张力及熔渣与液态金属间的界面张力对于冶金过程动力学及液态金属中熔渣等杂质相的排出有重要影响。它还影响到熔渣对液态金属的覆盖性能，并由此影响隔离保护效果及焊缝外观成形。

熔渣的表面张力 σ_{s-g} 除了与温度有关外，主要取决于熔渣组元质点间化学键的键能。具有离子键的物质其键能较大，表面张力也较大（如 MgO、CaO、Al_2O_3、MnO、FeO 等）；具有极性键的物质其键能较小，表面张力也较小（如 SiO_2、TiO_2 等）；具有共价键的物质其键能最小，表面张力也最小（如 B_2O_3、P_2O_5 等）。因此，碱度高的渣表面张力大。在碱性渣中加入酸性氧化物 TiO_2、SiO_2、B_2O_2 等能降低碱性渣的表面张力。另外，CaF_2 对降低熔渣表面张力也有显著作用。

影响熔炼与熔焊质量的另一个参数是熔渣与液态金属间的界面张力。界面张力小时，熔渣对金属的覆盖保护效果较好；反之，则有利于熔渣从液态金属中分离。熔渣与液态金属间界面张力的影响因素较多，测定技术也较复杂。一般认为，酸性渣与液态金属间的界面张力较小，对液态金属的润湿性较好，熔渣在钢液表面易铺展，对钢液的保护效果较好。焊条电弧焊时，覆盖在熔滴表面的熔渣与熔滴间的界面张力过大时，易造成熔滴粗化，飞溅增多。酸性焊条施焊时，熔滴过渡的颗粒较小，鱼鳞纹细密，焊缝圆滑向母材过渡，无咬边，外观成形好。

综上所述，熔渣的凝固温度、黏度和表面张力对焊接、熔炼过程中的化学冶金反应及熔焊工艺性能影响很大，尤其是在全位置焊接时，具有适当表面张力与凝固温度的短渣，对于阻止液态熔池与熔渣在重力作用下的下流，保证焊缝的外观成形是至关重要的。

五、活性熔渣对金属的氧化

（一）熔渣的氧化性

高温下覆盖在液态金属表面的熔渣，既有对液态金属的保护作用和促进化学冶金反应过程顺利进行的作用，也有因熔渣自身成分与性能特点而对液态金属污染的副作用，其中包括氧化性较强的熔渣对液态金属的氧化。熔渣的氧化或还原能力是指熔渣向液态金属中传入氧或从液态金属中导出氧的能力。氧化性较强的熔渣又称为活性熔渣。

熔渣的氧化性通常用渣中含有最不稳定的氧化物 FeO 的高低及该氧化物在熔渣中的活度来衡量。由于熔渣并非理想溶液，渣中氧化铁的含量并不是参加氧化反应时的有效浓度，氧化反应能否顺利进行与 FeO 在熔渣中的活度 α_{FeO} 有关。实际熔渣中除了 FeO 外，还常有一部分铁的高价氧化物 Fe_2O_3，计算 FeO 的活度时，应将熔渣中的 Fe_2O_3 按下式

$$Fe_2O_3 + Fe = 3FeO$$

或

$$Fe_2O_3 = 2FeO + \frac{1}{2}O_2$$

折合成 FeO 的含量，前者称为全氧折合法，后者称为全铁折合法。

熔渣对液态金属的氧化形式可分为扩散氧化与置换氧化两种。

（二）扩散氧化

熔渣中的 FeO 既溶于渣又溶于液态钢，在一定温度下，它在两相中的平衡浓度符合分配定律

$$L = \frac{(FeO)}{[FeO]} \tag{8-12}$$

由此可以看出当温度不变时，增加液态熔渣中的 FeO 的含量将会使液态金属增氧。FeO 的分配常数 L 与温度和熔渣的性质有关。在 SiO_2 饱和的酸性渣中，有

$$\lg L = \frac{4906}{T} - 1.877 \tag{8-13}$$

在 CaO 饱和的碱性渣中，有

$$\lg L = \frac{5014}{T} - 1.980 \tag{8-14}$$

由两式可以看出，温度升高，L 值减小，即在高温时，FeO 更容易向金属中分配。因此，焊接时渣中的 FeO 主要是在熔滴阶段和熔池前部高温区向液态金属中过渡的。在熔池尾部，随着温度的下降，液态金属中过饱和的氧化铁会向熔渣中扩散，这一过程称之为扩散脱氧。

（三）置换氧化

如果熔渣中含有比较多的易分解的氧化物，便可以与液态铁发生置换反应，使金属氧化，同时发生原氧化物中金属元素的还原。

反应的结果使液态金属中增硅和增锰，同时使铁氧化。生成的 FeO 大部分进入熔渣，小部分溶于液态金属，使之增氧。置换氧化反应与熔渣中 MnO、SiO_2、FeO 的浓度和液态金属中 Si、Mn 的原始含量有关。一般酸性渣对金属的置换氧化性高于碱性渣。

第三节 控制焊接应力的措施

1. 合理设计结构

焊接结构中，应避免焊缝交叉和密集，尽量采用对接而避免搭接；在保证结构强度的前提下，尽量减少不必要的焊缝；采用刚度小的结构代替刚度大的结构等。在铸造结构中，铸件的壁厚差要尽量小；厚薄连接处要圆滑过渡，铸件厚壁部分的砂层要减薄，或放置冷铁；合理设置浇冒口，尽量使铸件各部分温度均匀。

2. 合理选择工艺

适当提高预热温度、控制冷却时间，以降低工件中各部分的温差。焊接时，应根据焊接结构的具体情况，尽量采用较小的热输入（如采用小直径焊条和较低的焊接电流），以减小焊件的受热范围；采用合理的装焊顺序，尽可能使焊缝能自由收缩，收缩量大的焊缝应先

焊。铸造时，采用较细的面砂和涂料，减小铸件表面的摩擦力；控制铸型和型芯的紧实度，加木屑、焦炭等，以提高铸型和型芯的退让性。

3. 降低残余应力

减小或消除残余应力的方法有多种，如热处理法、自然时效法、振动法、加载法和锤击法等。

（1）热处理法　这是消除残余应力最常用的方法。一般是将工件加热到塑性状态的温度，并在此温度下保温一段时间，利用蠕变产生新的塑性变形，使应力消除。再缓慢冷却，使工件各部分的温度均匀一致，避免出现新的应力。

消除焊接残余应力的热处理包括整体去应力退火和局部去应力退火。加热温度一般在 A_{c1} 温度以下（约 650℃），保温时间可根据每毫米板厚保温 1~2min 计算，但总时间不少于 30min，最长不超过 3h。

（2）自然时效法　将具有残余应力的铸件放置在露天场地，经数月乃至半年以上时间，使应力慢慢自然消失。该法虽然费用低，但时间太长，效率低，故生产上很少采用。

（3）加载法　对于某些压力容器、桥梁、船体结构，可以采取加载的办法来消除焊接应力。其原理是利用加载所产生的拉伸应力与焊接应力叠加，使拉应力区（焊缝及近缝区）的应力值达到屈服强度，迫使材料发生塑性变形。卸载后构件内的应力得以完全或部分消除。

（4）振动法　将铸件或焊件在共振条件下振动一定时间，以达到消除残余应力的目的。该法所用设备简单，处理成本低，花费时间短，没有热处理给金属表面造成的氧化问题，不受工件尺寸限制，也不会因处理规范不当而产生新的应力。

（5）锤击法　焊后采用锤子或风枪等锤击焊缝及近缝区，使之得到延展，以补偿或抵消焊接时所产生的压缩塑性变形，降低焊接残余应力。锤击要保持均匀、适度，避免锤击过度产生裂纹。锤击铸铁焊缝时要避开石墨膨胀温度。

第四节　热　裂　纹

一、热裂纹的分类及特征

在应力与致脆因素的共同作用下，使材料的原子结合遭到破坏，在形成新界面时产生的缝隙称为裂纹。金属在加工和使用过程中，可能会出现各种各样的裂纹，如热裂纹、冷裂纹、再热裂纹、层状撕裂和应力腐蚀裂纹等。裂纹的存在不仅给生产带来许多困难，而且会引发灾难性的事故。

热裂纹是金属冷却到固相线附近的高温区时所产生的开裂现象，微观上具有沿晶开裂特征。热裂纹可分为两大类，即与液膜有关的热裂纹和与液膜无关的热裂纹。前者包括凝固裂纹和液化裂纹，后者主要是高温失延裂纹。

（1）凝固裂纹　金属凝固结晶的末期，在固相线附近，因晶间残存液膜所造成的晶间开裂现象，称为凝固裂纹或结晶裂纹。这种裂纹是最常见的热裂纹形式，其断口具有沿晶间液膜分离的特征，裂纹表面无金属光泽。

（2）液化裂纹　焊接时近缝区或焊缝层间金属由于过热，晶间可能出现液化现象，因而也会出现由于晶间液膜分离而导致的开裂现象，这种热裂纹称为液化裂纹。在其断口上可看到局部有树枝状突起。

（3）高温失延裂纹　焊接时金属冷却到固相线以下所产生的晶间断裂现象，称为高温失延裂纹。这类裂纹与液膜无关，断口粗糙不光滑，显示出柱状晶明显的方向性。

宏观可见的热裂纹，其断口均有较明显的氧化色彩，可作为初步判断其是否为热裂纹的判据。位于金属内部的热裂纹因与外界隔绝，其氧化程度不如表面裂纹明显。

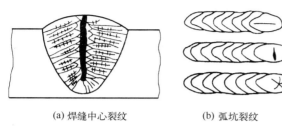

(a) 焊缝中心裂纹　　　　(b) 弧坑裂纹

图 8-9　凝固裂纹的分布形态

焊接热裂纹既可出现在焊缝上，也可出现在近缝区。凝固裂纹一般只存在于焊缝中（图 8-9），尤其容易在焊缝中心和弧坑处形成，后者称为弧坑裂纹。近缝区裂纹一般都是微裂纹，在外观上常常很难发现。

铸件的外裂纹常产生于局部凝固缓慢、容易产生应力集中的部位；而内裂纹一般发生在铸件最后凝固的部位，有时出现在缩孔下方。

二、热裂纹的形成机理

（一）凝固裂纹的形成机理

金属在凝固过程中，总要经历液-固状态和固-液状态两个阶段，如图 8-10 所示。在温度较高的液-固阶段，晶体数量较少，相邻晶体间不发生接触，液态金属可在晶体间自由流动，此时金属的变形主要由液体承担，已凝固的晶体只作少量的相互位移，其形状基本不变。随着温度的降低，晶体不断增多且不断长大。进入固-液阶段后，多数液态金属已凝固成晶体，此时塑性变形的基本特点是晶体间的相互移动，晶体本身也会发生一些变形。当晶体交替长合构成枝晶骨架时，残留的少量液体尤其是低熔点共晶便以薄膜形式存在于晶体之间，且难以自由流动。由于液态薄膜抗变形阻力小，形变将集中于液膜所在的晶间，使之成为薄弱环节。此时若存在足够大的拉伸应力，则在晶体发生塑性变形之前，液膜所在晶界就会优先开裂，最终形成凝固裂纹。

可见，固-液阶段是发生凝固裂纹的敏感阶段，该阶段所对应的温度区间称为脆性温度区（图 8-10 中 a、b 之间的部分）。此区内金属的塑性极低，很容易产生裂纹。但是否能够产生，还要看脆性温度区内应变的发展情况。

图 8-11 可用来说明凝固裂纹产生的具体条件。图中 δ 表示在脆性温度区 T_B 内金属的塑性，它随温度的变化而变化，在某一瞬时出现最小值 δ_{min}；ε 表示在拉应力作用下金属的应变，它也是温度的函数，故可用应变增长率 $\partial\varepsilon/\partial T$ 表示。当 $\partial\varepsilon/\partial T$ 较低，ε 随温度按

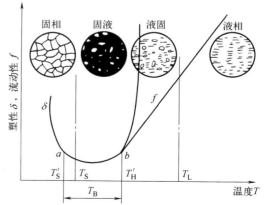

图 8-10　金属结晶的阶段及脆性温度区

T_L—液相线；T_S—固相线；T_B—脆性温度区

曲线 1 变化时，$\varepsilon < \delta_{\min}$，不会产生裂纹；当 $\partial\varepsilon/\partial T$ 为曲线 2 时，$\varepsilon \approx \delta_{\min}$，处于临界状态；当 $\partial\varepsilon/\partial T$ 为曲线 3 时，$\varepsilon > \delta_{\min}$，即拉应力产生的应变量超过了金属在 T_B 内的最低塑性，此时必定产生热裂纹。

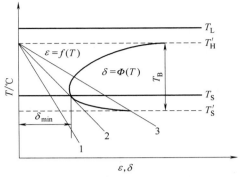

图 8-11　产生凝固裂纹的条件

ε—应变；δ—塑性；T_L—液相线；T_S—固相线；
T_B—脆性温度区；T'_H—T_B 上限；
T'_S—T_B 下限

刚刚产生热裂纹的应变增长率称为临界应变增长率，以 CST 表示。CST 主要与材料的性质有关，反映材料对热裂纹的敏感性。CST 越大，材料对热裂纹敏感性越小。若实际的应变增长率 $\partial\varepsilon/\partial T < CST$，则可防止热裂纹。

综上所述，金属在高温下是否产生热裂纹主要取决于以下三个方面：

（1）脆性温度区 T_B 的大小　T_B 越大，收缩应力的作用时间就越长，产生的应变量越大，故形成热裂纹的倾向越大。

（2）T_B 内金属的塑性　T_B 一定时，T_B 内金属的塑性 $\delta_{\min}$ 越低，产生热裂纹的倾向越大。

（3）T_B 内的应变增长率 $\partial\varepsilon/\partial T$　$\partial\varepsilon/\partial T$ 越大，越容易产生裂纹。

上述三个方面既相互关联、相互影响，又相对独立。脆性温度区的大小和金属在脆性温度区的塑性主要取决于化学成分、凝固条件、偏析程度、晶粒大小和方向等冶金因素；而应变增长率主要取决于金属的热胀系数、焊件刚度、铸件收缩阻力及冷却速度等力学因素。

关于热裂纹的形成机理，除了上述的液膜理论外，还有强度理论等。该理论认为，合金在凝固后期，固相骨架已经形成并开始线收缩，由于收缩受阻，合金中产生应力和变形。当应力或变形超过合金在该温度下的强度极限或变形能力时，便产生热裂纹。

（二）液化裂纹的形成

液化裂纹是一种沿奥氏体晶界开裂的微裂纹，其形成同凝固裂纹一样，与液膜的存在和拉应力的作用有关。但它只产生于焊接热影响区或多层焊的层间金属中（图 8-12）。

液化裂纹的形成机理，一般认为是由于热影响区或多层焊层间金属奥氏体晶界上的低熔点共晶，在焊接高温下发生重新熔化，使金属的塑性和强度急剧下降，在拉应力作用下沿奥氏体晶界开裂而形成的。此外，在不平衡加热和冷却条件下，由于金属间化合物分解和元素的扩散，造成局部地区共晶量偏高而发生局部晶间液化，也会产生液化裂纹。

液化裂纹可起源于粗晶区或熔合线，如图 8-13 所示。当母材含有较多的低熔点杂质时，

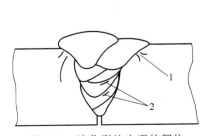

图 8-12　液化裂纹出现的部位

1—凹陷区；2—多层焊层间过热区

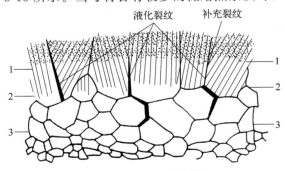

图 8-13　近缝区液化裂纹

1—未混合区；2—部分熔化区；3—粗晶区

近缝区晶粒的严重长大使粗晶部位的杂质富集到少量晶界上，并形成晶间液体，在相间张力和冷却收缩应力的作用下，产生液化裂纹。在熔合线附近的未混合区和部分熔化区，由于熔化和结晶导致化学成分重新分布，母材中原有的杂质将富集到部分熔化区的晶界上，若母材的杂质较多，就会形成裂纹；裂纹启裂后可沿热影响区晶间的低熔相扩展，成为近缝区的液化裂纹。

（三）高温失延裂纹的形成机理

焊接冷却过程中，在固相线以下的高温阶段，金属仍处于不断增长的收缩应力作用之下，此时金属的变形方式主要是沿着晶界本身的面发生滑动。晶界滑动变形与晶内滑移变形有着本质的不同，前者靠位错或空位移动实现，后者靠晶内沿一定的滑移面产生滑移（塑性变形）实现。晶界滑动变形时，可能失去原子间的相邻关系，如同流体或非晶体一样，原子的排列是杂乱的。因此，晶界滑动变形也称为晶界扩散变形。温度越高，越有利于晶界的扩散变形；位错或空位的密度越大，越容易促使晶界的扩散变形。晶界扩散变形的发展遇到障碍时，就会在障碍附近形成较大的应变集中，引起楔作用而导致裂纹形核（楔形开裂），三晶粒相交的顶点最易形成大的应变集中，因此该部位易于产生微裂纹（图 8-14a）。空穴开裂理论则认为，在高温和低应力下，晶界滑动和晶界迁移同时发生，两者共同作用可形成晶界台阶，进而形成空穴并发展成微裂纹（图 8-14b）。晶界中过饱和的空位扩散凝聚，也可能是形成微裂的原因，此时晶界中若存在杂质偏析，则有利于降低空穴的表面能，促使微裂纹更易于形成。

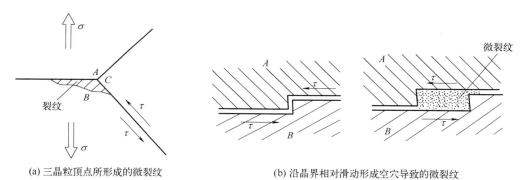

(a) 三晶粒顶点所形成的微裂纹　　　　　(b) 沿晶界相对滑动形成空穴导致的微裂纹

图 8-14　高温失延裂纹的开裂模型

三、影响热裂纹形成的因素

影响热裂纹形成的因素可归纳为冶金因素和工艺因素两个方面。冶金因素主要指合金的化学成分及凝固组织的形态，工艺因素包括工艺条件、结构形式和拘束状态等。

（一）冶金因素的影响

1. 凝固温度区的影响

凝固裂纹的倾向随凝固温度区的增大而增大如图 8-15 所示。当合金元素含量增加时，凝固温度区增大，脆性温度区的范围也增大（图 a 中阴影部分），故凝固裂纹的倾向随之增大（图 b）。在 S 点时，凝固温度区最大，脆性温度区也最大，因此裂纹倾向最大。但合金元素含量进一步增加时，凝固温度和脆性温度区反而减小，所以裂纹倾向也相应降低。在实际条件下，合金均在非平衡状态下凝固，所以固相线向左下方移动，裂纹倾向的变化曲线也随之左移（虚线）。

2. 合金元素和杂质的影响

合金元素尤其是易形成低熔点共晶的杂质是影响热裂纹产生的重要因素。

硫和磷是钢中最有害的元素，在各种钢中都会增加热裂纹倾向。它们既能增大凝固温度区间，又能与其他元素形成多种低熔点共晶，使合金在凝固过程中极易形成液态薄膜。此外，磷和硫还是钢中极易偏析的元素。对于奥氏体钢或合金，由于镍含量高，硫和磷的有害作用将显著增强，特别是磷的作用更为突出。

碳在钢中是影响热裂纹的主要元素，并能加剧硫、磷及其他元素的有害作用。碳能明显增大结晶温度区间，并且随着碳含量的增加，初生相可由 δ 相转为 γ 相。而硫和磷在 γ 相中的溶解度比在 δ 相中低很多，如果初生相为 γ 相，则析出的硫和磷就会富集于晶界，从而增加凝固裂纹倾向。

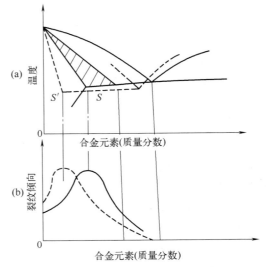

图 8-15　凝固温度区与裂纹倾向的关系
实线—平衡状态；虚线—非平衡状态

锰具有脱硫作用，可将 FeS 置换成 MnS，从而提高金属的抗裂性。钢中碳含量增加时，锰的加入量也要相应增加。一般情况下，当 $w_C < 0.16\%$ 时，$w_{Mn}/w_S > 25$ 即可防止热裂纹的产生。但是，当 $w_C > 0.16\%$（包晶点）时，磷的有害作用将超过硫，此时再增加 w_{Mn}/w_S 比值对防止热裂纹已无意义。

硅是 δ 相形成元素，应有利于消除凝固裂纹，但 $w_{Si} > 0.4\%$ 时，容易形成低熔点硅酸盐，从而增加裂纹倾向。此外，在单相奥氏体中，硅的偏析也比较严重，并可形成低熔点共晶。

镍在低合金钢中易与硫形成低熔点共晶，从而引起凝固裂纹。镍在高强钢、不锈耐热钢及耐热合金中，易与 S、P、B 等形成低熔共晶，使液化裂纹倾向增大。

3. 凝固组织形态的影响

晶粒的大小、形态和方向及析出的初生相对抗裂性都有很大影响。晶粒越粗大，方向性越明显，产生热裂纹的倾向就越大。金属中加入某些合金元素（如 Ti、Mo、V、Nb 等）使晶粒细化，既可破坏液态膜的连续性，又可打乱枝晶的方向性，从而提高金属的抗裂性。

（二）工艺因素对热裂纹的影响

工艺因素不仅影响金属的应变增长率，还会影响杂质的偏析和组织状态等，从而影响热裂纹的产生倾向。

1. 工艺条件的影响

（1）焊接参数　焊接电流、电弧电压和焊接速度等参数影响熔池的凝固形态和焊缝成形系数，进而影响热裂倾向。

此外，冷却速度增加时，金属的变形速度或应变增长率增大，抗裂性能降低。

（2）浇注条件　浇注温度应根据铸件的壁厚来选择。薄壁铸件要求较高的浇注温度，使凝固速度缓慢均匀，从而减少热裂倾向。对于厚壁铸件，浇注温度过高会增加缩孔容积，减缓冷却速度，并使初晶粗化，形成偏析，因而易促使形成热裂。此外，浇注温度过高容易引起铸件粘砂或与金属型壁粘合，从而阻碍铸件收缩，引起热裂。

浇注速度对热裂纹也有影响。浇注薄壁件时，希望型腔内液面上升速度较快，以防止局部过热。对于厚壁铸件，则要求浇注速度尽可能慢一些。

2. 结构形式的影响

表面堆焊和熔深较浅的对接焊缝抗裂性较高。熔深较大的对接和各种角接焊缝的抗裂性较差，因为这些焊缝所承受的应力正好作用在焊缝最后凝固的部位，而这些部位因富集杂质元素，晶粒之间的结合力较差，故易引起裂纹。

铸件厚薄不均时，各处的冷却速度不同，较厚部分凝固晚，收缩应力易集中于此处而导致裂纹。铸件两截面直角交接处或型壁十字交接处会形成热节，并产生应力集中，因而也容易产生热裂。

3. 拘束度或拘束应力的影响

焊接接头的拘束度或刚度越大，则应变增长率越大，产生热裂纹的倾向越大。不合理的施焊顺序，可能使接头的拘束度在焊接过程中逐渐增大，从而增大热裂倾向。

铸件成形时受到的阻力越小，形成热裂的可能性越小。铸型的退让性差，铸件表面粘砂或浇道开设不当等，均会增大铸件收缩阻力，促使热裂纹形成。

四、防止热裂纹的措施

针对热裂纹的影响因素，可从冶金和工艺两个方面采取措施，防止热裂纹的产生。

（一）冶金措施

（1）限制有害杂质　严格控制钢材或焊缝中硫、磷等有害杂质的含量，合金元素含量越高，对硫、磷的限制越要严格。对于一些重要的焊接结构，采用碱性焊条和焊剂可有效控制有害杂质。熔炼时用合成渣处理钢液，可降低钢中硫和氧的含量。

（2）微合金化和变质处理　在碳钢、合金钢和相应的焊缝中加入某些合金元素，如钒、铌、锆、硼、稀土等元素，以细化晶粒，减少非金属夹杂，改善夹杂物的形态和分布。

（3）改进工艺　改进铸钢的脱氧工艺，提高脱氧效果，以减少晶界的氧化物夹杂，达到减少热裂倾向的目的。

（4）改善金属组织　焊接 18-8 型不锈钢时，通过调整母材或焊接材料的成分，使焊缝金属获得 $\gamma + \delta$ 的双相组织（γ 相的体积分数一般控制在 5% 左右），既能提高其抗裂性，又能提高耐蚀性。

（5）利用"愈合"作用　对于某些热裂倾向较大的材料（如高强铝合金），可有意增加焊缝中易熔共晶的数量，使之具有愈合裂纹的作用。但此法会降低接头性能，故应适当控制。

（二）工艺措施

（1）焊接工艺措施

1）适当降低热输入，避免熔池和近缝区金属过热。热输入较大时，易形成粗大的柱状晶，增加偏析程度，同时晶界上低熔点共晶熔化较严重，焊接应力也较大。因此凝固裂纹和液化裂纹形成倾向大。

2）针对不同的焊接方法和接头形式，合理调整焊接参数，获得合适的焊缝成形系数。适当增加成形系数，使低熔点共晶聚集在焊缝上部，与焊缝收缩应力成一定角度，有利于防止凝固裂纹的产生。

3）焊缝凹进部位过热严重，易形成液化裂纹，凹度 d（图 8-16）越大，裂纹倾向越大。控制凹度使 $d<1mm$，可减少液化裂纹倾向。

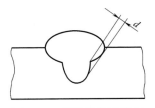

图 8-16　焊缝凹度示意图

4）在接头设计和装焊顺序方面，应尽量降低接头的刚度或拘束度，尽可能使大多数焊缝在较小刚度条件下焊接，以改善焊接接头的应力状态。

（2）铸造工艺措施

1）减小铸件的收缩应力，如增加铸型和型芯的退让性，预热铸型，在铸型和型芯表面刷涂料等，可降低热裂倾向。

2）改进浇注方法，设置合理的浇道数量，控制浇注速度等，以控制铸件的冷却速度，使铸件各部分的温度相对均匀。

3）设计合理的铸件结构，避免直角或十字交叉的截面。必要时设置防裂肋，在两壁相交部位采用冷铁加速热节的冷却等，也是防止铸件热裂的重要措施。

第五节　冷　裂　纹

一、冷裂纹的分类及特征

（一）冷裂纹的基本特征

冷裂纹是指金属经焊接或铸造成形后冷却到较低温度时产生的裂纹。这类裂纹是中碳钢、高碳钢、低合金高强钢、工具钢、铁合金及铸铁等材料成形加工时极易出现的一种工艺缺陷。

冷裂纹有时在焊后或加工后立即出现，有时则要经过一段时间才出现。后者存在一个潜伏期，具有延迟特征，故称为延迟裂纹。

冷裂纹多起源于具有缺口效应、易产生应力集中的部位，或物理化学不均匀的氢聚集的局部地带。焊接冷裂纹常出现在焊接热影响区，对于一些厚大焊件、超高强钢及铁合金，有时也会出现在焊缝上。

冷裂纹的断口形态比较复杂，不像热裂纹那样只具有晶间断裂特征。从宏观上看，冷裂纹断口具有发亮的金属光泽，呈脆性断裂特征；从微观上看，有的呈晶间断裂（即沿晶断裂），有的为穿晶断裂，而更常见的是沿晶与穿晶共存的断口形态。有氢作用时会出现明显的氢致准解理断口，淬硬倾向越大，沿晶断裂特征越趋明显。

（二）冷裂纹的分类

1. 按裂纹形成原因分类

按形成原因的不同，冷裂纹可分为以下三类：

（1）延迟裂纹　这类裂纹是在氢、钢材淬硬组织和拘束应力的共同作用下产生的，其形成温度一般在 M_s 以下 200℃ 至室温范围，由于氢的作用而具有明显的延迟特征，故又称为氢致裂纹。裂纹的产生存在着潜伏期（几小时、几天甚至更长）、缓慢扩展期和突然开裂三个接续的过程。由于能量的释放，常可听到较清晰的开裂声音。

（2）淬硬脆化裂纹　某些淬硬倾向大的钢种，热加工后冷却到 M_s 至室温时，因发生马氏体相变而脆化，在拘束应力作用下即可产生开裂。这种裂纹又称为淬火裂纹，其产生与氢的关系不大，基本无延迟现象，成形加工后常立即出现。

（3）低塑性脆化裂纹　它是某些低塑性材料（如铸铁和硬质合金等）冷却到低温时，由于收缩而引起的应变超过了材料本身所具有的塑性储备或材料变脆而产生的裂纹。这种裂纹通常也无延迟现象。

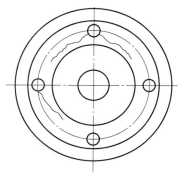

图 8-17　齿轮毛坯中的铸造冷裂纹

2. 按加工工艺特点分类

按工艺特点的不同，冷裂纹可分为铸造冷裂纹和焊接冷裂纹等。

铸造冷裂纹是铸件凝固后冷却到弹性状态时，因局部铸造应力大于合金抗拉强度而引起的开裂。这类裂纹总是发生在冷却过程中承受拉应力的部位，特别是拉应力集中的部位。壁厚不均匀、形状复杂的大型铸件容易产生冷裂纹。图 8-17 所示的齿轮毛坯，由于较厚的轮开始收缩时受到已冷却轮缘的阻碍，从而在轮辐中产生拉应力，并由此引发冷裂纹。

焊接生产中经常遇到的冷裂纹主要是延迟裂纹，其典型的分布形态如图 8-18 所示。

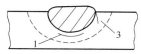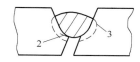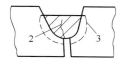

图 8-18　焊接冷裂纹分布形态
1—焊道下裂纹；2—焊根裂纹；3—焊趾裂纹

（1）焊道下裂纹　裂纹产生于焊道之下的热影响区内，距熔合线 0.1～0.2mm，该部位常有粗大的马氏体组织。裂纹走向大致与熔合线平行，一般不显露于焊缝表面。焊道下裂纹是最典型的氢致裂纹。

（2）焊根裂纹　裂纹起源于应力集中的焊接坡口根部，有的沿热影响区发展，有的则转入焊缝内部。

（3）焊趾裂纹　裂纹起源于焊缝与母材交界的焊趾处，并有明显应力集中的部位（如咬肉处）。裂纹从表面出发，向厚度的纵深方向发展，止于近缝区粗晶部分的边缘，一般沿纵向发展。

此外，某些淬火倾向较大的钢材焊接后，在焊缝和母材上会出现许多横向和纵向微裂纹；厚板多层焊时，在焊缝的层间会出现许多横向裂纹。这些裂纹也具有延迟特征，应属于延迟裂纹的一种。

下面着重讨论高强度钢焊接时所产生的延迟裂纹。

二、影响冷裂纹产生的因素

生产实践和理论研究表明：钢材的淬硬倾向、氢的含量与分布以及拘束应力状态是导致高强度钢产生冷裂纹的主要因素。

1. 拘束应力的作用

金属在加工过程中存在的拘束应力包括不均匀加热冷却过程所引起的热应力、金属相变前后不同组织的热物理性质变化引起的相变应力，以及结构自身拘束条件引起的应力等。拘束应力是引起冷裂纹的直接原因，并且还会影响氢的分布，加剧氢的有害作用。

拘束应力的大小决定于受拘束的程度，可用拘束度表示。焊接中拘束度的定义为单位长度焊缝在根部间隙产生单位长度位移所需要的力。对于两端固定的对接接头（见图 8-19），拘束度 R 可用下式表示

$$R = \frac{E\delta}{L} \qquad (8\text{-}15)$$

式中，R 是拘束度，N/mm^2；E 是母材金属的弹性模量，N/mm^2；δ 是板厚，mm；L 是拘束距离，mm。

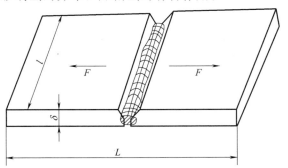

图 8-19　对接接头拘束度模型

由式（8-15）可见，L 越小或 δ 越大时，拘束度 R 越大。而 R 增大时，产生的拘束应力也相应增大。R 增大到一定程度，便会产生裂纹。通常把开始产生裂纹的最小拘束度称为临界拘束度 R_{cr}。R_{cr} 越大，表明焊接接头的抗裂性能越好。

不同钢材焊接时冷却到室温所产生的拘束应力与拘束度的关系如图 8-20 所示，其关系式为

$$\sigma = mR \qquad (8\text{-}16)$$

式中，σ 是拘束应力，MPa；m 是转换系数，与钢的线胀系数、比热容、接头坡口形式和焊接方法等因素有关，低合金高强度钢焊条电弧焊时，$m \approx (3\sim5)\times10^{-2}$。

需要强调的是，同样材质和同样板厚的焊件，由于接头的坡口形式不同，即使拘束度相同，也会产生不同的拘束应力，如图 8-21 所示。当 $R = 20000N/mm^2$ 时，拘束应力大小按正 Y 形→X 形→斜 Y 形→K 形→半 V 形递增。

对于实际的焊接结构，如船体、球罐、建筑和桥梁等，一般情况下 $R = 400\delta$，高拘束度时 $R = 900\delta(\delta = 25\sim35mm)$。

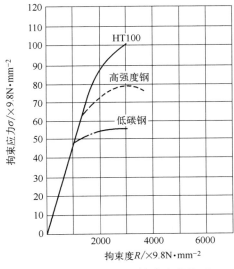

图 8-20　拘束应力与拘束度的关系

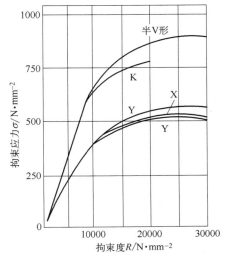

图 8-21　不同坡口形式 R 与 σ 的关系

可见，焊接结构的不同部位存在着不同的拘束度。在弹性条件下，若有应力集中时，拘束应力将剧增，所以冷裂倾向必然会增加。

2. 氢的作用

氢在延迟裂纹的形成中起着重要作用，它决定了裂纹形成过程中的延迟特点及断口的形态特征。

金属加工过程中，因冷却速度很快，高温下溶入的氢来不及逸出，从而以过饱和状态保留在金属中。过饱和氢极不稳定，在浓度差的作用下将自发地向周围金属扩散。当温度足够高时，氢能很快从金属内部扩散逸出，不会引起裂纹；当温度很低时，氢的扩散将受到抑制，也不会导致开裂。只有在一定温度范围（$-100\sim100℃$）时，金属晶格中能自由扩散的氢才会起致裂作用。

氢在不同金属组织中的溶解度和扩散能力不同。在奥氏体（γ-Fe）中，氢的溶解度较大，扩散系数较小；而在铁素体（α-Fe）中，氢的溶解度较小，扩散系数较大。因此，当金属自高温冷却而发生相变时，氢就会从体心立方组织向面心立方组织扩散，即发生所谓的"相变诱导扩散"，导致氢在某些部位产生聚集，致使该部位金属脆化。

此外，氢在金属中有向三向拉应力区扩散的趋势。在应力集中或缺口等有塑性应变的部位常会产生氢的局部聚集，使该处最早达到氢的临界含量，这就是氢的"应力诱导扩散"现象。应力梯度越大，氢扩散的驱动力就越大，亦即应力对氢的诱导扩散作用越大。

综上所述，在金属加工过程中，氢的扩散行为从高温到低温受不同机理控制。由于加热和冷却的不均匀，金属内各部分存在着相变不同步和内应力不均匀现象。在"相变诱导扩散"、"应力导扩散"和"浓度扩散"等驱动力作用下，金属中的氢将向某些部位（如熔合线、晶体缺陷或应力集中部位）扩散和聚集。当这些部位的氢含量达到一定的临界值时就会诱发冷裂纹。高强钢氢含量越高，冷裂倾向越大。

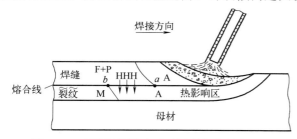

图 8-22　高强钢热影响区延迟裂纹的形成过程

在焊接接头中，由于焊缝金属在高温下溶解了大量的氢，而其周围基体金属（母材）的氢含量较少，所以氢将由焊缝向热影响区扩散（图 8-22）。又因焊缝的碳含量低于母材，故在较高温度下焊缝先于母材发生相变，即由奥氏体分解为铁素体、珠光体等组织。由于氢在铁素体、珠光体中溶解度小而扩散系数大，因此氢将从焊缝快速地向奥氏体热影响区扩散。而氢在奥氏体中扩散速度很小，溶解能力较大，故不能扩散到离焊缝边界较远的母材中去。这样，在焊缝与母材的交界处即熔合区内就形成了富氢区。当该区金属由奥氏体向马氏体转变时，氢便以过饱和状态残留在马氏体中。若该区域还存在缺口效应，则会促使氢向应力集中区扩散并发生聚集。当氢的含量足够高时，就会在热影响区产生裂纹。

3. 钢材的淬硬倾向

淬硬倾向是钢材产生冷裂纹的又一重要因素。钢材的淬硬倾向越大，越容易产生裂纹。其原因在于淬硬倾向大的钢材，易形成淬硬的马氏体组织和高密度的晶格缺陷。

马氏体是碳在 α 铁中的过饱和固溶体，碳原子以间隙原子存在于晶格之中，使 Fe 原子偏离平衡位置，晶格发生严重畸变，致使组织处于硬化状态。淬硬组织发生断裂只需要消耗较低的能量，并且淬硬组织数越多，晶粒越粗大，产生开裂所需要的应力越小。但是，不同化学成分和形态的马氏体对冷裂纹的敏感性不同。板条状的低碳马氏体既有较高的强度又有足够的韧性，其抗裂性能优于碳含量较高的片状李晶马氏体。而李晶马氏体硬度高，韧性差，对冷裂纹特别敏感，即使没有氢的作用也可能引起裂纹。

淬硬组织除了脆硬之外，还会形成大量的晶格缺陷（如空位和位错等）。这些晶格缺陷在应力作用下会发生移动和聚集，当其浓度达到临界值时，就会形成裂纹源，并进一步扩展成宏观裂纹。

在焊接条件下，近缝区的加热温度很高（达 1350～1400℃），使奥氏体的晶粒严重长大，当快速冷却时，粗大的奥氏体将转变为粗大的马氏体。此外，由于晶粒粗大，相变温度显著降低，同时晶界上偏析物也增多。因此，热影响区粗晶区的冷裂倾向较大，焊接冷裂纹常起源于此。

钢材的碳当量反映了化学成分对硬化程度的影响，据此可以判断钢材的淬硬倾向和冷裂倾向大小。钢的碳含量越高，或合金元素越多，越容易形成马氏体组织，其淬硬倾向和冷裂倾向越大。此外，碳当量越高，临界扩散氢的含量越低，因此对于淬硬倾向大的钢种，必须严格控制氢的含量。

最后指出，冷裂纹的产生是上述三大因素综合作用的结果，但有时可能只是其中一个或两个因素起主要作用，其余的起辅助作用。

三、延迟裂纹的形成机理

高强钢焊接时延迟裂纹的形成过程，与充氢钢恒载拉伸试验时表现出的延迟断裂现象极其相似，如图 8-23 所示。当应力高于上临界应力值 σ_{UC} 时，试件很快断裂，无延迟现象。当应力低于下临界应力值 σ_{LC} 时，不论恒载多久，试件都不会断裂。当应力介于 σ_{UC} 和 σ_{LC} 之间时，就会出现由氢引起的延迟断裂现象，产生裂纹之前有一段潜伏期，然后是裂纹的扩展，最后发生断裂。延迟时间的长短与应力大小有关。拉应力越小，启裂所需临界氢的含量越高，潜伏期（延迟时间）就越长。

关于氢致延迟开裂的机理，目前已有多种理论，如空洞内气体压力学说、位错陷阱捕氢学说和氢吸附理论等。但是，能够较好地解释氢和应力交互作用的延迟裂纹理论是氢的应力诱导扩散理论。

应力诱导扩散理论认为，金属内部存在的缺陷（如微孔、微夹杂物、晶格缺陷等）提供了潜在的裂纹源，在应力的作用下，这些缺陷的前沿会形成有应力集中的三向应力区，诱使氢向高应力区扩散，并发生聚集。随着氢含量的增加，缺陷处应力不断增大，其脆性也因位错移动受阻而增加。当氢的含量达到临界值时，

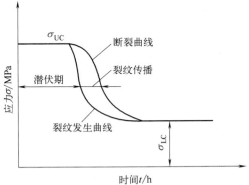

图 8-23 延迟断裂时间与应力的关系
σ_{UC}—上临界应力；σ_{LC}—下临界应力

缺陷部位便会发生开裂和裂纹扩展现象，并在裂纹尖端形成新的三向应力区，如图 8-24 所示。其后，氢不断向新的三向应力区扩散聚集，当裂纹尖端局部的氢含量再次达到临界值时，裂纹又发生新的扩展。这一过程周而复始持续进行，直至成为宏观裂纹。

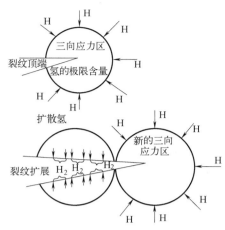

图 8-24　氢致裂纹的扩展过程

可见，氢致裂纹从潜伏、萌生、扩展直至开裂是具有延迟特征的，而裂纹的扩展又是一个断续的过程。因此，可以认为延迟裂纹就是由许多单个的微裂过程合并而形成的宏观裂纹。

四、冷裂纹的控制

对于结构钢冷裂纹的控制，总的原则是控制冷裂纹的三大要素，即降低扩散氢的含量，改善接头组织和减小拘束应力。焊接中常用的措施是控制母材的化学成分，合理选用焊接材料以及严格控制焊接参数，必要时采用焊后热处理。

1. 控制拘束应力

从设计到施焊工艺的制订，必须力求减小焊接接头的刚度或拘束度，并避免形成各种"缺口"。调整施焊顺序，使焊缝有收缩余地。对于 T 形杆件必须避免回转变形或角变形，以防止焊根裂纹。

焊接高强度结构钢时，采用低强匹配的焊缝（焊缝强度稍低于母材），有利于防止冷裂纹。强度较低的焊缝容易发生塑性变形，可降低焊接接头的拘束应力，使焊趾、焊根等部位的应力集中效应相对减小。

对于铸造冷裂纹，可从工艺和结构设计等方面采取措施，减小拘束应力。在铸造工艺方面，应尽量减小铸件各部分的温差及铸型、型芯的阻力，促使铸件各部分均匀冷却，以降低铸件的热应力；延长铸件在砂型中的停留时间，避免开箱过早而造成较大的内应力。在结构设计方面，力求使铸件壁厚均匀，转角处应做出过渡圆角，减少应力集中现象。此外，铸造应力大的铸件应及时进行时效处理。必要时，铸件在切割浇冒口或焊补后，再进行一次时效处理。

2. 控制组织硬化

在设计上应尽量选用碳当量 CE 或冷裂敏感系数小的钢材。当钢的化学成分（即 CE）一定时，为限制组织的硬化程度，必须调整工艺参数，以获得合适的焊接热循环。实际中常以冷却时间 $t_{8/5}$ 或 t_{100}（焊接热循环过程中从峰值温度冷却至 100℃ 的时间）等作为判据。为获得所需的冷却时间，可采取焊前预热、控制焊接热输入等措施。

（1）合理选择预热温度　预热是防止冷裂纹的有效措施，不仅能降低冷却速度，改善接头的组织，而且有利于氢的扩散逸出。但预热会使劳动条件恶化，增加制造成本和难度；预热温度选择不当，还会对产品质量带来不良影响。

预热温度应视钢材的强度等级、焊件厚度、焊条类型和坡口形式等因素而定。一般来说，强度级别高的钢材需要的预热温度也高，材料一定时，选用低氢型焊条所需的预热温度比高氢型焊条低；工件厚度增大时，预热温度要相应提高。

（2）适当控制焊接热输入　对于低碳低合金钢，适当加大焊接热输入可增加冷却时间（$t_{8/5}$），有利于的扩散逸出和减少淬硬倾向，从而提高抗裂性能。但对于某些钢种，热输入过大或高温停留时间过长，会使奥氏体晶粒过热粗大，冷裂倾向反而增加。因此，应针对不同钢种适当控制热输入量。

3. 限制扩散氢的含量

（1）严格控制氢的来源　仔细烘干焊条、焊剂，并妥善保存，防止吸潮；仔细清理焊丝与钢板坡口附近的铁锈、油污等。

（2）采用低氢焊接材料和焊接方法　采用低氢或超低氢焊接材料，并防止再吸潮，有利于防止冷裂。对于重要的低合金高强钢的焊接，原则上都应选用碱性焊条。CO_2 高温时具有一定的氧化性，故采用 CO_2 气体保护焊可获得低氢焊缝；碱性药芯焊丝配合 CO_2 气体保护，也可获得低氢焊缝。

（3）适当预热和紧急后热　所谓紧急后热，即冷裂纹尚处在潜伏期，在未启裂前实施的焊后热处理。后热可以减少扩散氢含量，同时也可减小残余应力，韧化热影响区和焊缝组织。选用合适的后热温度，还可降低预热温度，改善劳动条件等。

多层焊时的预热温度可比单层焊适当低些。但多层焊时，应严格控制层间预热温度或热温度，以使扩散氢逸出。否则，氢量会逐层积累。

（4）选用奥氏体焊条　采用奥氏体焊条焊接冷裂倾向较大的低、中合金高强钢，能较好地避免冷裂纹。因奥氏体焊缝可固溶较多的氢，同时奥氏体塑性好，可减小接头的拘束应力。但使用时应采用较小的焊接电流，以减小熔合比。熔合比增大将使过渡层中出现淬硬的马氏体组织，增大冷裂倾向。

第六节　合　金　化

一、合金化的目的

合金化就是把所需的合金元素加入到金属中去的过程。对于焊接过程，可通过焊接材料（焊丝、药皮或焊剂等），将合金元素过渡到焊缝金属中去。

合金化的目的首先是补偿在高温下金属由于蒸发或氧化等造成的损失，其次是消除缺陷，改善焊缝金属的组织与性能，或获得具有特殊性能的堆焊金属。如用堆焊的方法过渡 Cr、Mo、W、Mn 等合金元素，使焊件表面具有耐磨性、热硬性、耐热和耐蚀等性能。因此研究合金化的方式及其规律具有重要的指导意义。

二、合金化的方式

在焊接工艺中，常采用以下几种合金化方式：

（1）通过合金焊丝或带极　把所需合金元素加入焊丝或带极内，配合碱性药皮或低氧、无氧焊剂进行焊接，将合金元素过渡到焊缝中去。其优点是焊缝成分均匀、稳定、可靠，合金损失少；缺点是合金成分不易调整，制造工艺复杂，成本高。对于脆性材料，如硬质合金、高合金高强材料等不能轧制、拔丝，应用受到限制。

（2）通过药芯焊丝或药皮（或焊剂）　将粉末状态的合金剂加入药皮、药芯、粘结焊剂中，通过焊接过程过渡到焊缝金属中去。少数情况下，也可将按比例配制好的合金粉直接放置或涂敷于焊件表面、坡口或把它输送到焊接区，在热源作用下与母材一起熔化、混合后形成合金化的堆焊金属。这类方法的优点是合金成分的比例调配方便制造容易，成本低；缺点是合金元素的氧化损失较大，并有一部分残留在渣中，使合金利用率较低。在应用粘结焊剂和合金粉末的情况下，焊接参数的波动会引起焊缝合金成分的显著变化。

（3）通过置换反应还原出合金元素　通过药皮、药芯和焊剂中的合金元素氧化物与 Fe 的置换反应，还原出合金元素，使焊缝合金化。如焊接低碳钢时高 Si 高 Mn 焊剂的渗 Si 和 Mn 的反应，以及通过对应的氧化物向焊缝加入微量稀土、Ti 和 B 的反应等。其优点是极为简单方便、价格低廉；缺点是合金化程度有限，通过焊剂过渡时难以保证焊缝金属成分的稳定性和均匀性。

上述合金化方式应根据过渡元素的性质及具体焊接条件来选择，较活泼的元素多选用从合金焊丝和带极等过渡的方式。上述几种方式也可以同时采用。

三、合金元素的过渡系数及其影响因素

在焊接中，合金元素向焊缝金属过渡的过程是在高温冶金反应中进行的，合金元素会经受氧化或蒸发造成一部分损失，同时，通过熔渣过渡到焊缝金属中时，也会有一部分残留在渣中造成损失。熔化的母材中的合金元素，由于未经历电弧区高温冶金过程，则可认为几乎全部过渡到焊缝金属中。因此，合金元素过渡系数忽略了母材中的合金元素过渡过程。为了说明合金元素利用率的高低，常采用过渡系数的概念。合金元素的过渡系数 η 等于它在熔敷金属中的实际含量与它原始含量之比，即

$$\eta = \frac{C_d}{C_e} = \frac{C_d}{C_{cw} + K_b + C_{co}}$$

式中，C_d 为合金元素在熔敷金属中的含量；C_e 为合金元素的原始含量；C_{cw} 为合金元素在焊丝中的含量；C_{co} 为合金元素在药皮中的含量；K_b 为焊条药皮的重量系数，即单位长度焊条中药皮重量与焊芯重量之比。

若已知 η 值及有关数据，则可用上式来计算出合金元素在熔敷金属中的含量 C_d，再根据具体的焊接工艺条件确定熔合比，即可求出它在焊缝中的含量。相反，根据对熔敷金属成分的要求，可求出在焊条药皮中应具有的合金元素含量。可见，合金元素的过渡系数对于设计和选择焊接材料是很有实用价值的。

过渡系数 η 的计算式，只是反映了总的合金元素过渡系数，是焊芯和药皮两个方面过渡的总和。一般情况下，通过焊芯过渡时的过渡系数大，而通过药皮过渡时的过渡系数小，尤其是药皮的氧化性较强时，更为明显。

不同合金元素的过渡系数不同。若合金元素对氧的亲和力越大，其氧化损失越大，过渡系数越小。合金元素的沸点越低，其蒸发损失越大，过渡系数越小。此外，合金元素的过渡系数与其在药皮中的含量、粒度，熔渣的成分，药皮的重量系数等均有较大的关系因此，影响合金元素过渡系数的因素主要有：

（1）合金元素的物理化学性质　其中最重要的是元素对氧的亲和力大小。对氧亲和力大的元素，其氧化损失大，过渡系数较小。焊接钢时，按元素对氧亲和力序列位于 Fe 以下的元素几乎无氧化损失，故过渡系数大；位于 Fe 以上靠近 Fe 的元素，氧化损失较小，过渡系数较大；而位于 Fe 以上并远离 Fe 的元素，如 Ti、Zr 和 Al 等因对氧亲和力很大，氧化损失严重，过渡系数小，一般很难过渡到焊缝中去。但合金剂的选择主要取决于焊缝金属性能的要求，在必须加 Ti、Zr 等对氧亲和力大的元素时就应创造低氧或无氧的良好过渡条件，如用无氧焊剂、惰性气体保护等。也可利用对氧亲和力大的元素保护合金剂，提高它们的过渡系数。例如，在碱性药皮中，加入 Ti 保证 B 的过渡。

（2）合金元素的含量　随焊接材料中合金元素含量的增加，其过渡系数逐渐增加，最后趋于一个定值，如图 8-25 所示。这是因为合金元素的含量开始增加时，氧势逐渐减小，使其过渡系数增加；但再增加合金元素的含量时，氧势不再减小，并可能抑制该元素氧化物的置换合金元素反应、增加渣中残留损失，其过渡系数不再增加。药皮或焊剂的氧化性和元素对氧的亲和力越大，合金元素的含量对过渡系数的影响越大。

（3）合金剂的粒度　增加合金剂的粒度，其比表面积和氧化损失将减少，使过渡系数增加。因此，一般合金剂的粒度比脱氧剂的大。但如粒度过大，则不易完全熔化，渣中残留损失会增加，过渡系数会减小。

（4）药皮、药芯或焊剂的放氧量氧化势（放氧量）越大，合金元素的过渡系数就越小（表 8-7）。因此，一般高合金钢焊接，焊缝金属须渗入多种、多量合金元素时，宜采用低氧药皮、药芯或焊剂。Si、Mn 的氧化物和液态铁反应而使焊缝金属产生渗 Si 和 Mn 现象，表 8-7 中 Si 和 Mn 在埋弧焊时的过渡系数会出现大于 1 的情况。

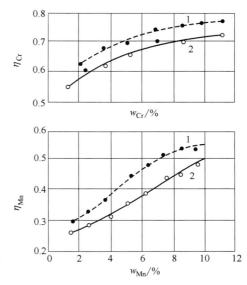

图 8-25　Mn 和 Cr 的过渡系数与其在焊剂中 Mn、Cr 含量的关系
1—正极性；2—负极性

表 8-7　合金元素的过渡系数

焊接方法	焊芯（丝）	药皮或焊剂	过渡系数								
			C	Si	Mn	Cr	W	V	Nb	Mo	Ni
空气中无保护焊	H70W10Cr3Mn2V	—	0.54	0.75	0.67	0.99	0.94	0.85			
	H18CrMnSiA	—	0.30	0.80	0.67	0.92	—	—			
氩弧焊	H70W10Cr3Mn2V	—	0.80	0.79	0.88	0.99	0.99	0.98			
埋弧焊	H70W10Cr3Mn2V	HJ251	0.53	2.03	0.59	0.83	0.83	0.78			
	H70W10Cr3Mn2V	HJ431	0.33	2.25	1.13	0.70	0.89	0.77			
CO_2 保护焊	H70W10Cr3Mn2V	—	0.29	0.72	0.60	0.94	0.96	0.68			
	H18CrMnSiA	—	0.60	0.71	0.69	0.92					
焊条电弧焊	H18CrMnSiA	赤铁矿（K_b=0.3）	0.22	0.02	0.05	0.25					
	H18CrMnSiA	大理石（K_b=0.3）	0.28	0.10	0.14	0.43					
	H18CrMnSiA	氟石（K_b=0.3）	0.67	0.88	0.38	0.89					
	H18CrMnSiA	CaO-BaO-Al_2O_3 80%[1]，氟石 20%[1]	0.57	0.88	0.70	0.95					
	H18CrMnSiA	石英（K_b=0.3）	0.20	0.75	0.18	0.80					
	H08A	钛钙型（K_b=0.68）	—	0.71	0.38	0.77	Ti=0.125	0.52	0.80	0.60	0.96
	H08A	氧化铁型		0.14~0.27	0.08~0.12	0.64				0.71	
	H08A	低氢型		0.14~0.27	0.45~0.55	0.72~0.82		0.59~0.64		0.83~0.86	
$Ar+O_2$ 5%	H18CrMnSiA	—	0.60	0.71	0.69	0.92					
	H10MnSi	—	0.59	0.32	0.41	—	—	—	—	—	—

① 百分数指的是质量分数。

（5）合金元素氧化物的酸碱性与熔渣的酸碱性其他条件相同情况下，合金元素的氧化物酸碱性与熔渣的酸碱性相同时，有利于提高该元素的过渡系数；酸碱性相反，则会降低其过渡系数。如图 8-26 所示，SiO_2 为酸性氧化物，所以随着熔渣碱度增加，Si 的过渡系数减小；MnO 为碱性氧化物，所以随着熔渣碱度增加，Mn 的过渡系数增大；Cr_2O_3 为两性氧化物，熔渣碱度变化对其过渡系数影响不大。

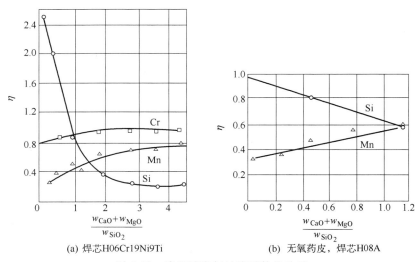

(a) 焊芯H06Cr19Ni9Ti   (b) 无氧药皮，焊芯H08A

图 8-26   熔渣碱度与过渡系数的关系

因此，当合金元素及其氧化物在药皮中共存时，可提高该元素的过渡系数。所以，常在药皮、药芯中加入所要添加合金元素的氧化物。

（6）药皮、药芯的重量系数   在药皮或药芯中合金剂含量相同的条件下，药皮、药芯的重量系数 K_b 和 K_c 增加将使合金元素的氧化和渣中残留损失增加，虽然合金元素过渡总量增加，但过渡系数减小。

（7）熔滴过渡特性   焊接参数对熔滴过渡的特性有很大的影响，从而对冶金反应产生影响。在药芯焊丝和焊条的熔敷金属中，硅含量随电弧电压的增加和电流的减小而增加。CO_2 气体保护焊时，焊丝中硅的氧化损失也有类似的情况。

四、焊缝金属化学成分的计算与控制

1. 焊缝金属化学成分的计算

熔焊时，焊缝金属由局部熔化的母材和填充金属组成。在焊缝金属中熔化的母材所占的比例称为熔合比 θ，如图 8-27 所示。它与焊接方法焊接参数、接头形式等有很大的关系（表 8-8），可通过实际测量焊缝截面粗略估算为

$$\theta = \frac{A_p}{A_p + A_d} \tag{8-17}$$

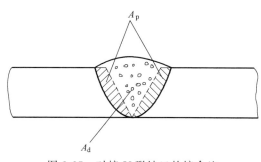

图 8-27   对接 V 形坡口的熔合比

式中，A_p 为焊缝截面中母材所占的面积；A_d 为焊缝截面中填充金属所占的面积；θ 为熔合比。

表 8-8 焊接工艺条件对低碳钢融合比的影响

焊接方法	接头形式	被焊金属厚度/mm	熔合比 θ
焊条电弧焊	I 形坡口对接	2～4	0.4～0.5
		10	0.5～0.6
	V 形坡口对接	4	0.25～0.5
		6	0.2～0.4
		10～20	0.2～0.3
	角接及搭接	2～4	0.3～0.4
		5～20	0.2～0.3
	堆焊	—	0.1～0.4
埋弧焊	对接	10～30	0.45～0.75

当母材和填充金属的成分不同时,熔合比对焊缝成分的影响很大。若不考虑冶金反应造成的成分变化,则焊缝的成分将仅取决于母材金属与焊条金属的比例。焊缝中某合金元素的含量可通过下式进行计算

$$C_0 = \theta C_b + (1-\theta)C_e \tag{8-18}$$

式中,C_0 为某元素在焊缝金属中的质量分数;C_b 为某元素在母材中的质量分数;C_e 为某元素在焊条中的质量分数;θ 为熔合比。

若考虑合金元素在焊接中的损失,则焊缝金属中某合金元素的实际含量 C_w 为

$$C_w = \theta C_b + (1-\theta)C_d \tag{8-19}$$

式中,C_d 为熔敷金属(即真正过渡到熔池中去的那部分焊条金属)中某元素的质量分数。

多层焊时,如果各层的熔合比恒定,可推导出第 n 层焊缝金属中合金元素的实际含量为

$$C_{wn} = C_d + (C_d - C_b)\theta^n \tag{8-20}$$

式中,C_{wn} 为第 n 层焊缝金属中合金元素的实际质量分数(%)。

由于 θ 总小于 1,随 n 增大,母材对焊缝金属的稀释作用减小,n 大到一定程度后,C_{wn} 将趋近于 C_d。所以经常用多层堆焊的方法来测定焊接材料熔敷金属的化学成分。

2. 焊缝金属化学成分的控制

可根据式(8-19)或式(8-20)中各项来调节焊缝成分,由于母材成分已确定,所以,调整焊接材料是控制焊缝金属成分的主要手段。

调节焊接条件(包括焊接参数)也可作为控制焊缝金属成分的辅助手段,例如:

(1)改变熔合比 在堆焊时,常调整焊接参数使熔合比尽可能小,以减少母材对堆焊层成分和性能的影响。在异种钢焊接时,熔合比对焊缝成分和性能的影响很大,因此应根据确定的熔合比选择焊接材料。母材中 C、S 和 P 等元素偏高时,可用开坡口等方式减小熔合比,以避免它们的有害影响。

(2)熔渣有效作用系数的影响 埋弧焊时焊接参数可在很宽的范围内变化,从而改变焊剂的熔化率 K(熔化的焊剂质量与熔化的焊丝质量之比)以及熔渣有效作用系数 β(定义为真正发生相互作用的熔渣质量与金属质量之比),以此可对焊缝的成分进行适当调整。

但由于焊接参数的调整常受其他因素的限制,其控制焊缝化学成分的作用也就很有限。此外,还必须注意,焊接参数一旦选定应保持不变,以保证焊缝金属成分和性能的稳定性。

(3)焊缝金属成分的预测 按式(8-19)计算的焊缝金属成分是近似的,其中焊接材料

的熔敷金属中合金元素的实际含量和熔合比 θ 均受焊接条件的影响而发生变化。

近年来，统计焊接冶金得到了迅速的发展。它利用试验数据进行统计处理，建立数学模型，提出了定量预测焊条电弧焊、气体保护焊、埋弧焊等焊缝金属成分的计算式。模型中包含了合金元素在焊缝中的原始含量、熔渣的碱度与成分、焊接参数等因素的影响，并能借助计算机快速地完成计算，使人们可以方便、准确地预测在各种不同的实际焊接条件下焊缝金属的化学成分。在此基础上还可建立焊缝金属力学性能的预测模型。因此，可用于选择焊接材料和焊接参数，或反过来用于焊缝成分和焊接材料的优化设计。此外，还可提供各种合金元素、杂质和焊接参数等影响焊缝金属性能的大量信息，具有重要理论意义。

课程思政内容的思考

从酸性焊条与碱性焊条的使用上，深入思考人人平等的理念。人与人只有社会分工的不同，每个人的价值都能有所体现。应正确对待工作中岗位的分配，在任何岗位上都积极奉献，就能得到社会和其他人的认可，实现自己的人生理想。

思考与练习

1. 比较熔焊与熔炼过程中熔渣作用的异同点。

2. 熔渣的物理性能有哪些？这些性能与熔渣的组成或碱度有什么联系？

3. 熔渣的物理性能对熔焊质量有什么影响？

4. 为什么 FeO 在碱性渣中的活度系数比在酸性渣中大？这是否说明碱性渣的氧化性高于酸性渣？为什么？

5. 冶炼与熔焊过程中熔渣的氧化性强会造成什么不良后果？

6. 采用碱性焊条施焊时，为什么要求严格清理去除焊件坡口表面的铁锈和氧化皮，而用酸性焊条施焊或 CO_2 焊时对焊前清理的要求相对较低？

7. 试比较各种焊接熔渣的氧化性强弱。

8. 已知低氢型焊条的药皮质量系数 $K_b = 50\%$，铬的过渡系数 $\eta = 70\%$，药皮中含铬铁量（质量分数）为 60%，其中含铬 50%，焊芯含铬量为 10%，母材含铬量为 8%，熔合比为 35%，求焊缝的含铬量。

9. 已知母材含锰量（质量分数）为 1.5%，熔合比 $\theta = 0.40$，焊芯含锰量为 0.45%，药皮质量系数为 0.5，锰的过渡系数 $\eta = 50\%$，若要求焊缝含锰量为 1.5%，在药皮中应加入多少低碳锰铁（其中锰铁中含锰为 75%）？

第九章

应力与应变理论

在介绍应力与应变理论之前，有必要引入有关的几个概念。

塑性成形是利用金属的塑性，在外力的作用下使其成形的一种加工方法。作用于金属的外力可以分为两类：一类是作用在金属表面上的力，称为面力或者接触力，它可以是集中力，一般情况下是分布力；另一类是作用在金属物体每个质点上的力，称为体积力。

1. 面力（surface force）

面力可分为作用力、反作用力和摩擦力。

作用力是由塑性加工设备提供的，用于使金属坯料发生塑性变形。在不同的塑性加工工艺中，作用力可以是压力、拉力或者切应力。反作用力是工具反作用于金属坯料的力。一般情况下，作用力与反作用力相互平行，并组成平衡力系，如图 9-1 所示 $F = F'$（F 为作用力，F' 为反作用力）。

摩擦力是金属在外力作用下产生塑性变形时，在金属与工具的接触面上产生阻止金属流动的力。摩擦力的方向与金属质点移动的方向相反，如图 9-1 所示的 f。摩擦力的最大值不应超过金属材料的抗剪强度。摩擦力的存在往往引起变形力的增加，对金属的塑性成形往往是有害的。

2. 体积力（volumetric force）

体积力是与变形体内各质点的质量成正比的力，如重力、磁力和惯性力等。

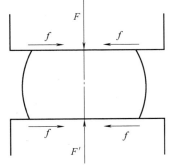

图 9-1　工件镦粗时受力分析

对一般的塑性成形过程，由于体积力与面力相比要小很多，可以忽略不计。因此，一般都假定物体是在面力的作用下的静力平衡系。但是在高速成形时，如高速锤锻造、爆炸成形等，惯性力不能忽略。在锤上模锻时，坯料受到由静到动的惯性力的作用，惯性力向上，有利于金属填充上模，因此锤上模锻通常将形状复杂的部位设置在上模。

第一节　应　力　空　间

一、应力的概念

因外力作用而在物体内部产生的力称为内力。单位面积上的内力称为应力。应力表示内力的强度，它作用于被假想平面截开的物体质点之间。物体内一点的各个截面上的应力状况，通常被称为物体内一点的应力状态。研究某一点的应力状态，就是建立该点无数个不同方向截面上的不同应力表达式，并研究它们之间的联系。

研究一点的应力状态，对于解决物体处于弹性阶段或者塑性阶段的强度问题或者屈服条件问题都是很重要的，也是建立在复杂应力状态下强度准则和屈服条件所必需的基础知识。

为了研究物体内某一点的应力状态，现考察物体在外力系 F_1、F_2、F_3、…作用下处于平衡状态（图 9-2a）。为了研究该受力物体内某一点 P 处的内力，假想用经过 P 点的一个截面 A 将物体分为 V_1、V_2 两个部分，并将 V_2 移去（图 9-2b），此时可以将 A 截面看作是 V_1 的外表面。为了使剩下的部分 V_1 仍处于平衡状态，则 V_2 部分必然有力作用于 V_1 部分的 A 截面上。根据作用与反作用定律，V_1 部分也以大小相同、方向相反的力作用于 V_2 部分。V_1 与 V_2 之间相互作用的力就构成了物体在截面 A 上的内力。因此，将 V_2 部分移去之后，V_2 部分对 V_1 部分的作用力就可以用内力来表示。该内力与作用在 V_1 部分上的外力相平衡。

在 A 截面上围绕 P 点取一微小面积 ΔA，设作用在该微小面积上内力的合力为 ΔF，则 A 面上的 P 点全应力 S 可由下式定义

$$S = \lim_{\Delta A \to 0} \frac{\Delta F}{\Delta A} = \frac{\mathrm{d}F}{\mathrm{d}A} \tag{9-1}$$

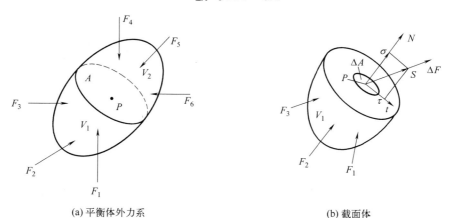

(a) 平衡体外力系　　　　　　　　(b) 截面体

图 9-2　变形体在外力作用下处于平衡状态

由于 ΔF 对于 ΔA 可以有任意的方向，通常将合力 ΔF 按截面 ΔA 的法向 N 和切向 t 分解为两个分量 ΔF_N 和 ΔF_t，则定义

$$\sigma = \lim_{\Delta A \to 0} \frac{\Delta F_N}{\Delta A} = \frac{\mathrm{d}F_N}{\mathrm{d}A} \tag{9-2}$$

σ 为全应力 S 的法向分量，称为正应力。定义

$$\tau = \lim_{\Delta A \to 0} \frac{\Delta F_t}{\Delta A} = \frac{\mathrm{d} F_t}{\mathrm{d} A} \tag{9-3}$$

τ 为全应力 S 的切向分量，称为切应力。显然

$$|S|^2 = \sigma^2 + \tau^2 \tag{9-4}$$

过变形体内某点 P 有无限多个截面，每个截面上都作用有应力。对于三维应力状态问题，为了研究方便，在 P 点的无限多个截面中，取相互垂直的三个截面，在笛卡儿坐标系中，这三个截面的法线方向分别与三个坐标轴 x、y、z 平行，因此又称为坐标面。这里将法线方向与 x 坐标方向一致的截面称为 x 面，与 y 坐标方向一致的截面称为 y 面，与 z 坐标方向一致的截面称为 z 面。三个截面上的全应力分别为 S_x、S_y、S_z。为了使研究对象更加直观、清晰，通常采用一个无限小的平行六面体来表示相互垂直的三个截面，将其称为单元体。设单元体非常小，可视为一点，因此，单元体上相互平行的两个平面可以视为过该点的同一个平面，只需在三个相互垂直的三个平面上标注出全应力即可，而另外三个相互垂直的三个平面不需标注（图 9-3a 和 b）。将三个截面上的全应力 S_x、S_y、S_z 分别沿三个坐标方向进行分解，每一个全应力均可分解为一个法向应力分量和两个切向应力分量。这样，过变形体内一点的三个相互垂直的三个平面上共有九个应力分量，即三个正应力分量和六个切向应力分量（图 9-3c）。显然有

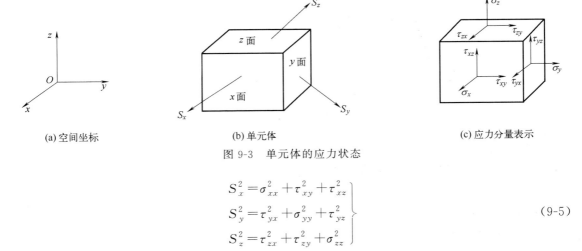

(a) 空间坐标　　　　(b) 单元体　　　　(c) 应力分量表示

图 9-3　单元体的应力状态

$$\left.\begin{array}{l} S_x^2 = \sigma_{xx}^2 + \tau_{xy}^2 + \tau_{xz}^2 \\ S_y^2 = \tau_{yx}^2 + \sigma_{yy}^2 + \tau_{yz}^2 \\ S_z^2 = \tau_{zx}^2 + \tau_{zy}^2 + \sigma_{zz}^2 \end{array}\right\} \tag{9-5}$$

每个应力分量均有两个下标。第一个下标表示应力作用面法线的方向，第二个下标表示该应力的作用方向。为简单起见，通常省略正应力的第二个下标（图 9-3c）。

应力分量的正负号确定方法如下：

1）如果某一截面上的外法线方向是沿着坐标轴的正向，则作用在这个截面上的应力分量就以沿着坐标轴正方向为正，沿坐标轴负方向为负。

2）如果某一截面上的外法线方向是沿着坐标轴的负向，则作用在这个截面上的应力分量就以沿着坐标轴负方向为正，沿坐标轴正方向为负。

由此可知，塑性力学对正应力分量正负号的规定与材料力学的规定一致，但关于切应力分量的正负号规定与材料力学的正负号规定不同。

由于微元体处于静力平衡状态，所以绕其各轴的合力矩为零，由此可以导出如下关系

$$\tau_{xy} = \tau_{yx} \,,\ \tau_{yz} = \tau_{zy} \,,\ \tau_{xz} = \tau_{zx} \tag{9-6}$$

式（9-6）称为切应力互等定律，表明为保持微元体的平衡，切应力总是成对出现的。因此，表示一个受力作用点的应力状态时，实际上只需要六个应力分量。

二、点的应力状态

点的应力状态是指受力物体内某一点各个截面上所有应力的变化情况。过一点有无限个截面，在一般情况下，各个截面上的应力是不相同的。一个点的应力状态被确定，是指过该点的所有截面上的应力分量均被确定。以下，将根据上述已知单元体的三个相互垂直坐标面上的九个应力分量（其中独立的应力分量只有六个）来确定该点任意截面上的应力。

如图 9-4 所示，变形体内受应力作用点 Q 的应力状态，由过点 Q 所作的三个相互垂直坐标面上的九个应力分量 σ_x、σ_y、σ_z、τ_{xy}、τ_{yz}、τ_{zx}、τ_{yx}、τ_{zy}、τ_{xz} 来表示。过 Q 点的任意斜切面为 ABC，其法线方向为 N。N 与三个坐标轴夹角的方向余弦分别为 l、m、n，即

$$l = \cos(x, N), \quad m = \cos(y, N), \quad n = \cos(z, N) \tag{9-7}$$

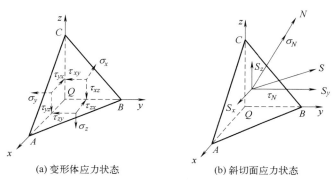

(a) 变形体应力状态　　　(b) 斜切面应力状态

图 9-4　斜切面上的应力

设斜切面 ABC 的面积为 $\mathrm{d}A$，三个微分坐标面 BQC、AQC 和 AQB 的面积分别为 $\mathrm{d}A_x$、$\mathrm{d}A_y$、$\mathrm{d}A_z$，由图 9-4 中的几何关系可得

$$\mathrm{d}A_x = l\,\mathrm{d}A, \mathrm{d}A_y = m\,\mathrm{d}A, \mathrm{d}A_z = n\,\mathrm{d}A$$

设 ABC 面上的全应力为 S，全应力 S 沿三个坐标轴方向的分量分别是 S_x、S_y、S_z，由于变形体在外力作用下处于平衡状态，因此，由静力平衡条件 $\sum F_x = \sum F_y = \sum F_z = 0$ 可得

$$S_x \,\mathrm{d}A = \sigma_x \,\mathrm{d}A_x + \tau_{yx} \,\mathrm{d}A_y + \tau_{zx} \,\mathrm{d}A_z$$
$$S_y \,\mathrm{d}A = \tau_{xy} \,\mathrm{d}A_x + \sigma_y \,\mathrm{d}A_y + \tau_{zy} \,\mathrm{d}A_z$$
$$S_z \,\mathrm{d}A = \tau_{xz} \,\mathrm{d}A_x + \tau_{yz} \,\mathrm{d}A_y + \sigma_z \,\mathrm{d}A_z$$

整理以后得

$$\left. \begin{array}{l} S_x = \sigma_x l + \tau_{yx} m + \tau_{zx} n \\ S_y = \tau_{xy} l + \sigma_y m + \tau_{zy} n \\ S_z = \tau_{xz} l + \tau_{yz} m + \sigma_z n \end{array} \right\} \tag{9-8}$$

简记为

$$S_i = \sigma_{ij} l_j \tag{9-9}$$

全应力 S 为

$$|S|^2 = S_x^2 + S_y^2 + S_z^2 \tag{9-10}$$

该斜切面上的正应力 σ_N 等于全应力 S 在法线 N 上的投影。也就是等于全应力 S 的三个分量 S_x、S_y、S_z 在法线 N 方向上的投影之和，即

$$\sigma_N = S_x l + S_y m + S_z n \tag{9-11}$$

将式（9-8）代入式（9-11），整理后可得

$$\sigma_N = \sigma_x l^2 + \sigma_y m^2 + \sigma_z n^2 + 2(\tau_{xy} lm + \tau_{yz} mn + \tau_{zx} nl) \tag{9-12}$$

斜切面上的切应力为

$$\tau_N^2 = |S|^2 - \sigma_N^2 \tag{9-13}$$

由此可见，已知过一点相互垂直的三个坐标面上的九个应力分量 σ_x、σ_y、σ_z、τ_{xy}、τ_{yz}、τ_{zx}、τ_{yx}、τ_{zy}、τ_{xz}，则过该点任意斜截面上的应力可以根据式（9-8）计算出来。也就是说，已知过一点相互垂直的三个坐标面上的九个应力分量，那么该点的应力状态就被确定了。虽然是在不同的坐标系下，表示该点应力状态的九个应力分量也是不同的，即各应力分量随坐标的变化而改变；但过一点相互垂直的三个坐标面上的九个应力分量作为一个整体用来表示一点应力状态的这个物理量与坐标的选择无关。这个物理量通常称为应力张量，用符号 σ_{ij} 来表示，即

$$\sigma_{ij} = \begin{pmatrix} \sigma_x & \tau_{xy} & \tau_{xz} \\ \tau_{yx} & \sigma_y & \tau_{yz} \\ \tau_{zx} & \tau_{zy} & \sigma_z \end{pmatrix} \tag{9-14}$$

由于两个切应力互成对等，故可简写为

$$\sigma_{ij} = \begin{pmatrix} \sigma_x & \tau_{xy} & \tau_{xz} \\ \cdot & \sigma_y & \tau_{yz} \\ \cdot & \cdot & \sigma_z \end{pmatrix} \tag{9-15}$$

三、张量和应力张量

（一）张量（Tensor）的基本知识

1. 角标符号

带有下角标的符号称为角标符号，可用来表示成组的符号或者数组。例如，笛卡儿坐标系的三个轴 x、y、z 可写成 x_1、x_2、x_3，于是就可以用角标符号简记为 x_i（$i=1$，2，3）；空间直线的余弦 l、m、n 可写成 l_x、l_y、l_z，用角标符号简记为 l_i（$i=x$，y，z）；表示一个点的应力状态的九个分量 σ_{xx}、σ_{yy}……可记为 σ_{ij}（i，$j=x$，y，z）等。如果一个角标符号带有 m 个角标，每个角标取 n 个值，则该角标符号代表 n^m 个元素。如 σ_{ij}（i、$j=x$，y，z）就有 $3^2=9$ 个元素。

2. 求和约定

在运算中常遇到求几个数组各元素乘积之和，如空间中的平面方程为

$$Ax + By + Cz = p$$

采用角标符号，将 A、B、C 写成 a_1、a_2、a_3，并记为 a_i（$i=1$，2，3），将 x、y、z 写成 x_i（$i=1$，2，3），于是上式可写成

$$a_1 x_1 + a_2 x_2 + a_3 x_3 = \sum_{i=1}^{3} a_i x_i = p$$

为了省略求和记号 $\sum$，可引入如下的求和约定：在算式的某一项中，如果有某个角标重复出现，就表示要对该角标 $1 \sim n$ 所有元素求和。这样，上式可简记为

$$a_i x_i = p \, (i = 1, 2, 3)$$

下面再举一些例子。

$\sigma_N = \sigma_x l^2 + \sigma_y m^2 + \sigma_z n^2 + 2 \, (\tau_{xy} lm + \tau_{yz} mn + \tau_{zx} nl)$ 可简记为

$$\sigma_N = \sigma_{ij} l_i l_j \, (i, j = x, y, z)$$

$$\begin{cases} T_x = \sigma_x l + \tau_{yx} m + \tau_{zx} n \\ T_y = \tau_{xy} l + \sigma_y m + \tau_{zy} n \\ T_z = \tau_{xz} l + \tau_{yz} m + \sigma_z n \end{cases}$$

可简记为

$$T_i = \sigma_{ij} l_i \, (i, j = x, y, z)$$

从上述例子可以看到，算式的某一项中，有的角标重复出现，有的角标不重复出现，将重复出现的角标称为哑标，不重复出现的角标称为自由标。自由标不包含求和的意思，但它可表示该表达式的个数。

3. 张量的基本概念

有些简单的物理量，如时间、距离、温度等，只需要一个标量就可以表达出来，它的量值为一个实数。有些物理量，如位移、速度、力等空间矢量，则需要用空间坐标系中的三个分量来表示。有些复杂的物理量，如应力状态、应变状态等，需要空间坐标系中的三个矢量，即九个分量才能完整地表示出来，这就需要引入张量。

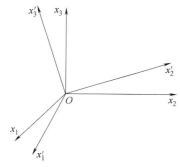

张量是矢量的推广，与矢量相类似，可以定义由若干个当坐标系改变时满足转换关系的分量所组成的集合为张量。

现设某个物理量 P，它关于 x_i $(i = 1, 2, 3)$ 的空间坐标系存在九个分量 P_{ij} $(i = 1, 2, 3)$。若将 x_i 空间坐标系的坐标轴绕原点 O 旋转一个角度，则新的空间坐标系 x_k $(k = 1', 2', 3')$ 如图 9-5 所示。新的空间坐标系 x_k 的坐标轴在原坐标系 x_i 中的方向余弦见表 9-1。

表 9-1 中的九个方向余弦可记为 l_{ki} 或者 l_{rj} $(i, j = 1, 2, 3, k, r = 1', 2', 3')$。由于 $\cos(x_k, x_i) = \cos(x_i, x_k)$，所以 $l_{ki} = l_{ik}$，$l_{rj} = r_{jr}$。

图 9-5 空间坐标系 x_i 和 x_k

表 9-1 新旧坐标系间的方向余弦

坐标系	x_1	x_2	x_3
x_1'	$l_{1'1}$	$l_{1'2}$	$l_{1'3}$
x_2'	$l_{2'1}$	$l_{2'2}$	$l_{2'3}$
x_3'	$l_{3'1}$	$l_{3'2}$	$l_{3'3}$

上述这个物理量 P 对于新的空间坐标系 $x_k = (k = 1', 2', 3')$ 的九个分量 P_{kr} $(k, r = 1', 2', 3')$。若这个物理量 P 在坐标系 x_i $(i = 1, 2, 3)$ 的九个应力分量 P_{ij} 与在坐标系 k_k $(k = 1', 2', 3')$ 的九个分量 P_{kr} $(k, r = 1', 2', 3')$ 之间存在下列线性变换关系

$$P_{kr}=P_{ij}l_{ki}l_{rj}(i,j=1,2,3;k,r=1',2',3') \tag{9-16}$$

则这个物理量 P 为张量，用矩阵表示

$$P_{ij}=\begin{pmatrix} P_{11} & P_{12} & P_{13} \\ P_{21} & P_{22} & P_{23} \\ P_{31} & P_{32} & P_{33} \end{pmatrix} \tag{9-17}$$

张量所带的下角标的数目称为张量的阶数。P_{ij} 是二阶张量，矢量是一阶张量，而标量则是零阶张量。

式（9-16）为二阶张量的判别式。

4. 张量的某些性质

（1）存在张量不变量　张量的分量一定可以组成某些函数 $f(P_{ij})$，这些函数值与坐标轴的选择无关，即不随坐标而变，这样的函数称为张量的不变量。对于二阶张量，存在三个独立的不变量。

（2）张量可以叠加和分解　几个同阶张量各对应的分量之和或者差，定义为另一同阶张量。两个相同的张量之差，定义为零张量。

（3）张量可分对称张量、非对称张量、反对称张量　若 $P_{ij}=P_{ji}$，则为对称张量；若 $P_{ij}\neq P_{ji}$，则为非对称张量；若 $P_{ij}=-P_{ji}$，则为反对称张量。

（4）二阶对称张量存在三个主轴和三个主值　如取主轴为坐标轴，则两个下角标不同的分量都将为零，留下两个下角标相同的三个分量，称为主值。

（二）应力张量（Stress Tensor）

在一定的外力条件下，受力物体内任意点的应力状态已被确定，如果取不同的坐标系，则表示该点应力状态的九个应力分量将有不同的数值，而该点的应力状态并没有变化。因此，在不同坐标系中的应力分量之间应该存在一定的关系。

现设受力物体内一点的应力状态在 x_i（$i=x$，y，z）坐标系中的九个应力分量为 σ_{ij}（i，$j=x$，y，z），当 x_i 坐标系转换到另一坐标系 x_k（$k=x'$，y'，z'）时，其应力分量为 σ_{kr}（k，$r=x'$，y'，z'），σ_{ij} 与 σ_{kr} 之间的关系符合数学上张量之定义，即存在线性变换关系式（9-16），则有

$$\sigma_{kr}=\sigma_{ij}l_{li}l_{rj}(i,j=x,y,z;k,r=x',y',z')$$

因此，表示点应力状态的九个应力分量构成一个二阶张量，称为应力张量，可用张量符号 σ_{ij} 表示，即

$$\sigma_{ij}=\begin{pmatrix} \sigma_x & \tau_{xy} & \tau_{xz} \\ \tau_{yx} & \sigma_y & \tau_{yz} \\ \tau_{zx} & \tau_{zy} & \sigma_z \end{pmatrix} \tag{9-18}$$

每一分量称为应力张量之分量。

根据张量的基本性质，应力张量可以叠加和分解、存在三个主轴（主方向）和三个主值（主应力）以及三个独立的应力张量不变量。

四、主应力、应力张量不变量和应力椭球面

1. 主应力和应力张量不变量

由式（9-12）和式（9-13）可知，如果表示一点应力状态的九个应力分量已知，则过该

点的斜微分面上的正应力 σ_N 和切应力 τ_N 都将随着外法线 N 的方向余弦 l、m、n 的变化而变化。当 l、m、n 在某一组合情况下，斜微分面上的全应力 S 和正应力 σ_N 重合，显然切应力 $\tau_N = 0$。这种情况下的微分面称为主平面，主平面上的正应力称为主应力，主平面的法线方向就是主应力方向，称为应力主方向或者应力主轴（图 9-6）。

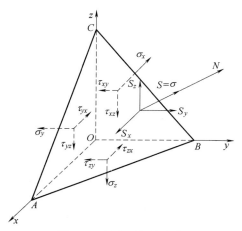

图 9-6　主平面上的应力

假设斜微分面 ABC 是待求的主平面，面上的切应力 $\tau_N = 0$，因而正应力就是全应力，即 $|S| = \sigma_N$。于是全应力在三个坐标轴上的投影为

$$\left.\begin{array}{l} S_x = |S| l = \sigma_N l \\ S_y = |S| m = \sigma_N m \\ S_z = |S| n = \sigma_N n \end{array}\right\} \tag{9-19}$$

将式（9-19）代入式（9-8），整理后得

$$\left.\begin{array}{l} (\sigma_x - \sigma_N) l + \tau_{yx} m + \tau_{zx} n = 0 \\ \tau_{xy} l + (\sigma_y - \sigma_N) m + \tau_{zy} n = 0 \\ \tau_{xz} l + \tau_{yz} m + (\sigma_z - \sigma_N) n = 0 \end{array}\right\} \tag{9-20}$$

式（9-20）是以 l、m、n 为未知数的齐次线性方程组，其解就是应力主轴的方向。此方程组的一组解就是 $l = m = n = 0$。但是，由解析几何可知，方向余弦之间必须满足以下关系

$$l^2 + m^2 + n^2 = 1 \tag{9-21}$$

l、m、n 不可能同时为零，所以必须寻求式（9-20）的非零解。根据线性方程理论，只有在齐次线性方程组式（9-20）的系数行列式等于零的条件下，该方程组才有非零解。所以必有

$$\begin{vmatrix} (\sigma_x - \sigma_N) & \tau_{yx} & \tau_{zx} \\ \tau_{xy} & (\sigma_y - \sigma_N) & \tau_{zy} \\ \tau_{xz} & \tau_{yz} & (\sigma_z - \sigma_N) \end{vmatrix} = 0 \tag{9-22}$$

展开行列式，整理后得

$$\sigma_N^3 - (\sigma_x + \sigma_y + \sigma_z)\sigma_N^2 - (\tau_{xy}^2 + \tau_{yz}^2 + \tau_{zx}^2 - \sigma_x\sigma_y - \sigma_y\sigma_z - \sigma_z\sigma_x)\sigma_N -$$
$$(\sigma_x\sigma_y\sigma_z + 2\tau_{xy}\tau_{yz}\tau_{zx} - \sigma_x\tau_{yz}^2 - \sigma_y\tau_{zx}^2 - \sigma_z\tau_{x}y^2) = 0 \tag{9-23}$$

假设

$$\left.\begin{array}{l} I_1 = \sigma_x + \sigma_y + \sigma_z \\ I_2 = \tau_{xy}^2 + \tau_{yz}^2 + \tau_{zx}^2 - \sigma_x\sigma_y - \sigma_y\sigma_z - \sigma_z\sigma_x \\ I_3 = \sigma_x\sigma_y\sigma_z + 2\tau_{xy}\tau_{yz}\tau_{zx} - \sigma_x\tau_{yz}^2 - \sigma_y\tau_{zx}^2 - \sigma_z\tau_{x}y^2 \end{array}\right\} \tag{9-24}$$

则式（9-23）变为

$$\sigma_N^3 - I_1\sigma_N^2 - I_2\sigma_N - I_3 = 0 \tag{9-25}$$

式（9-25）是以 N 为未知数的三次方程式，称为应力状态方程，可以证明式（9-23）必然有三个实根，也就是三个主应力，一般用 σ_1、σ_2、σ_3 来表示。在推导式（9-23）时，坐标系是任意选取的，因此，由式（9-23）所求得的三个主应力的大小与坐标系的选取无关。对于一个确定的应力状态，只能有一组（三个）主应力的数值。当坐标的方向改变时，应力张量的分量将发生改变，但主应力的数值并未发生改变，因此，特征方程式（9-25）中

的系数 I_1、I_2、I_3 应该是单值的，是不随坐标而变化的。由于这些系数是由应力张量的分量所组成的，因此，将 I_1、I_2、I_3 分别称为应力张量的第一、第二、第三不变量。将由式 (9-23) 所求得的三个主应力的值代入式 (9-20)，可求得每个主平面的三个方向余弦，并可以证明这三个主平面是相互垂直的。

由于 σ_1、σ_2、σ_3 是方程式 (9-25) 的根，因此，下述方程式必定成立

$$(\sigma_N - \sigma_1)(\sigma_N - \sigma_2)(\sigma_N - \sigma_3) = 0$$

展开后得

$$\sigma_N^3 - (\sigma_1 + \sigma_2 + \sigma_3)\sigma_N^2 + (\sigma_1\sigma_2 + \sigma_2\sigma_3 + \sigma_3\sigma_1)\sigma_N - \sigma_1\sigma_2\sigma_3 = 0$$

对照式 (9-25) 可得

$$\left. \begin{aligned} I_1 &= \sigma_x + \sigma_y + \sigma_z \\ I_2 &= -(\sigma_1\sigma_2 + \sigma_2\sigma_3 + \sigma_3\sigma_1) \\ I_3 &= \sigma_1\sigma_2\sigma_3 \end{aligned} \right\} \tag{9-26}$$

由此可见，采用应力主方向作为坐标轴时，可使应力状态的描述大为简化。描述变形体内一点的应力状态可以用三个主应力 σ_1、σ_2、σ_3 来表示，此时应力张量可以写成如下形式

$$\sigma_{ij} = \begin{pmatrix} \sigma_1 & 0 & 0 \\ 0 & \sigma_2 & 0 \\ 0 & 0 & \sigma_3 \end{pmatrix} \tag{9-27}$$

在主轴坐标系中斜微分面上应力分量的公式可以简化为下列表达式

$$\left. \begin{aligned} S_1 &= \sigma_1 l \\ S_2 &= \sigma_2 m \\ S_3 &= \sigma_3 n \end{aligned} \right\} \tag{9-28}$$

$$S^2 = \sigma_1^2 l^2 + \sigma_2^2 m^2 + \sigma_3^2 n^2 \tag{9-29}$$

$$\sigma_N = \sigma_1 l^2 + \sigma_2 m^2 + \sigma_3 n^2 \tag{9-30}$$

$$\tau_N^2 = |S|^2 - \sigma_N^2 = \sigma_1^2 l^2 + \sigma_2^2 m^2 + \sigma_3^2 n^2 - (\sigma_1 l^2 + \sigma_2 m^2 + \sigma_3 n^2)^2 \tag{9-31}$$

利用应力张量不变量，可以判别应力状态的异同。

现举例说明，设有以下两个应力张量

$$\sigma_{ij} = \begin{pmatrix} a & 0 & 0 \\ 0 & b & 0 \\ 0 & 0 & 0 \end{pmatrix}$$

$$\sigma_{ij} = \begin{pmatrix} \dfrac{a+b}{2} & \dfrac{a-b}{2} & 0 \\ \dfrac{a-b}{2} & \dfrac{a+b}{2} & 0 \\ 0 & 0 & 0 \end{pmatrix}$$

上述两个张量是否表示同一应力状态，可以通过求得的应力张量不变量是否相同来判别。按式 (9-24) 计算，上述两个应力状态的应力张量不变量相同，均为

$$I_1 = a + b \quad I_2 = -ab \quad I_3 = 0$$

所以上述两个应力状态相同。

2. 应力椭球面
应力椭球面是在主轴坐标系中点应力状态的几何表达。

由式（9-28）可得

$$l = \frac{S_1}{\sigma_1} \quad m = \frac{S_2}{\sigma_2} \quad n = \frac{S_3}{\sigma_3}$$

由于

$$l^2 + m^2 + n^2 = 1$$

于是可得

$$\frac{S_1^2}{\sigma_1^2} + \frac{S_2^2}{\sigma_2^2} + \frac{S_3^2}{\sigma_3^2} = 1 \tag{9-32}$$

式（9-32）是椭球面方程，其主半轴的长度分别为 σ_1、σ_2、σ_3。这个椭球面称为应力椭球面，如图 9-7 所示。对于一个确定的应力状态，任意斜切面上全应力矢量 S 的端点必然在椭球面上。

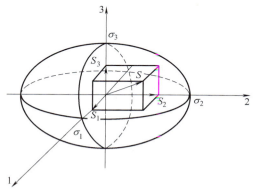

图 9-7　应力椭球面

人们常常根据三个主应力的特点来区分各种应力状态，如图 9-8 所示。若 σ_1、σ_2、σ_3 各不相等且均不为 0，称为三向应力状态，如图 9-8（a）所示，在锻造、挤压和轧钢等工艺中，大多是这种应力状态。若 $\sigma_1 \neq \sigma_2$ 且均不为 0，$\sigma_3 = 0$，称为两向应力状态（或者平面应力状态），如图 9-8（b）所示。此时应力椭球面变为某个平面上的椭圆轨迹，弯曲、扭转等工艺就属于这种应力状态。若 $\sigma_1 \neq \sigma_2$，$\sigma_2 = \sigma_3 \neq 0$，称为圆柱应力状态，如图 9-8（c）所示。此时应力椭球面变为旋转椭球面，该点的应力状态对称于主轴。若 $\sigma_1 \neq \sigma_2$，$\sigma_2 = \sigma_3 = 0$，称为单向应力状态，也属于圆柱应力状态。在这种状态下，与 σ_1 轴垂直的所有方向都是主方向，而且这些方向上的主应力都是相等的。若 $\sigma_1 = \sigma_2 = \sigma_3$，称为球应力状态，如图 9-8（d）所示。根据式（9-31）可知，这时 $\tau \equiv 0$，即所有方向都没有切应力，所以都是主方向，而且所有方向上的应力都相等，此时应力椭球面变成了球面。

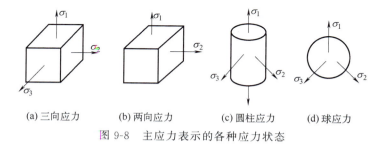

(a) 三向应力　　(b) 两向应力　　(c) 圆柱应力　　(d) 球应力

图 9-8　主应力表示的各种应力状态

设某点应力张量为

$$\sigma_{ij} = \begin{pmatrix} -5 & 3 & 2 \\ \cdot & -6 & 3 \\ \cdot & \cdot & -5 \end{pmatrix}$$

试求过该点的三个主应力。

由式（9-24）可以算出三个应力张量不变量为

$$I_1 = -16; \ I_2 = -63; \ I_3 = 0$$

将其代入式（9-25）可解出三个主应力之值为

$$\sigma_1 = 0, \ \sigma_2 = -7\mathrm{MPa}, \ \sigma_3 = -9\mathrm{MPa}$$

3. 主应力图

受力物体内一点的应力状态，可用作用在应力单元体上的主应力来描述，只用主应力的个数及符号来描述一点的应力状态的简图称为主应力图。一般，主应力图只表示出主应力的个数及正负号，并不表明作用应力的大小。

主应力图共有九种，其中三向应力状态的四种，两向应力状态的三种，单向应力状态的两种，如图9-9所示。在两向和三向主应力图中，各向主应力符号相同时，称为同号主应力图，符号不同时称为异号主应力图，根据主应力图，可定性比较某一种材料采用不同的塑性成形工艺加工时其塑性和变形抗力的差异。

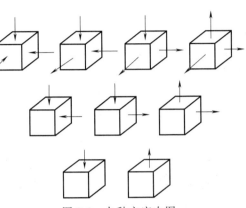

图 9-9　九种主应力图

五、主切应力和最大切应力

切应力有极值的平面称为主切应力平面，该面上作用的切应力称为主切应力。

物体的塑性变形是由切应力产生的。当切应力达到某个临界值时，物体便由弹性状态进入塑性（屈服）状态。下面讨论如何由点的应力状态求切应力的极值。

取应力主轴为坐标轴，则任意斜切面上的切应力由式（9-31）

$$\tau_N^2 = |S|^2 - \sigma_N^2 = \sigma_1^2 l^2 + \sigma_2^2 m^2 + \sigma_3^2 n^2 - (\sigma_1 l^2 + \sigma_2 m^2 + \sigma_3 n^2)^2$$

以 $n_2 = 1 - l_2 - m^2$ 代入上式消去 n 得

$$\tau_N^2 = (\sigma_1^2 - \sigma_3^2) l^2 + (\sigma_2^2 - \sigma_3^2) m^2 + \sigma_3^2 - [(\sigma_1 - \sigma_3) l^2 + (\sigma_2 - \sigma_3) m^2 + \sigma_3]^2 \tag{9-33}$$

为求切应力的极值，可将式（9-33）分别对 l、m 求偏导数并使之等于零得到

$$\left. \begin{array}{l} [(\sigma_1 - \sigma_3) - 2(\sigma_1 - \sigma_3) l^2 - 2(\sigma_2 - \sigma_3) m^2](\sigma_1 - \sigma_3) l = 0 \\ [(\sigma_2 - \sigma_3) - 2(\sigma_1 - \sigma_3) l^2 - 2(\sigma_2 - \sigma_3) m^2](\sigma_2 - \sigma_3) m = 0 \end{array} \right\} \tag{9-34}$$

现对式（9-34）的解进行如下讨论：

（1）当 $\sigma_1 = \sigma_2 = \sigma_3$ 时　此时由式（9-33）得 $\tau_N = 0$，过该点所有方向都是主应力方向，没有切应力，这是球应力状态，不是所需的解。

（2）当 $\sigma_1 \neq \sigma_2 = \sigma_3$ 时　由式（9-34）可得 $l = \pm \dfrac{1}{\sqrt{2}}$。这是圆柱应力状态，此时外法线方向与 σ_1 轴成45°的所有平面都是主切应力平面，而外法线方向与 σ_1 轴成90°的所有平面都是应力主平面。

（3）当 $\sigma_1 \neq \sigma_2 \neq \sigma_3$ 时　此时三个主应力都不相同。式（9-34）变为如下形式

$$\left. \begin{array}{l} [(\sigma_1 - \sigma_3) - 2(\sigma_1 - \sigma_3) l^2 - 2(\sigma_2 - \sigma_3) m^2] l = 0 \\ [(\sigma_2 - \sigma_3) - 2(\sigma_1 - \sigma_3) l^2 - 2(\sigma_2 - \sigma_3) m^2] m = 0 \end{array} \right\} \tag{9-35}$$

以下分别进行讨论：

1) 当 $l=m=0$，$n=\pm 1$ 时，此时由式（9-33）可知 $\tau_N=0$，这是一对主平面，不是所需要的解。

2) 当 $l\neq m\neq 0$，由式（9-35）可得 $\sigma_1=\sigma_2$，这与前提条件 $\sigma_1\neq\sigma_2\neq\sigma_3$ 不符。

3) 当 $l=0$，$m\neq 0$ 时，由式（9-35）可得 $m=\pm\dfrac{1}{\sqrt{2}}$，由式（9-21）得 $n=\pm\dfrac{1}{\sqrt{2}}$。该条件下所得到的主切应力平面与主平面 1 垂直，与主平面 2、3 成 45°夹角，如图 9-10（a）所示。

4) 当 $l\neq 0$，$m=0$ 时，由式（9-35）可得 $l=\pm\dfrac{1}{\sqrt{2}}$，由式（9-21）得 $n=\pm\dfrac{1}{\sqrt{2}}$。该条件下所得到的主切应力平面与主平面 2 垂直，与主平面 1、3 成 45°夹角，如图 9-10（b）所示。

同理，分别将 $l^2=1-m^2-n^2$，$m^2=1-l^2-n^2$ 代入式（9-31），也可以分别求得三组方向余弦的值，除去重复的解，可以得到另一组主切应力平面的方向余弦值，即

$$n=0 \quad m=\pm\frac{1}{\sqrt{2}}$$

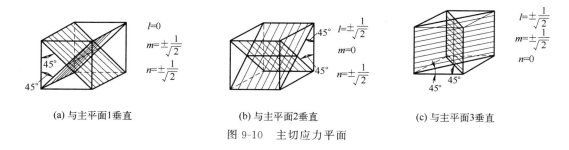

(a) 与主平面1垂直　　　　　(b) 与主平面2垂直　　　　　(c) 与主平面3垂直

图 9-10　主切应力平面

该条件下所得到的主切应力平面与主平面 3 垂直，与主平面 1、2 成 45°夹角，如图 9-10（c）所示。将方向余弦分别代入式（9-30）和式（9-31），可求得主切应力平面上的正应力和主切应力。主切应力平面上的正应力为

$$\sigma_{12}=\frac{\sigma_1+\sigma_2}{2},\ \sigma_{23}=\frac{\sigma_2+\sigma_3}{2},\ \sigma_{31}=\frac{\sigma_3+\sigma_1}{2} \tag{9-36}$$

主切应力为

$$\tau_{23}=\pm\frac{\sigma_2-\sigma_3}{2},\ \tau_{31}=\pm\frac{\sigma_3-\sigma_1}{2},\ \tau_{12}=\pm\frac{\sigma_1-\sigma_2}{2} \tag{9-37}$$

为清楚起见，将上述结果列于表 9-2。应该指出的是，主应力之间的关系是按照代数值规定的，而主切应力之间的关系是按照绝对值规定的。在六个主切应力中，绝对值最大的主切应力称为最大切应力 $\tau_{\max}$，其值由下式给出

$$\tau_{\max}=\frac{1}{2}(\sigma_{\max}-\sigma_{\min}) \tag{9-38}$$

当主应力顺序已知，如 $\sigma_1\geqslant\sigma_2\geqslant\sigma_3$ 时，则最大切应力 $\tau_{\max}$ 可表示为

$$\tau_{\max}=\frac{1}{2}(\sigma_1-\sigma_3) \tag{9-39}$$

表 9-2　主平面、主切应力平面及其截面上的正应力和切应力

截面	主平面			主切应力平面		
l	0	0	± 1	0	$\pm\dfrac{1}{\sqrt{2}}$	$\pm\dfrac{1}{\sqrt{2}}$
m	0	± 1	0	$\pm\dfrac{1}{\sqrt{2}}$	0	$\pm\dfrac{1}{\sqrt{2}}$
n	± 1	0	0	$\pm\dfrac{1}{\sqrt{2}}$	$\pm\dfrac{1}{\sqrt{2}}$	0
切应力	0	0	0	$\pm\dfrac{\sigma_2-\sigma_3}{2}$	$\pm\dfrac{\sigma_3-\sigma_1}{2}$	$\pm\dfrac{\sigma_1-\sigma_2}{2}$
正应力	σ_3	σ_2	σ_1	$\dfrac{\sigma_2+\sigma_3}{2}$	$\dfrac{\sigma_3+\sigma_1}{2}$	$\dfrac{\sigma_1+\sigma_2}{2}$

六、应力偏张量和应力球张量

一个物体受力作用后就要发生变形。变形可分为两部分，即体积的改变和形状的改变。单位体积的改变为

$$\theta=\frac{1-2v}{E}(\sigma_1+\sigma_2+\sigma_3) \tag{9-40}$$

式中，v 为材料的泊松比；E 为材料的弹性模量。

现设 σ_m 为三个正应力分量的平均值，即

$$\sigma_m=\frac{1}{3}(\sigma_x+\sigma_y+\sigma_z)=\frac{1}{3}I_1=\frac{1}{3}(\sigma_1+\sigma_2+\sigma_3) \tag{9-41}$$

σ_m 一般称为平均应力，又称静水压力，是不变量，与所取坐标无关，对于一个确定的应力状态，它是单值的。

于是，点的应力张量式（9-14）可以解成以下两部分

$$\sigma_{ij}=\begin{pmatrix} \sigma_x & \tau_{xy} & \tau_{xz} \\ \tau_{yx} & \sigma_y & \tau_{yz} \\ \tau_{zx} & \tau_{zy} & \sigma_z \end{pmatrix}=\begin{pmatrix} (\sigma_x-\sigma_m) & \tau_{xy} & \tau_{xz} \\ \tau_{yx} & (\sigma_y-\sigma_m) & \tau_{yz} \\ \tau_{zx} & \tau_{zy} & (\sigma_z-\sigma_m) \end{pmatrix}+\begin{pmatrix} \sigma_m & 0 & 0 \\ 0 & \sigma_m & 0 \\ 0 & 0 & \sigma_m \end{pmatrix} \tag{9-42}$$

式（9-42）右边第二个张量表示一种球应力状态，称为应力球张量。当质点处于球应力状态下，过该点的任意方向均为主方向，且各方向的主应力相等，而任何切面上都没有切应力。所以应力球张量的作用与静水压力相同，它只能引起物体的体积变化，而不能使物体发生形状变化和产生塑性变形。对于一般金属材料，应力球张量所引起的体积变化是弹性的，当应力去除后，体积变化便消失。

式（9-42）右边第一个张量称为应力偏张量，记为 σ'_{ij}。在应力偏张量中不再包含各向等应力的成分（因为应力偏张量的平均应力为零），因此应力偏张量不会引起物体的体积变化。再者，应力偏张量中的切应力成分与整个应力张量中的切应力成分完全相等，因此应力偏张量完全包括了应力张量作用下的形状变化因素。

归纳起来，物体在应力张量作用下所发生的变形，包括体积变化和形状变化两部分；前者取决于应力张量中的应力球张量，而后者取决于应力偏张量；体积变化只能是弹性的，而当应力偏张量满足一定的数量关系时，则物体发生塑性变形。

应力偏张量同样有三个不变量，可用 I'_1、I'_2 和 I'_3 表示。将应力偏张量的分量代入式

（9-24），可得

$$I_1' = (\sigma_x - \sigma_m) + (\sigma_y - \sigma_m) + (\sigma_z - \sigma_m) = 0$$

$$I_2' = \frac{1}{6}\left[(\sigma_x - \sigma_y)^2 + (\sigma_y - \sigma_z)^2 + (\sigma_z - \sigma_x)^2 + 6(\tau_{xy}^2 + \tau_{yz}^2 + \tau_{zx}^2)\right]$$

$$I_3' = \begin{vmatrix} \sigma_x - \sigma_m & \tau_{xy} & \tau_{xz} \\ \tau_{yx} & \sigma_y - \sigma_m & \tau_{yz} \\ \tau_{zx} & \tau_{zy} & \sigma_z - \sigma_m \end{vmatrix}$$

$$= \sigma_x' \sigma_y' \sigma_z' + 2\tau_{xy}\tau_{yz}\tau_{zx} - (\sigma_x'\tau_{yz}^2 + \sigma_y'\tau_{zx}^2 + \sigma_z'\tau_{xy}^2)$$

（9-43）

式中，$\sigma_x' = \sigma_x - \sigma_m$，$\sigma_y' = \sigma_y - \sigma_m$，$\sigma_z' = \sigma_z - \sigma_m$。

当用主应力形式表示时

$$I_1' = 0$$

$$I_2' = \frac{1}{6}\left[(\sigma_1 - \sigma_2)^2 + (\sigma_2 - \sigma_3)^2 + (\sigma_3 - \sigma_1)^2\right]$$

$$I_3' = \sigma_1'\sigma_2'\sigma_3'$$

（9-44）

式中，$\sigma_1' = \sigma_1 - \sigma_m$，$\sigma_2' = \sigma_2 - \sigma_m$，$\sigma_3' = \sigma_3 - \sigma_m$。

主应力偏张量第二不变量 I^2 十分重要，它将被作为塑性变形的判据。它还可以使八面体（等倾面）切应力的表达式简化。

七、八面体应力和等效应力

当用主应力表示应力张量不变量时，三个主应力不变量可表示为

$$I_1 = \sigma_1 + \sigma_2 + \sigma_3, I_2 = -(\sigma_1\sigma_2 + \sigma_2\sigma_3 + \sigma_3\sigma_1), I_3 = \sigma_1\sigma_2\sigma_3$$

而 $\frac{1}{3}I_1$ 刚好是平均应力 σ_m，即

$$\sigma_m = \frac{1}{3}(\sigma_x + \sigma_y + \sigma_z) = \frac{1}{3}I_1 = \frac{1}{3}(\sigma_1 + \sigma_2 + \sigma_3)$$

它正是与三个坐标轴等倾角的平面（等倾面、八面体平面）上的正应力 σ_8，证明如下。

取八面体的第一象限部分可得到一个四面体，如图 9-11（a）所示，与主平面相一致的三个坐标面上作用着主应力 σ_1、σ_2、σ_3，而为斜面的八面体平面是等倾面（其法线与三个坐标轴的夹角都相等，即 $|l| = |m| = |n| = \frac{1}{\sqrt{3}}$），由式（9-30）及式（9-31）此八面体平面上的正应力 σ_8 及剪应力 τ_8 为

$$\sigma_8 = \sigma_1 l^2 + \sigma_2 m^2 + \sigma_3 n^2 = \left(\frac{1}{\sqrt{3}}\right)^2 (\sigma_1 + \sigma_2 + \sigma_3)$$

$$= \frac{1}{3}(\sigma_1 + \sigma_2 + \sigma_3) = \sigma_m = \frac{1}{3}I_1$$

（9-45）

$$\tau_8^2 = \frac{1}{3}(\sigma_1^2 + \sigma_2^2 + \sigma_3^2) - \frac{1}{9}(\sigma_1 + \sigma_2 + \sigma_3)^2$$

（9-46）

$$\tau_8 = \pm\frac{1}{3}\sqrt{(\sigma_1 - \sigma_2)^2 + (\sigma_2 - \sigma_3)^2 + (\sigma_3 - \sigma_1)^2} = \pm\sqrt{\frac{2}{3}I_2'}$$

（9-47）

由上可见，σ_8 就是平均应力或静水压力，是不变量。τ_8 则是与应力球张量无关的不变

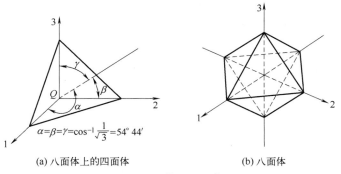

(a) 八面体上的四面体　　　　　(b) 八面体

图 9-11　八面体和八面体平面

量。对于一个确定的应力偏张量，τ_8 是确定的。将式（9-45）和式（9-47）中的 I_1 和 I'_2 分别用式（9-24）和式（9-43）中的函数式代入，即可得到以任意坐标系应力分量表示的八面体应力

$$\sigma_8 = \frac{1}{3}(\sigma_x + \sigma_y + \sigma_z) \tag{9-48}$$

$$\tau_8 = \pm\frac{1}{3}\sqrt{(\sigma_x-\sigma_y)^2+(\sigma_y-\sigma_z)^2+(\sigma_z-\sigma_x)^2+6(\tau_{xy}^2+\tau_{yz}^2+\tau_{zx}^2)} \tag{9-49}$$

将八面体切应力 τ_8 取绝对值并乘以系数 $\frac{3}{\sqrt{2}}$，所得到的参量仍是一个不变量，人们把它称为"等效应力"，也称广义应力或应力强度，以 $\bar{\sigma}$ 表示。对于主轴坐标系，等效应力的表达式为

$$\bar{\sigma} = \frac{3}{\sqrt{2}}\tau_8 = \sqrt{3I'_2} = \sqrt{\frac{1}{2}\left[(\sigma_1-\sigma_2)^2+(\sigma_2-\sigma_3)^2+(\sigma_3-\sigma_1)^2\right]} \tag{9-50}$$

对于任意坐标系，则为

$$\bar{\sigma} = \sqrt{\frac{1}{2}\left[(\sigma_x-\sigma_y)^2+(\sigma_y-\sigma_z)^2+(\sigma_z-\sigma_x)^2+6(\tau_{xy}^2+\tau_{yz}^2+\tau_{zx}^2)\right]} \tag{9-51}$$

应指出，前面讨论过的主应力、主切应力、八面体应力等都是在某些特殊微分面上实际存在的应力，而等效应力则是不能在某特定微分面上表示出来的。但是，等效应力可以在一定意义上"代表"整个应力状态中的偏张量部分，因此，它和塑性变形的关系是很密切的。

物体在变形过程中，一点的应力状态是会变化的，这时就需判断是加载还是卸载。在塑性理论中，一般是根据等效应力的变化来判断的。

如果 $\bar{\sigma}$ 增大，即 $\mathrm{d}\bar{\sigma} > 0$，就是加载，其中各应力分量都按同一比例增加，则称为比例加载或简单加载。如果 $\bar{\sigma}$ 不变，即 $\mathrm{d}\bar{\sigma} = 0$，就是中性载荷；如在 $\bar{\sigma}$ 不变的条件下，各应力分量此消彼长而变化，也可称为中性变载。如果 $\bar{\sigma}$ 减小，即 $\mathrm{d}\bar{\sigma} < 0$，就是卸载。

八、应力莫尔（Mohr）圆

应力莫尔圆也是应力状态的一种几何表达。由应力莫尔圆可以确定变形体内某点任意截面上的应力值。

设已知某应力状态的主应力，并且 $\sigma_1 \geqslant \sigma_2 \geqslant \sigma_3$。以应力主轴为坐标轴，作一斜切微分面，方向余弦为 l、m、n，则可得到如下三个熟悉的方程

$$\sigma = \sigma_1 l^2 + \sigma_2 m^2 + \sigma_3 n^2$$

$$\tau^2 = \sigma_1^2 l^2 + \sigma_2^2 m^2 + \sigma_3^2 n^2 - (\sigma_1 l^2 + \sigma_2 m^2 + \sigma_3 n^2)^2$$

$$l^2 + m^2 + n^2 = 1$$

上述三式可看成是以 l^2、m^2、n^2 为未知数的方程组。联立解此方程组可得

$$l^2 = \frac{(\sigma - \sigma_2)(\sigma - \sigma_3) + \tau^2}{(\sigma_1 - \sigma_2)(\sigma_1 - \sigma_3)} \tag{9-52}$$

$$m^2 = \frac{(\sigma - \sigma_3)(\sigma - \sigma_1) + \tau^2}{(\sigma_2 - \sigma_3)(\sigma_2 - \sigma_1)} \tag{9-53}$$

$$n^2 = \frac{(\sigma - \sigma_1)(\sigma - \sigma_2) + \tau^2}{(\sigma_3 - \sigma_1)(\sigma_3 - \sigma_2)} \tag{9-54}$$

将上列各式分子中含 σ 的括号展开并对 σ 配方，整理后可得

$$\left. \begin{array}{l} \left(\sigma - \dfrac{\sigma_2 + \sigma_3}{2}\right) + \tau^2 = l^2(\sigma_1 - \sigma_2)(\sigma_1 - \sigma_3) + \left(\dfrac{\sigma_2 - \sigma_3}{2}\right) \\[2mm] \left(\sigma - \dfrac{\sigma_3 + \sigma_1}{2}\right) + \tau^2 = l^2(\sigma_2 - \sigma_3)(\sigma_2 - \sigma_1) + \left(\dfrac{\sigma_3 - \sigma_1}{2}\right) \\[2mm] \left(\sigma - \dfrac{\sigma_1 + \sigma_2}{2}\right) + \tau^2 = l^2(\sigma_3 - \sigma_1)(\sigma_3 - \sigma_2) + \left(\dfrac{\sigma_1 - \sigma_2}{2}\right) \end{array} \right\} \tag{9-55}$$

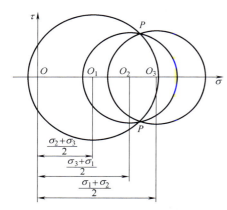

图 9-12 l、m、n 分别为定值
时的 σ 和 τ 变化规律

在 σ-τ 坐标平面上，由式（9-55）确定三个圆，圆心都在 σ 轴上，距离原点分别为 $(\sigma_2 + \sigma_3)/2$、$(\sigma_1 + \sigma_3)/2$、$(\sigma_1 + \sigma_2)/2$，它们在数值上就是主切应力平面上的正应力，三个圆的半径随方向余弦值而变。对于每一组 $|l|$、$|m|$、$|n|$，都将有如图 9-12 所示的三个圆。应注意到，在式（9-55）的三个式子中，每个都只包含一个方向余弦值，表示某一方向余弦值为定值时 σ 和 τ 的变化规律。例如，第一式只含 l，故圆 O_1 即表示 l 为定值而 m、n 变化时，σ 和 τ 的变化规律。因此，对于一个确定的微分面，三个圆必然有共同的交点，交点 P 的坐标即该面上的正应力和切应力。如用 $l = 0$ 代入式（9-55）第一式，$m = 0$ 代入第二式，$n = 0$ 代入第三式，则可得到如下的三个圆方程

$$\left. \begin{array}{l} \left(\sigma - \dfrac{\sigma_2 + \sigma_3}{2}\right)^2 + \tau^2 = \left(\dfrac{\sigma_2 - \sigma_3}{2}\right)^2 = \tau_{23}^2 \\[2mm] \left(\sigma - \dfrac{\sigma_3 + \sigma_1}{2}\right)^2 + \tau^2 = \left(\dfrac{\sigma_3 - \sigma_1}{2}\right)^2 = \tau_{31}^2 \\[2mm] \left(\sigma - \dfrac{\sigma_1 + \sigma_2}{2}\right)^2 + \tau^2 = \left(\dfrac{\sigma_1 - \sigma_2}{2}\right)^2 = \tau_{12}^2 \end{array} \right\} \tag{9-56}$$

这三个圆称为应力莫尔圆，如图 9-13 所示，它们的位置与前述的三个圆相同，半径分别等于三个主切应力。其中第一个圆 O_1 表示 $l = 0$、$m^2 + n^2 = 1$ 时，即微分面法线 N 垂直于 σ_1 轴且在 $\sigma_1 \sigma_2$ 平面上旋转时 σ 与 τ 的变化规律。圆 O_2、O_3 也可同样理解。

在 l、m、n 都不等于零时，代表微分面上应力的点虽然不在三个圆上，但它们将必然落在三个莫尔圆之间，如图 9-13 中画阴影线的部分。

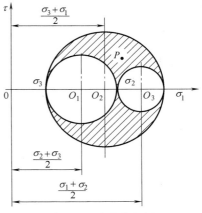

当给定任意截面的一组方向余弦时，可以在应力莫尔圆上确定表示该截面上应力值的点，如 P 点。根据式（9-55）所描述的各族同心圆半径随方向余弦的变化规律，P 点一定会落在图 9-13 所示的三向应力莫尔圆的阴影部分。对于如图 9-13 所示的三向应力莫尔圆来说，当 $\sigma_1 = \sigma_2$ 时，三个应力莫尔圆变为一个圆，如图（a）所示，为圆柱应力状态；当 $\sigma_1 = \sigma_2 = \sigma_3$ 时，三个应力莫尔圆变为一个点，如图（b）所示，为球应力状态；当 $\sigma_2 = \dfrac{\sigma_1 + \sigma_3}{2}$ 时，三个应力莫尔圆中有两个圆的大小相同，如图（c）所示，为平面应变应力状态。

图 9-13 应力莫尔圆

画应力莫尔圆时，应注意以下两点：

1）切应力的正负号是按照材料力学中的规定而确定的，即切应力对单元体内任意一点的力矩顺时针转向时规定为正，逆时针时为负。

2）应力莫尔圆上所表示的截面之间的夹角为实际物理平面之间夹角的 2 倍。

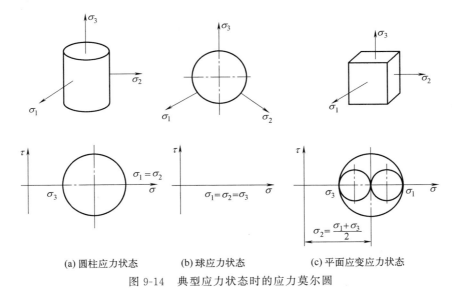

(a) 圆柱应力状态　　　(b) 球应力状态　　　(c) 平面应变应力状态

图 9-14 典型应力状态时的应力莫尔圆

九、应力平衡微分方程

一般情况下，受力物体内各点的应力状态是不同的，下面讨论相邻各点之间的应力变化关系。

设物体内有一点 Q，其坐标为 x、y、z。以 Q 为顶点切取一个边长为 $\mathrm{d}x$、$\mathrm{d}y$、$\mathrm{d}z$ 的直角平行微六面体，其另一个顶点 Q' 的坐标为 $x + \mathrm{d}x$、$y + \mathrm{d}y$、$z + \mathrm{d}z$。由于物体是连续的，应力的变化也是坐标的连续函数。

现设 Q 点的应力状态为 σ_{ij}，其 x 面上有正应力分量为

$$\sigma_x = f(x, y, z)$$

在 Q' 点的 x 面上，由于坐标变化了 $\mathrm{d}x$，其正应力分量将为

$$\sigma_{x+\mathrm{d}x} = f(x+\mathrm{d}x, y, z) \approx f(x, y, z) + \frac{\partial f}{\partial x}\mathrm{d}x = \sigma_x + \frac{\partial \sigma_x}{\partial x}\mathrm{d}x$$

Q' 点的其余 8 个应力分量可用同样方法推出，如图 9-15 所示。

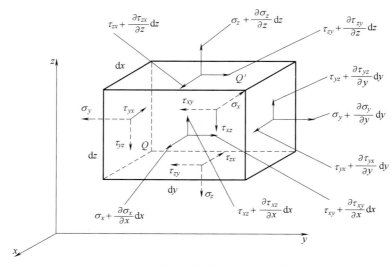

图 9-15　微六面体的应力状态分析

当该微六面体处于静力平衡状态，且不考虑体积力，则由力的平衡条件 $\sum F_x = 0$，有

$$\left(\sigma_x + \frac{\partial \sigma_x}{\partial x}\mathrm{d}x\right)\mathrm{d}y\,\mathrm{d}z + \left(\tau_{yx} + \frac{\partial \tau_{yx}}{\partial y}\mathrm{d}y\right)\mathrm{d}z\,\mathrm{d}x + \left(\tau_{zx} + \frac{\partial \tau_{zx}}{\partial z}\mathrm{d}z\right)\mathrm{d}x\,\mathrm{d}y$$
$$-\sigma_x\,\mathrm{d}y\,\mathrm{d}z - \tau_{yx}\,\mathrm{d}z\,\mathrm{d}x - \tau_{zx}\,\mathrm{d}x\,\mathrm{d}y = 0$$

整理后得

$$\frac{\partial \sigma_x}{\partial x} + \frac{\partial \tau_{yx}}{\partial y} + \frac{\partial \tau_{zx}}{\partial z} = 0$$

根据 $\sum F_y = 0$ 和 $\sum F_z = 0$，还可推得两个公式，最后可得微六面体应力平衡微分方程为

$$\left.\begin{aligned}
\frac{\partial \sigma_x}{\partial x} + \frac{\partial \tau_{yx}}{\partial y} + \frac{\partial \tau_{zx}}{\partial z} &= 0 \\[4pt]
\frac{\partial \tau_{xy}}{\partial x} + \frac{\partial \sigma_y}{\partial y} + \frac{\partial \tau_{zy}}{\partial z} &= 0 \\[4pt]
\frac{\partial \tau_{xz}}{\partial x} + \frac{\partial \tau_{yz}}{\partial y} + \frac{\partial \sigma_z}{\partial z} &= 0
\end{aligned}\right\} \tag{9-57}$$

式（9-57）是求解塑性成形问题的基本方程。但该方程组包含有 6 个未知数，是超静定的。为使方程能解，还应寻找补充方程，或对方程做适当简化。

对于平面应力状态和平面应变状态，前者 $\sigma_z = \tau_{zx} = \tau_{zy} = 0$，后者 $\tau_{zx} = \tau_{zy} = 0$，$\sigma_z$ 和 z 轴无关，故式（9-57）简化成

$$\left.\begin{aligned}
\frac{\partial \sigma_x}{\partial x} + \frac{\partial \tau_{yx}}{\partial y} &= 0 \\[4pt]
\frac{\partial \tau_{xy}}{\partial x} + \frac{\partial \sigma_y}{\partial y} &= 0
\end{aligned}\right\} \tag{9-58}$$

第二节　应 变 空 间

物体在力的作用下内部质点的相对位置和形状发生变化，即产生了变形。应变是一个表示变形大小的物理量。物体变形时其体内各个质点在各方向上都会有应变，与应力分析一样，同样需要引入"点的应变状态"的概念。点的应变状态也是二阶对称张量，故与应力张量有很多相似的特性。但是应变分析主要是几何学和运动学的问题，它和物体中的位移场或速度场有密切联系；同时，对于小变形和大变形，其应变的表示方法是不同的；对于弹性变形和塑性变形，考虑的角度也不尽相同，解决弹性和小塑性变形问题时主要用全量应变，而解决塑性成形问题时主要用应变增量或应变速率。

应变状态分析的最主要目标是建立应变及应变速率的几何方程，并为描述应力与应变关系做准备。

一、应变的概念

1. 定义（以单向均匀拉伸为例）

若杆子受单向均匀拉伸，变形前杆长为 l_0，变形后杆长为 l，如图 9-16 所示。

（1）工程应变（相对应变、条件应变）ε　这是工程上经常使用的应变指标，有时称为条件应变或称为相对应变，等于每单位原长的伸长量，即

$$\varepsilon = \frac{l - l_0}{l_0}$$

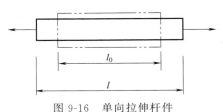

图 9-16　单向拉伸杆件

（2）对数应变（自然应变、真实应变）ε^*　对数应变的物理意义是代表一尺寸的无限小增量与该变形瞬时尺寸的比值的积分，即

$$\varepsilon^* = \int_{l_0}^{l} \frac{\mathrm{d}l}{l} = \ln \frac{l}{l_0}$$

$$\varepsilon^* = \ln \frac{l}{l_0} = \ln\left(\frac{l - l_0}{l_0} + 1\right) = \ln(1 + \varepsilon) = \varepsilon - \frac{\varepsilon^2}{2} + \frac{\varepsilon^3}{3} - \frac{\varepsilon^4}{4} + \cdots + \frac{(-1)^{n-1}\varepsilon^n}{n} + \cdots$$

当 $|\varepsilon| > 1$ 时，该级数发散；当 $-1 < \varepsilon \leqslant +1$ 时，该级数收敛。

工程应变的无限小增量表示直线单元长度的变化与它原来长度 l_0 之比，即

$$\varepsilon = \frac{l + l_0}{l_0}, \ \mathrm{d}\varepsilon = \mathrm{d}\left(\frac{l - l_0}{l_0}\right) = \frac{\mathrm{d}l}{l_0}$$

对数应变的无限小增量表示直线单元长度的变化与它的瞬时长度之比，即

$$\mathrm{d}\varepsilon^* = \mathrm{d}\left(\ln \frac{l}{l_0}\right) = \frac{\mathrm{d}l}{l} = \mathrm{d}[\ln(1 + \varepsilon)] = \frac{\mathrm{d}\varepsilon}{1 + \varepsilon}$$

对于微小应变，用这两种量度求出来的应变（和应变增量）值几乎是一样的。

2. 分析

（1）工程应变　不能表示变形的真实情况，而且变形程度越大，误差也越大。

如 $\varepsilon^* = \ln\dfrac{l}{l_0} = \ln(1+\varepsilon) = \varepsilon - \dfrac{\varepsilon^2}{2} + \dfrac{\varepsilon^3}{3} - \dfrac{\varepsilon^4}{4} + \cdots$，只有当 ε 很小时，$\varepsilon^* \approx \varepsilon$。

当变形程度小于 10% 时 ε 与 ε^* 的数值比较接近；当变形程度大于 10% 时，误差逐渐增加。

（2）对数应变为可加应变，工程应变为不可加应变 如某物从原长 $l_0 \rightarrow l_1 \rightarrow l_2 \rightarrow l_3$，总工程应变为

$$\varepsilon = \frac{l_3 - l_0}{l_0}$$

而各阶段的工程应变为

$$\varepsilon_1 = \frac{l_1 - l_0}{l_0}; \quad \varepsilon_2 = \frac{l_2 - l_1}{l_1}; \quad \varepsilon_3 = \frac{l_3 - l_2}{l_2}$$

显然

$$\varepsilon \neq \varepsilon_1 + \varepsilon_2 + \varepsilon_3$$

但用对数应变 $\varepsilon^* = \ln\dfrac{l_3}{l_0}$ 表示变形程度则无上述问题，因为各阶段的对数应变为

$$\varepsilon_1^* = \ln\frac{l_1}{l_0}; \quad \varepsilon_2^* = \ln\frac{l_2}{l_1}; \quad \varepsilon_3^* = \ln\frac{l_3}{l_2}$$

$$\varepsilon_1^* + \varepsilon_2^* + \varepsilon_3^* = \ln\frac{l_1}{l_0} + \ln\frac{l_2}{l_1} + \ln\frac{l_3}{l_2} = \ln\frac{l_1 l_2 l_3}{l_0 l_1 l_2} = \ln\frac{l_3}{l_0} = \varepsilon^*$$

所以对数应变又称之为可加应变。

（3）对数应变为可比应变，工程应变为不可比应变 若某物体由 l_0 拉长一倍后变为 $2l_0$，其工程应变为

$$\varepsilon_{拉} = \frac{2l_0 - l_0}{l_0} = 1 = 100\%$$

如果该物体缩短一倍，变为 $0.5l_0$，则其工程应变为

$$\varepsilon_{压} = -\frac{0.5l_0}{l_0} = -0.5 = -50\%$$

拉长一倍与缩短一倍，物体的变形程度应该是一样的（体积不变）。然而，如用工程应变表示拉压的变形程度，则数值相差悬殊，失去可以比较的性质。

但用对数应变表示拉压两种不同性质的变形程度，并不失去可以比较的性质。

以上例为例，拉长一倍 $\qquad \varepsilon_{拉}^* = \ln\dfrac{2l_0}{l_0} = \ln 2 = 69\%$

缩短一倍 $\qquad \varepsilon_{压}^* = \ln\dfrac{0.5l_0}{l_0} = \ln\dfrac{1}{2} = -69\%$

二、应变与位移的关系（小变形几何方程）

物体受力作用发生变形时，其内部质点将产生位移，设某一质点的位移矢量为 u，它在三个坐标轴上的投影用 u、v、w 表示，称为位移分量。由于物体在变形后仍保持连续，位移分量应为坐标的连续函数，则

$$u = u(x, y, z); \quad v = v(x, y, z); \quad w = w(x, y, z)$$

当物体中任意两个质点之间发生相对位移时，则认为该物体已发生变形，即存在应变。应变用位移的相对变化表示，这纯粹是几何学的问题，所以应变分析不论对弹性问题还是塑性问题均适用。

如同应力有正应力和切应力之分，应变也有正应变（又称线应变）和切应变两种基本方式。正应变以线元长度的相对变化来表示，而切应变以相互垂直线元之间的角度变化来表示（定义）。

现设有边长为 $\mathrm{d}x$ 和 $\mathrm{d}y$ 的微面素 $ABCD$ 仅在 xy 坐标平面内发生很小的正变形（图 9-17a），暂不考虑其刚性位移，此时线元 AB 伸长 $\mathrm{d}u$，线元 AD 缩短 $\mathrm{d}v$，则其正应变分别为

$$\varepsilon_x = \frac{\mathrm{d}u}{\mathrm{d}x}, \ \varepsilon_y = -\frac{\mathrm{d}v}{\mathrm{d}y}$$

前者为正，称为拉应变；后者为负，称为压应变。

又若该微面素发生了切变形（图 9-17b），此时线元 AB 与 AD 的夹角缩小了 γ，此角度即为切应变。显然 $\gamma = \alpha_{yx} + \alpha_{xy}$。在一般情况下，$\alpha_{xy} \neq \alpha_{yx}$。但如将微面素加一刚性转动（图 9-17c），使 $\gamma_{xy} = \gamma_{yx} = \frac{1}{2}\gamma$，则切应变的大小不变，纯变形效果仍然相同，$\gamma_{xy}$ 和 γ_{yx} 分别表示 x 和 y 方向的线元各向 y 方向和 x 方向偏转的角度。

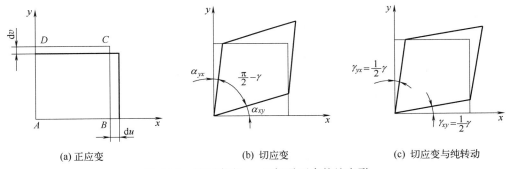

(a) 正应变	(b) 切应变	(c) 切应变与纯转动

图 9-17　微面素在 xy 坐标平面内的纯变形

在材料力学以及一般弹、塑性理论中所讨论的变形大多不超过 $10^{-3} \sim 10^{-2}$ 数量级，这种很小的变形统称小变形。

对空间变形体内的任一微元体而言，应变共有 9 个分量：3 个正应变，6 个切应变（与应力相似）。在小变形条件下微元体的应变状态可以仿照应力张量的形式表示为

$$\varepsilon_{ij} = \begin{bmatrix} \varepsilon_x & \gamma_{xy} & \gamma_{xz} \\ \gamma_{yx} & \varepsilon_y & \gamma_{yz} \\ \gamma_{zx} & \gamma_{zy} & \varepsilon_z \end{bmatrix} = \begin{bmatrix} \varepsilon_x & \gamma_{xy} & \gamma_{xz} \\ \bullet & \varepsilon_y & \gamma_{yz} \\ \bullet & \bullet & \varepsilon_z \end{bmatrix}$$

式中

$$\left. \begin{array}{l} \varepsilon_x = \dfrac{\partial u}{\partial x}, \ \gamma_{xy} = \gamma_{yx} = \dfrac{1}{2}\left(\dfrac{\partial u}{\partial y} + \dfrac{\partial v}{\partial x}\right) \\[3mm] \varepsilon_y = \dfrac{\partial v}{\partial y}, \ \gamma_{yz} = \gamma_{zy} = \dfrac{1}{2}\left(\dfrac{\partial w}{\partial y} + \dfrac{\partial v}{\partial z}\right) \\[3mm] \varepsilon_z = \dfrac{\partial w}{\partial z}, \ \gamma_{zx} = \gamma_{xz} = \dfrac{1}{2}\left(\dfrac{\partial u}{\partial z} + \dfrac{\partial w}{\partial x}\right) \end{array} \right\} \qquad (9\text{-}59)$$

式（9-59）称为小变形几何方程，也称为柯西方程。

如变形体内的位移场 u_i 已知，则可由柯西方程求得各质点的应变状态 ε_{ij}，再根据应力应变关系（本构关系），求得应力状态 σ_{ij}。而当整个变形体的位移场、应变场和应力场确定后，就可进一步分析变形体的流动情况、力能参数、工件的内部质量等问题。因此，小变形几何方程是求解塑性成形问题的重要基本方程。

三、应变张量分析

1. 主应变、应变张量不变量、主切应变和最大切应变

分析研究表明，应变张量和应力张量十分相似，应力分析中的某些结论和公式，也可类推于应变理论，只要把 σ 换成 ε，τ 换成 γ 即可。

通过一点，存在着三个相互垂直的应变主方向和主轴。在主方向上的线元没有角度偏转，只有正应变，该正应变称为主应变，一般以 ε_1、ε_2 和 ε_3 表示，它们是唯一的。对于小变形而言，可认为应变主轴和应力主轴对应重合，且如果主应力中 $\sigma_1 > \sigma_2 > \sigma_3$，则主应变的次序也为 $\varepsilon_1 > \varepsilon_2 > \varepsilon_3$。如果取应变主轴为坐标轴，则应变张量就简化为

$$\varepsilon_{ij} = \begin{pmatrix} \varepsilon_1 & 0 & 0 \\ 0 & \varepsilon_2 & 0 \\ 0 & 0 & \varepsilon_3 \end{pmatrix} \tag{9-60}$$

主应变也可由应变张量的特征方程求得

$$\varepsilon^3 - I_1 \varepsilon^2 - I_2 \varepsilon - I_3 = 0 \tag{9-61}$$

式中，I_1、I_2 和 I_3 就是应变张量的第一、第二和第三不变量。

$$\left. \begin{aligned} I_1 &= \varepsilon_x + \varepsilon_y + \varepsilon_z = \varepsilon_1 + \varepsilon_2 + \varepsilon_3 \\ I_2 &= -(\varepsilon_x \varepsilon_y + \varepsilon_y \varepsilon_z + \varepsilon_z \varepsilon_x) + \gamma_{xy}^2 + \gamma_{yz}^2 + \gamma_{zx}^2 \\ &= -(\varepsilon_1 \varepsilon_2 + \varepsilon_2 \varepsilon_3 + \varepsilon_3 \varepsilon_1) \\ I_3 &= \varepsilon_x \varepsilon_y \varepsilon_z + 2\gamma_{xy} \gamma_{yz} \gamma_{zx} - (\varepsilon_x \gamma_{yz}^2 + \varepsilon_y \gamma_{zx}^2 + \varepsilon_z \gamma_{xy}^2) \\ &= \varepsilon_1 \varepsilon_2 \varepsilon_3 \end{aligned} \right\} \tag{9-62}$$

应指出，塑性变形时体积不变，故 $I_1 = 0$。

知道了三个主应变，同样可以画出三向应变莫尔圆。

在与应变主方向成 $\pm 45°$ 角的方向上，存在三对各自相互垂直的线元，它们的切应变有极值，称为主切应变，其大小为

$$\left. \begin{aligned} \gamma_{12} &= \pm \frac{\varepsilon_1 - \varepsilon_2}{2} \\ \gamma_{23} &= \pm \frac{\varepsilon_2 - \varepsilon_3}{2} \\ \gamma_{31} &= \pm \frac{\varepsilon_3 - \varepsilon_1}{2} \end{aligned} \right\} \tag{9-63}$$

三个主切应变中的最大者，称为最大切应变。如果 $\varepsilon_1 > \varepsilon_2 > \varepsilon_3$，则最大切应变为

$$\gamma_{\max} = \pm \frac{\varepsilon_1 - \varepsilon_3}{2} \tag{9-64}$$

2. 应变偏张量和应变球张量、八面体应变和等效应变

设三个正应变分量的平均值为 ε_m，即

$$\varepsilon_m = \frac{1}{3}(\varepsilon_x + \varepsilon_y + \varepsilon_z) = \frac{1}{3}(\varepsilon_1 + \varepsilon_2 + \varepsilon_3) = \frac{1}{3}I_1 \qquad (9\text{-}65)$$

则应变张量可以分解成两个张量

$$\varepsilon_{ij} = \begin{pmatrix} \varepsilon_x - \varepsilon_m & \gamma_{xy} & \gamma_{xz} \\ \gamma_{yx} & \varepsilon_y - \varepsilon_m & \gamma_{yz} \\ \gamma_{zx} & \gamma_{zy} & \varepsilon_z - \varepsilon_m \end{pmatrix} + \begin{pmatrix} \varepsilon_m & 0 & 0 \\ 0 & \varepsilon_m & 0 \\ 0 & 0 & \varepsilon_m \end{pmatrix} \qquad (9\text{-}66)$$

$$= \varepsilon'_{ij} + \delta_{ij}\varepsilon_m$$

式（9-66）右边第一项为应变偏张量，表示单元体的形状变化；第二项为应变球张量，表示单元体的体积变化。应注意，塑性变形时体积不变，$\varepsilon_m = 0$，所以应变偏张量就是应变张量。

如果以应变主轴为坐标轴，同样可做出八面体。八面体平面法线方向的线元的应变称为八面体应变，即

$$\varepsilon_8 = \frac{1}{3}(\varepsilon_1 + \varepsilon_2 + \varepsilon_3) = \varepsilon_m \qquad (9\text{-}67)$$

$$\gamma_8 = \pm\frac{1}{3}\sqrt{(\varepsilon_x - \varepsilon_y)^2 + (\varepsilon_y - \varepsilon_z)^2 + (\varepsilon_z - \varepsilon_x)^2 + 6(\gamma_{xy}^2 + \gamma_{yz}^2 + \gamma_{zx}^2)} \qquad (9\text{-}68)$$

$$= \pm\frac{1}{3}\sqrt{(\varepsilon_1 - \varepsilon_2)^2 + (\varepsilon_2 - \varepsilon_3)^2 + (\varepsilon_3 - \varepsilon_1)^2}$$

将八面体切应变 γ_8 乘以系数 $\sqrt{2}$，所得参量称为等效应变，也称广义应变或应变强度，即

$$\bar{\varepsilon} = \sqrt{2}\gamma_8 = \frac{\sqrt{2}}{3}\sqrt{(\varepsilon_x - \varepsilon_y)^2 + (\varepsilon_y - \varepsilon_z)^2 + (\varepsilon_z - \varepsilon_x)^2 + 6(\gamma_{xy}^2 + \gamma_{yz}^2 + \gamma_{zx}^2)} \qquad (9\text{-}69)$$

$$= \frac{\sqrt{2}}{3}\sqrt{(\varepsilon_1 - \varepsilon_2)^2 + (\varepsilon_2 - \varepsilon_3)^2 + (\varepsilon_3 - \varepsilon_1)^2}$$

单向应力状态时，其主应变为 ε_1、ε_2、ε_3，且 $\varepsilon_2 = \varepsilon_3$。塑性变形时 $\varepsilon_1 + \varepsilon_2 + \varepsilon_3 = 0$，故有

$$\varepsilon_2 = \varepsilon_3 = -\frac{1}{2}\varepsilon_1$$

代入式（9-69）得

$$\bar{\varepsilon} = \frac{\sqrt{2}}{3}\sqrt{\left(\frac{3}{2}\varepsilon_1\right)^2 + \left(-\frac{3}{2}\varepsilon_1\right)^2} = \varepsilon_1$$

3. 塑性变形时的体积不变条件

设单元体的初始边长为 dx、dy、dz；体积为 $V_0 = dx\,dy\,dz$。小变形时，可以认为只有正应变才引起边长和体积的变化，而切应变引起的边长和体积变化可以忽略。因此变形后单元体的体积为

$$V_1 = (1 + \varepsilon_x)dx(1 + \varepsilon_y)dy(1 + \varepsilon_z)dz \approx (1 + \varepsilon_x + \varepsilon_y + \varepsilon_z)dx\,dy\,dz$$

于是单元体的体积变化率为

$$\Delta V = \frac{V_1 - V_0}{V_0} = \varepsilon_x + \varepsilon_y + \varepsilon_z$$

弹性变形时，体积变化率必须考虑。塑性变形时，虽然体积也有微量变化，但与塑性应变相

比是很小的，可以忽略不计。因此，一般认为塑性变形时体积不变，则有

$$\varepsilon_x + \varepsilon_y + \varepsilon_z = 0 \tag{9-70}$$

式（9-70）即为塑性变形时的体积不变条件。它常作为对塑性成形过程进行力学分析的一种前提条件，也可用于工艺设计中计算原毛坯的体积。

式（9-70）还表明，塑性变形时，应变球张量为零，应变张量即为应变偏张量；三个正应变分量或三个主应变分量不可能全部是同号的，而且如果其中的两个分量已知，则第三个正应变分量或主应变分量即可确定。

课程思政内容的思考

从应力状态方程的建立，深入思考分析问题应该从不同角度来进行。每个事物都有多面性，应辩证地看待问题。换一个角度看问题会看得更清楚，同时也能更好地解决问题。

思考与练习

1. 什么叫张量？张量有什么性质？

2. 应力张量不变量如何表达？

3. 应力偏张量和应力球张量的物理意义是什么？

4. 平面应力状态和纯切应力状态有何特点？

5. 等效应力有何特点？写出其数学表达式。

6. 已知受力物体内一点的应力张量为 $\sigma_{ij} = \begin{pmatrix} 50 & 50 & 80 \\ 50 & 0 & -75 \\ 80 & -75 & -30 \end{pmatrix}$（MPa），试求外法线方向

余弦为 $l = m = \dfrac{1}{2}$；$n = \dfrac{1}{\sqrt{2}}$ 的斜切面上的全应力、正应力和切应力。

7. 已知受力体内一点的应力张量分别为 ① $\sigma_{ij} = \begin{pmatrix} 10 & 0 & -10 \\ 0 & -10 & 0 \\ -10 & 0 & 10 \end{pmatrix}$，② $\sigma_{ij} =$

$\begin{pmatrix} 0 & 172 & 0 \\ 172 & 0 & 0 \\ 0 & 0 & 100 \end{pmatrix}$，③ $\sigma_{ij} = \begin{pmatrix} -7 & -4 & 0 \\ -4 & -1 & 0 \\ 0 & 0 & -4 \end{pmatrix}$（MPa）。

1）画出该点的应力单元体；

2）求出该点的应力张量不变量、主应力及主方向、主切应力、最大切应力、等效应力、应力偏张量和应力球张量；

3）画出该点的应力莫尔圆。

第十章

塑性与屈服准则

第一节 塑 性

一、塑性的基本概念

所谓塑性（plasticity），是指固体材料在外力作用下发生永久变形而不被破坏其完整性的能力。

材料的塑性不是固定不变的，它受诸多因素的影响。以金属为例，大致包括以下两个方面的因素：一是内在因素，如晶格类型、化学成分、组织状态等；二是变形的外部条件，如变形温度、应变速率、变形的力学状态等。因此，通过创造合适的内外部条件，就有可能改善金属的塑性行为。

二、塑性指标

衡量材料塑性好坏的指标，称为塑性指标。塑性指标是以材料开始破坏时的塑性变形量来表示的，它可借助于各种试验方法来测定。常用的试验方法有拉伸试验、压缩试验和扭转试验等。

1. 拉伸试验

在材料试验机上进行，拉伸速度通常在 10mm/s 以下，对应的应变速率为 $10^{-1} \sim 10^{-3}\text{s}^{-1}$，相当于一般液压机的速度范围。也有在高速试验机上进行，拉伸速度为 $3.8 \sim 4.5\text{m/s}$，相当于锻锤变形速度的下限。在拉伸试验中可以确定两个塑性指标，断后伸长率 δ（%）和断面收缩率 Ψ（%），即

$$\delta = \frac{L_{\text{K}} - L_0}{L_0} \times 100\% \tag{10-1}$$

$$\Psi = \frac{A_{\text{K}} - A_0}{A_0} \times 100\% \tag{10-2}$$

式中，L_0 为拉伸试样原始标距；L_K 为拉伸试样断后标距；A_0 为拉伸试样原始断面积；A_K 为拉伸试样破断处断面积。

δ 和 Ψ 两个指标越高，说明材料的塑性越好。试样拉伸时，在缩颈出现以前，材料承受单向拉应力；缩颈出现以后，缩颈处承受三向拉应力。上述两个指标反映了材料在单向拉应力均匀变形阶段和三向拉应力局部变形阶段的塑性。伸长率的大小与试样原始标距 L_0 有关，而断面收缩率的大小与试样原始标距无关。因此，在塑性材料中，用 Ψ（％）作为塑性指标更合理。

2. 压缩试验

将圆柱体试样在压力机或落锤上进行镦粗，试样的高度 H_0 一般为直径 D_0 的 1.5 倍（如 $H_0=30\text{mm}$，$D_0=20\text{mm}$），用试样侧表面出现第一条裂纹时的压缩程度 ε_c 作为塑性指标，即

$$\varepsilon_c = \frac{H_K - H_0}{H_0} \times 100\% \tag{10-3}$$

式中，H_K 为试样侧表面出现第一条裂纹时的高度。

镦粗时，由于接触面摩擦的影响，试样会出现鼓形，内部处于三向压应力状态，而侧表面出现切向拉应力，这种应力状态与自由锻、冷镦等塑性成形过程相近。试验表明，同一金属在一定的变形温度和速度条件下进行镦粗时，可能会得到不同的塑性指标，这是由于接触表面上的外摩擦条件、散热条件和试样的原始尺寸不完全一致造成的。

3. 扭转试验

在专门的扭转试验机上进行，材料的塑性指标用试样破断前的扭转角或扭转圈数表示。由于扭转时的应力状态接近于静水压力，且试样沿其整个长度上的塑性变形均匀，不像拉伸试验时出现缩颈和压缩试验时出现鼓形，从而排除了变形不均匀的影响，这对塑性理论的研究无疑是很重要的。

板料成形性能的模拟试验方法很多，包括胀形试验、扩孔试验、拉深试验、弯曲试验和拉深-胀形复合试验等。通过这些试验，可以获得评估各相关成形工序板料成形性能的指标。以胀形试验常用的杯突试验为例，如图 10-1 所示。

试验时，将试样在凹模与压边圈之间夹紧，球状冲头向上运动使试样胀成凸包，直到凸包产生裂纹为止，测出此时的凸包高度 I_K，记为杯突试验值。由于在试验过程中，试样外轮廓不收缩，板料胀出部分承受两向拉应力，其应力状态和变形特点与冲压工序中的胀形、局部成形等相同，因此，该 I_K 值即可作为这类成形工序的成形性能指标。

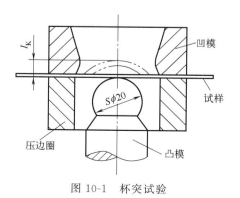

图 10-1　杯突试验

第二节　屈服准则

一、屈服准则的一般概念

屈服准则（yielding rule）是描述不同应力状态下变形体内某点由弹性状态进入塑性状态，并使塑性变形状态持续进行所必须遵守的条件，因此又称为屈服条件。

在单向应力状态下，随着外力的增加，作用在变形体内的应力随之增加，当应力的数值等于材料的屈服强度 σ_s 时，变形体由弹性变形状态进入塑性变形状态，因此，单向应力状态下的屈服准则可以用 $\sigma = \sigma_s$ 来表述。对于任意的应力状态，表述变形体内某点的应力状态需要六个应力分量或者三个主应力分量，此时当主应力分量有两个或三个不为零时，可能的应力分量之间的组合是无限多的，按照所有可能的应力组合进行试验是不可能的。因此，目前对于在任意的应力状态下描述材料由弹性变形状态进入塑性变形状态的判据仅是一种假说。

通过对简单拉伸试验的分析，可以得出下列结论：

1）在单向应力状态下，材料由弹性状态初次进入塑性状态的条件是作用在变形体上的应力等于材料的屈服强度。当应力小于材料的屈服强度时，材料处于弹性状态；当应力等于材料的屈服强度时，材料开始进入塑性状态。

2）材料进入塑性状态之后，应力与应变之间的关系是非线性的，并且不再保持弹性阶段的那种单值关系，而与加载历史有关。对于同一个应力数值，可以有许多不同的应变数值与之对应；同样，对于同一个应变数值，可以有多个应力数值与之对应。

3）对于具有应变硬化的材料，进入塑性状态后卸载并重新加载时，材料由弹性状态进入塑性状态的条件是作用在变形体上的应力等于瞬时屈服强度。

值得注意的是，简单拉伸试验的结果是随材料状态、变形条件的变化而改变的。例如，材料的组织状态、变形温度、应变速率、等静压力等，对于单向应力状态，这些因素的影响有些可以忽略，有些可以用屈服强度反映出来。

二、屈服准则的一般形式

材料处于单向应力状态时，只要该单向应力达到某一数值，材料即行屈服进入塑性状态。例如，标准试样拉伸时，若拉伸应力达到屈服强度，则试样开始由弹性变形转为塑性变形。但在复杂应力状态下，显然不能仅用其中某一两个应力分量的数值来判断材料是否进入塑性状态，而必须同时考虑所有的应力分量。研究表明，只有当各应力分量满足一定的关系时，材料才能进入塑性状态。这种关系称为屈服准则，也称塑性条件或塑性方程。屈服准则的数学表达式一般呈如下形式

$$f(\sigma_{ij}) = C \tag{10-4}$$

上式左边为应力分量的函数；右边 C 为与材料在给定变形条件下的力学性能有关的常数。屈服准则是针对质点而言的，如受力物体内应力均匀分布，则该物体内所有质点可以同时进入塑性状态，即该物体发生塑性变形。但在塑性变形时，应力一般不均匀分布，于是在加载过程中，某些质点将早一些进入塑性状态，这时整个物体并不一定会发生塑性变形，只有当

整个物体或者某些连通区域中的质点全部进入塑性塑性状态时，该物体或该物体某连通区域才能开始塑性变形。屈服准则是求解塑性成形问题时必要的补充方程。

对于各向同性的材料，经实践检验并被普遍接受的屈服准则有两个：Tresca 屈服准则和 Mises 屈服准则。

三、屈服表面

以主应力 σ_1、σ_2、σ_3 作为坐标轴，构成主应力空间。屈服函数在主应力空间所构成的

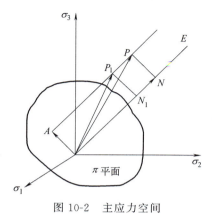

图 10-2　主应力空间

几何曲面称为屈服表面。如果变形体内某点（如 P 点）的主应力是 σ_1、σ_2、σ_3，则这个应力状态可由主应力空间的应力矢量 $\overrightarrow{OP}$ 表示，如图 10-2 所示，且有

$$|\overrightarrow{OP}|^2 = \sigma_1^2 + \sigma_2^2 + \sigma_3^2 \tag{10-5}$$

现考察一原点，并且与三个主应力轴等倾斜的轴线 OE，其方向余弦为

$$l = m = n\frac{1}{\sqrt{3}}$$

则应力矢量 $\overrightarrow{OP}$ 在等倾斜轴线 OE 上的投影为

$$|ON| = \sigma_1 l + \sigma_2 m + \sigma_3 n = \frac{1}{\sqrt{3}}(\sigma_1 + \sigma_2 + \sigma_3) = \sqrt{3}\sigma_m$$

$$\tag{10-6}$$

应力矢量 $\overrightarrow{OP}$ 在垂直于等倾斜轴线 OE 的平面上的投影为

$$|NP|^2 = |OA|^2 = |\overrightarrow{OP}|^2 - |ON|^2 = \sigma_1^2 + \sigma_2^2 + \sigma_3^2 - 3\sigma_m^2$$

$$= \frac{1}{3}\left[(\sigma_1 - \sigma_2)^2 + (\sigma_2 - \sigma_3)^2 + (\sigma_3 - \sigma_1)^2\right] = \frac{2}{3}\overline{\sigma}^2 \tag{10-7}$$

由此，将主应力空间任意一点 P 的应力矢量 $\overrightarrow{OP}$ 分解为两个部分，即偏应力部分 NP 和球应力部分 ON。再考察主应力空间的另一点 P_1 的应力状态。点 P_1 位于过点 P 所作的与等倾斜轴线 OE 平行的直线上。与分解 $\overrightarrow{OP}$ 一样，将点 P_1 的应力矢量 $\overrightarrow{OP_1}$ 分解为等倾斜轴 OE 上的分量 ON_1 和垂直于 OE 的分量 N_1P_1，由于 PP_1 平行于等倾斜轴 OE，因此，$N_1P_1 = NP$，即点 P 和点 P_1 具有相同的偏应力，仅球应力不同。由于材料的屈服取决于偏应力的大小，与球应力无关，所以，如果点 P 位于屈服表面，则点 P_1 也一定位于该屈服表面上。由于 P_1 及其延长线上的任意一点的偏应力均相同，并且均等于 NP，则 PP_1 及其延长线上的所有各点也一定在该屈服表面上。因此，该屈服表面必然是由平行于等倾斜轴线 OE 的母线所构成的与三个主应力轴等倾斜的柱面。当主应力空间内的任意一点 P 位于该柱面以内时该点处于弹性状态。当该点位于该柱面上时则该点处于塑性状态。对于理想塑性材料，P 点不可能在柱面之外。

屈服表面与垂直于等倾斜轴线 OE 的任意平面的交线都是相同的，将这些交线称为屈服轨迹。而其中过原点且与等倾斜轴线 OE 垂直的平面，称为 π 平面，如图 10-3 所示。显然 π 平面上的平均应力等于零，即 $\sigma_1 + \sigma_2 + \sigma_3 = 0$。

屈服平面在 π 平面上的投影称为 π 平面上的屈服轨迹。主应力空间的三个相互垂直的坐标轴 σ_1、σ_2、σ_3 在 π 平面上的投影可分别用偏应力 σ_1'、σ_2'、σ_3' 来表示。σ_1'、σ_2'、σ_3' 之间

的夹角为 120°，此时，主应力空间上的点 $P(\sigma_1, \sigma_2, \sigma_3)$ 在 π 平面上的投影为 $P'(\sigma_1', \sigma_2', \sigma_3')$，其中 $\sigma_1' = \sqrt{\dfrac{2}{3}}\sigma_1$，$\sigma_2' = \sqrt{\dfrac{2}{3}}\sigma_2$，$\sigma_3' = \sqrt{\dfrac{2}{3}}\sigma_3$。

由以上分析可知，只要确定了 π 平面上的屈服轨迹，则整个屈服表面的形状也就确定了。由于各向同性材料的屈服与坐标的选择无关，因此，主应力空间中的点 $(\sigma_1, \sigma_2, \sigma_3)$ 是屈服表面上的一点，则 $(\sigma_1, \sigma_3, \sigma_2)$ 也是屈服表面上的一点。在 π 平面上，如果点 $(\sigma_1', \sigma_2', \sigma_3')$ 是屈服轨迹上的一点，则点 $(\sigma_1', \sigma_3', \sigma_2')$ 也必然是屈服轨迹上的一点，因此屈服轨迹必

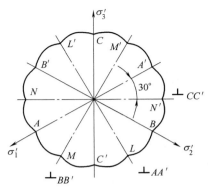

图 10-3 π 平面上的屈服轨迹

对称于 σ_1 在 π 平面上的投射线 AA'。同理，屈服轨迹也必然对称于 σ_2、σ_3 在 π 平面上的投射线 BB'、CC'。假设各向同性材料的拉伸与压缩时屈服应力相同，若点 $(\sigma_1', \sigma_2', \sigma_3')$ 是屈服轨迹上的一点，则点 $(-\sigma_1', \sigma_2', -\sigma_3')$ 也是屈服轨迹上的一点。因此，屈服轨迹也是对称于 AA'、BB'、CC' 的垂线 LL'、MM'、NN'。这样，屈服轨迹至少有六条对称轴，这六条对称轴将屈服轨迹平分成 12 等份，每一等份 30°，只要确定了这 30°范围内的屈服轨迹，然后利用对称关系就可以确定整个屈服轨迹。

四、 Tresca 屈服准则

1864 年，法国工程师 Tresca 公布了关于冲压和挤压的一些初步试验报告。根据这些试验，提出了如下假设：当变形体内部某点的最大切应力达到某一临界值时，该点的材料发生屈服；该临界值取决于材料在变形条件下的性质，而与应力状态无关。因此 Tresca 屈服准则又称为最大切应力准则（材料力学中称为第三强度理论），其表达式为

$$\tau_{\max} = C \tag{10-8}$$

设 $\sigma_1 > \sigma_2 > \sigma_3$，则根据式（9-39）可得

$$\tau_{\max} = \frac{1}{2}(\sigma_1 - \sigma_3) = C \tag{10-9}$$

式中 C 可通过试验求得。由于 C 值与应力状态无关，因此常采用简单拉伸试验确定。当拉伸试样屈服时，$\sigma_2 = \sigma_3 = 0$，$\sigma_1 = \sigma_s$，代入式（10-9）得 $\dfrac{1}{2}\sigma_s$。于是 Tresca 屈服准则的数学表达式为

$$\sigma_1 - \sigma_3 = \sigma_s \tag{10-10}$$

在事先不知道主应力大小次序时，Tresca 屈服准则的普遍表达式为

$$\left.\begin{array}{l} |\sigma_1 - \sigma_2| = \sigma_s \\ |\sigma_1 - \sigma_2| = \sigma_s \\ |\sigma_1 - \sigma_2| = \sigma_s \end{array}\right\} \tag{10-11}$$

只要其中任何一式得以满足，材料即屈服。

在薄壁管扭转时，即在纯切应力作用下，根据材料力学的结论，有 $\sigma_1 = -\sigma_3 = \tau$，屈服时 $\tau_s = k$（抗剪强度）。将以上结论代入式（10-9）便得到实用的 Tresca 屈服条件，即

$$\sigma_1 - \sigma_3 = 2k = \sigma_s \tag{10-12}$$

因而 $k = \sigma_s / 2$。

应当指出，Tresca 屈服准则表达式结构简单，计算方便，故较常用。但不足之处是未反映出中间主应力 σ_2 的影响，因而会带来一定的误差。

五、 Mises 屈服准则

1. Mises 屈服准则的建立

Mises 注意到 Tresca 屈服准则未考虑到中间主应力的影响，且在主应力大小次序不明确的情况下难以正确选用，于是从纯数学的观点出发，建议采用如下的屈服准则

$$\frac{1}{6}\left[(\sigma_x - \sigma_y)^2 + (\sigma_y - \sigma_z)^2 + (\sigma_z - \sigma_x)^2 + 6(\tau_{xy}^2 + \tau_{yz}^2 + \tau_{zx}^2)\right] = C_1$$

若用主应力表示，则为

$$\frac{1}{6}\left[(\sigma_1 - \sigma_2)^2 + (\sigma_2 - \sigma_3)^2 + (\sigma_3 - \sigma_1)^2\right] = C_1 \tag{10-13}$$

等号右边的 C_1 取决于材料在变形条件下的性质，而与应力状态无关。已知拉伸试样屈服时，$\sigma_2 = \sigma_3 = 0$，$\sigma_1 = \sigma_s$；将此条件代入式（10-13），得 $C_1 = \dfrac{\sigma_s^2}{3}$，而薄壁管扭转时 $C_1 = \tau_s^2$。于是 Mises 屈服准则的表达式为

$$(\sigma_x - \sigma_y)^2 + (\sigma_y - \sigma_z)^2 + (\sigma_z - \sigma_x)^2 + 6(\tau_{xy}^2 + \tau_{yz}^2 + \tau_{zx}^2) = 2\sigma_s^2 = 6\tau_s^2 \tag{10-14}$$

用主应力表示则为

$$(\sigma_1 - \sigma_2)^2 + (\sigma_2 - \sigma_3)^2 + (\sigma_3 - \sigma_1)^2 = 2\sigma_s^2 \tag{10-15}$$

显然上述统一的方程式，既考虑了中间主应力的影响，又无需事先区分主应力的大小次序。

Mises 在提出上述准则时，并没有考虑到它所代表的物理意义。但试验结果却表明，对于塑性金属材料，这个准则更符合实际。

为了说明 Mises 屈服准则的物理意义，Hencky（汉基）将式（10-15）两边各乘以 $\dfrac{1+\nu}{6E}$，其中 E 为弹性模量，ν 为泊松比，于是得

$$\frac{1+\nu}{6E}\left[(\sigma_1 - \sigma_2)^2 + (\sigma_2 - \sigma_3)^2 + (\sigma_3 - \sigma_1)^2\right] = \frac{1+\nu}{3E}\sigma_s^2 \tag{10-16}$$

可以证明，上式等号左边项即为材料单位体积弹性形状变化能，而右边项即为单向拉伸屈服时单位体积的形状变化能。

按照 Hencky 的上述分析，Mises 屈服准则又可以表述为：材料质点屈服的条件是其单位体积的弹性形状变化能达到某个临界值；该临界值只取决于材料在变形条件下的性质，而与应力状态无关。因此，Mises 屈服准则又称为弹性形状变化能准则。

Nadai 对 Mises 方程做了另一个解释，他认为当八面体切应力（式 9-47）τ_8 达到某一常数时，材料即开始进入塑性状态，即

$$\tau_8 = \frac{1}{3}\sqrt{(\sigma_1 - \sigma_2)^2 + (\sigma_2 - \sigma_3)^2 + (\sigma_3 - \sigma_1)^2} = C = \frac{\sqrt{2}}{3}\sigma_s$$

时材料屈服，这个方程式也与 Mises 方程相同。

2. Mises 屈服准则的物理意义

Mises 屈服准则主要是考虑到数学处理上的方便，没有考虑其物理意义。Mises 当时认

为 Tresca 屈服准则是准确的，而他自己所提出的屈服准则是近似的。但以后的大量试验证明，对于绝大多数金属材料，Mises 屈服准则更接近试验数据。Henky 于 1924 年从能量角度阐明了 Mises 准则的物理意义，他认为 Mises 准则相当于弹性变形能量达到某一定值的情况。此时 Mises 准则可以表述为："无论在何种应力状态下，当变形体单位体积弹性变形能量到达某一定值时，材料进入塑性状态。"设 W 为单位体积弹性总能量，W_s 为单位体积弹性变形能量，W_V 为单位体积弹性体积变化能量。在主坐标系下，单位体积弹性总能量为

$$W = \frac{1}{2}(\sigma_1\varepsilon_1 + \sigma_2\varepsilon_2 + \sigma_3\varepsilon_3) \tag{10-17}$$

在弹性变形范围内，广义胡克定律为

$$\left. \begin{aligned} \varepsilon_1 &= \frac{1}{E}\left[\sigma_1 - \nu(\sigma_2 + \sigma_3)\right] \\ \varepsilon_2 &= \frac{1}{E}\left[\sigma_2 - \nu(\sigma_3 + \sigma_1)\right] \\ \varepsilon_3 &= \frac{1}{E}\left[\sigma_3 - \nu(\sigma_1 + \sigma_2)\right] \end{aligned} \right\} \tag{10-18}$$

式中，E 为弹性模量；ν 为泊松比。

将式（10-18）代入式（10-17）得

$$W = \frac{1}{2E}\left[\sigma_1^2 + \sigma_2^2 + \sigma_3^2 - 2\nu(\sigma_1\sigma_2 + \sigma_2\sigma_3 + \sigma_3\sigma_1)\right] \tag{10-19}$$

单位体积弹性体积变化能量为

$$W_V = \frac{1}{2}(\sigma_m\varepsilon_m + \sigma_m\varepsilon_m + \sigma_m\varepsilon_m) = \frac{3}{2}\sigma_m\varepsilon_m$$

$$= \frac{1}{6}(\sigma_1 + \sigma_2 + \sigma_3)(\varepsilon_1 + \varepsilon_2 + \varepsilon_3) \tag{10-20}$$

将式（10-18）代入式（10-20），可得

$$W_V = \frac{1-2\nu}{6E}(\sigma_1 + \sigma_2 + \sigma_3)^2 \tag{10-21}$$

单位体积弹性变形能量等于单位体积弹性总能量减去单位体积弹性体积变化能量，即

$$W_s = W - W_V = \frac{1+\nu}{6E}\left[(\sigma_1 - \sigma_2)^2 + (\sigma_2 - \sigma_3)^2 + (\sigma_3 - \sigma_1)^2\right] \tag{10-22}$$

采用单向拉伸试验或者纯剪切试验，可以确定材料发生屈服时的单位体积弹性变形能量 W_s。

采用单向拉伸试验有

$$W_s = \frac{1+\nu}{3E}\sigma_s^2 \tag{10-23}$$

采用纯剪切试验有

$$W_s = \frac{1+\nu}{E}k^2 \tag{10-24}$$

将式（10-23）或式（10-24）代入式（10-22），即可得到 Mises 屈服准则表达式（10-15）。

六、屈服准则的几何表示

由式（10-11）和式（10-15）可以看出，屈服条件均可表示为主应力 σ_1、σ_2、σ_3 的函数，无论是 Tresca 屈服准则还是 Mises 屈服准则均如此。若以 σ_1、σ_2、σ_3 这三个互相正交的应力分量为基底，构造一个笛卡尔坐标系，则此空间坐标被称为主应力空间，它可被用来描述变形物体内某一点的应力状态及屈服条件。

在主应力空间中，物体内任一点的应力状态都用相应点的坐标矢量 $\overrightarrow{OP}$ 来描述，如图 10-4（a）所示。若以 i、j、k 表示三个坐标轴上的单位矢量，则 $\overrightarrow{OP}$ 为

$$\overrightarrow{OP} = \sigma_1 i + \sigma_2 j + \sigma_3 k$$

将其分解为应力偏量与静水压力部分，有

$$\overrightarrow{OP} = \sigma_1' i + \sigma_2' j + \sigma_3' k + (\sigma_m i + \sigma_m j + \sigma_m k) = \overrightarrow{NP} + \overrightarrow{ON}$$

$\overrightarrow{NP}$ 为主偏差应力矢量，$\overrightarrow{ON}$ 矢量则与 σ_1、σ_2、σ_3 轴的夹角相等且正交于过原点的平面

$$\sigma_1 + \sigma_2 + \sigma_3 = 0$$

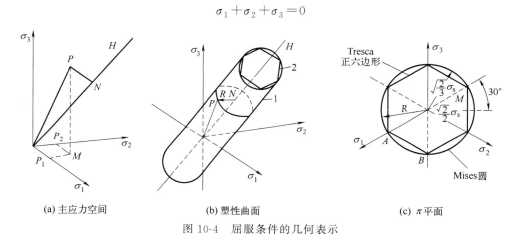

(a) 主应力空间　　　　　(b) 塑性曲面　　　　　(c) π 平面

图 10-4　屈服条件的几何表示

在上述平面上，平均正应力为零，习惯上称之为 π 平面。

将 Tresca 屈服准则的数学表达式推广到主应力空间的一般情况，则有

$$\left.\begin{aligned}\sigma_1 - \sigma_2 &= \pm 2k = \pm \sigma_s \\ \sigma_2 - \sigma_3 &= \pm 2k = \pm \sigma_s \\ \sigma_3 - \sigma_1 &= \pm 2k = \pm \sigma_s\end{aligned}\right\} \tag{10-25}$$

式（10-25）在主应力空间表示为一个由六个平面构成的与 σ_1、σ_2、σ_3 轴等倾斜的正六棱形柱面。可以证明，由式（10-15）所确定的主应力空间图形为一个外接上述正六棱柱的圆柱面，如图 10-4（b）所示。由此图可见，若将 π 平面沿等倾斜轴（即屈服面的对称轴）移动，则屈服面在 π 平面上的轨迹不变，均为以矢量 $\overrightarrow{OB}$ 为半径的圆。由前面的 $\overrightarrow{OP} = \sigma_1' i + \sigma_2' j + \sigma_3' k + (\sigma_m i + \sigma_m j + \sigma_m k)$ 可知，由于静水压力对屈服无影响，则 $\overrightarrow{ON}$ 的变化仅反映为 σ_m 值的改变，即静水压力值的改变。屈服面在 π 平面上的轨迹可用来解释屈服条件。

图 10-4（c）绘出了 π 平面上屈服条件的轨迹，Mises 屈服条件为一半径 $r = \sqrt{\dfrac{2}{3}}\,\sigma_s$ 的圆，而 Tresca 屈服条件为一与其内切的正六边形。在纯剪切时，即图 10-4（c）中 M 点处，两

者差别最大。

应该指出，若表示应力状态的点 $P(\sigma_1, \sigma_2, \sigma_3)$ 在柱面以内，则物体处于弹性状态；若塑性变形继续增加并产生加工硬化，则随 σ_s 和 k 值的增加，柱面的半径将加大，可见此点必在柱面上，即实际应力状态不可能处于柱面之外。

七、两个屈服准则的比较

1. 两个屈服准则的特点

（1）拉伸屈服应力 σ_s 与剪切屈服应力 k 的关系　在两个屈服准则中，拉伸屈服应力与剪切屈服应力具有固定的关系，即 Tresca 屈服准则 $\sigma_s = 2k$ 和 Mises 屈服准则 $\sigma_s = \sqrt{3}\,k$。

（2）与坐标的选择无关　Tresca 屈服准则中的最大切应力是用最大和最小主应力来表示的，而主应力与坐标的选择无关。Mises 屈服准则是用应力偏张量的第二不变量来表示的，因此两种屈服准则均与坐标的选择无关。

（3）中间主应力的影响　在 Tresca 屈服准则中，只考虑了最大和最小主应力对材料屈服的影响，没有考虑中间主应力对材料屈服的影响。而 Mises 屈服准则由于考虑了中间主应力对屈服的影响，因此，与试验结果的吻合程度比 Tresca 屈服准则的好。

（4）静水压力的影响　静水压力对两种屈服准则没有影响。在原来应力状态上叠加一个正的或负的平均应力，两种屈服准则的表达式不变。

（5）在主应力空间中的几何形状　在主应力空间中，Tresca 屈服准则为一个与三个坐标轴等倾斜的六棱柱面（图 10-5），在 π 平面上为一个正六边形（图 10-6），称为 Tresca 正六边形。Mises 屈服准则在主应力空间为一个与三个坐标轴等倾斜的圆柱面，在 π 平面上为一个圆，称为 Mises 圆。

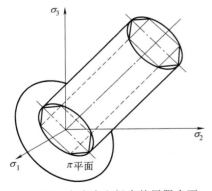

图 10-5　主应力空间中的屈服表面

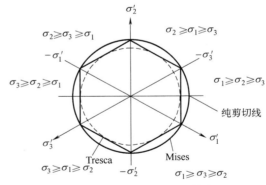

图 10-6　π 平面上的屈服轨迹

（6）应用上的限制　在主应力顺序已知时，Tresca 屈服准则是主应力分量的线性函数，使用起来非常方便，在工程设计中常常被采用。而 Mises 屈服准则显得复杂。但是，当主应力顺序未知时，Tresca 屈服准则为六次方程，显然比 Mises 屈服准则复杂得多。

2. 两个屈服准则的联系

由于假设材料是各向同性的，材料的拉伸屈服应力与压缩屈服应力相同，因此，通过单向拉伸（或压缩）试验可以确定主应力空间中的六个点，相应地在 π 平面上也有六个点与之对应。通过纯剪切试验也可以确定主应力空间中的六个点，Tresca 屈服准则是用直线将这六个点连接起来的，而 Mises 屈服准则是用圆将这六个点连接起来的。这样一来，两个屈服准则就可以通过两种方法联系起来。一种方法是假定两个屈服准则所预测的单向拉伸（或压缩）屈服应力相同，另一种方法是假定两个屈服准则所预测的剪切屈服应力相同。

（1）假定两个屈服准则所预测的单向拉伸（或压缩）屈服应力相同　该方法是采用单向拉伸试验确定两个屈服准则中的常数 C。由此所确定的两个屈服准则在主应力空间中的描述单向拉伸（或压缩）应力状态的点处重合。在主应力空间中，描述单向拉伸或单向压缩应力状态的点有六个，即

$$\left.\begin{array}{l} \sigma_1 = \pm\sigma_s,\ \sigma_2 = \sigma_3 = 0 \\ \sigma_2 = \pm\sigma_s,\ \sigma_1 = \sigma_3 = 0 \\ \sigma_3 = \pm\sigma_s,\ \sigma_1 = \sigma_2 = 0 \end{array}\right\} \tag{10-26}$$

由于所考察的是同一点的应力状态，因此，两个屈服准则在这六个点处重合。在 π 平面上也有相应的六个点，即 $\sigma_1' = \pm\sqrt{\dfrac{2}{3}}\sigma_s$，$\sigma_2' = \pm\sqrt{\dfrac{2}{3}}\sigma_s$，$\sigma_3' = \pm\sqrt{\dfrac{2}{3}}\sigma_s$。此种情况下，在主应力空间，Mises 屈服准则的圆柱面外接于 Tresca 屈服准则的六棱柱面，在 π 平面上，Mises 圆是 Tresca 正六边形的外接圆，如图 14-6 所示。Mises 圆的半径为 $\sqrt{\dfrac{2}{3}}\sigma_s$。从图 10-6 中可以看出，当假定两个屈服准则所预测的单向拉伸（或压缩）屈服应力相同时，两个屈服准则在纯切应力状态下的差别最大。此时，按 Mises 屈服准则有 $\tau = \sigma_1 = -\sigma_3 = \dfrac{\sigma_s}{\sqrt{3}}$，按 Tresca 屈服准则有 $\tau' = \sigma_1 = -\sigma_3 = \dfrac{\sigma_s}{2}$ 由此可得

$$\frac{\tau}{\tau'} = \frac{2}{\sqrt{3}} \tag{10-27}$$

（2）假定两个屈服准则所预测的剪切屈服应力相同　该方法是采用纯剪切试验确定两个屈服准则中的常数 C。由此所确定的两个屈服准则在主应力空间中的描述切应力状态的点处重合。在主应力空间中，描述纯切应力状态的点有六个，即

$$\left.\begin{array}{l} \sigma_1 = -\sigma_3 = \pm k,\ \sigma_2 = 0 \\ \sigma_2 = -\sigma_1 = \pm k,\ \sigma_3 = 0 \\ \sigma_3 = -\sigma_2 = \pm k,\ \sigma_1 = 0 \end{array}\right\} \tag{10-28}$$

由于所考察的是同一点的应力状态，因此，两个屈服准则在这六个点处重合。在 π 平面上也有相应的六个点，这六个纯切应力状态的点位于与主轴 σ_1'、σ_2'、σ_3' 成 30°交角线上。此种情况下，在主应力空间，Mises 屈服准则的圆柱面内接于 Tresca 屈服准则的六棱柱面，在 π 平面上，Mises 圆是 Tresca 正六边形的内切圆（如图 10-6 虚线所示）。Mises 圆的半径为 $\sqrt{2}\,k$。根据图 10-7 分析可以得出，当假定两个屈服准则所预测的剪切屈服应力相同时，两个屈服准则在单向拉伸（或压缩）应力状态下的差别最大。此时，按 Mises 屈服准则有 $\sigma_1 = \sigma_s = \sqrt{3}\,k$，按 Tresca 屈服准则有 $\sigma_1 = \sigma_s' = 2k$，由此可得

$$\frac{\sigma_s'}{\sigma_s} = \frac{2}{\sqrt{3}} \tag{10-29}$$

3. 与试验数据的比较

两个屈服准则是否正确，必须进行试验验证。常用的试验方法有两种，即薄壁管承受轴

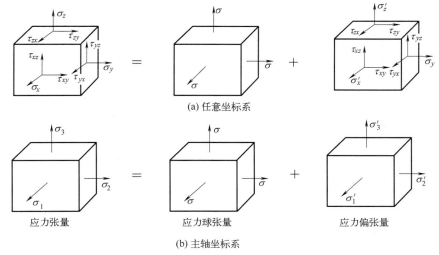

(a) 任意坐标系

应力张量   应力球张量   应力偏张量

(b) 主轴坐标系

图 10-7 应力张量的分解

向拉力和扭矩作用以及薄壁管承受轴向拉力和内压力（液压）作用。

（1）薄壁管承受轴向拉力 F 和扭矩 M 作用   1931 年泰勒（Taylor）和奎乃（Quinney）对铜、铝、软钢薄壁管进行了轴向拉力 F 和扭矩 M 复合加载试验。如图 10-8（a）所示，设薄壁管的平均直径为 D，壁厚为 δ，由材料力学可知，某点 A 处的轴向应力 σ 和切应力 τ 分别为

$$\sigma = \frac{F}{\pi D \delta}, \quad \tau = \frac{2M}{\pi D^2 \delta} \tag{10-30}$$

由上式可求出主应力，即

$$\left.\begin{array}{l} \sigma_1 = \dfrac{\sigma}{2} + \sqrt{\left(\dfrac{\sigma}{2}\right)^2 + \tau^2} \\[2mm] \sigma_2 = 0 \\[2mm] \sigma_3 = \dfrac{\sigma}{2} - \sqrt{\left(\dfrac{\sigma}{2}\right)^2 + \tau^2} \end{array}\right\} \tag{10-31}$$

将上式分别代入两个屈服准则式（10-10）、式（10-15），可得 Tresca 屈服准则为

$$\left(\frac{\sigma}{\sigma_s}\right)^2 + 4\left(\frac{\tau}{\sigma_s}\right)^2 = 1 \tag{10-32}$$

Mises 屈服准则为

$$\left(\frac{\sigma}{\sigma_s}\right)^2 + 3\left(\frac{\tau}{\sigma_s}\right)^2 = 1 \tag{10-33}$$

式（10-32）、式（10-33）的理论曲线与试验结果（图 10-8b）所示。从图中可以看出，试验数据更接近于 Mises 屈服准则。

（2）薄壁管承受轴向拉力 F 和内压力 p 作用   罗德（Lode）于 1926 年对铜、铝、软钢薄壁管进行了轴向拉力 F 和内压力 p 复合加载试验。图 10-9 所示为薄壁管承受轴向拉力 F 和内压力 p 时的试验结果。为了便于比较试验结果，罗德将 Tresca 屈服准则式（10-10）改写成

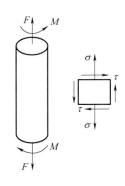

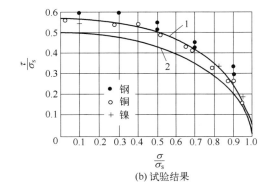

(a) 薄壁管承受轴向拉力 F 和扭矩 M (b) 试验结果

图 10-8　薄壁管承受轴向拉力 F 和扭矩 M 时的试验结果

1—Mises 屈服准则；2—Tresca 屈服准则

$$\frac{\sigma_1 - \sigma_3}{\sigma_s} = 1 \tag{10-34}$$

将 Mises 屈服准则式（10-15）改写成

$$\frac{\sigma_1 - \sigma_3}{\sigma_s} = \frac{2}{\sqrt{3 + \mu_\sigma^2}} \tag{10-35}$$

$$\mu_\sigma = \frac{2\sigma_2 - \sigma_1 - \sigma_3}{\sigma_1 - \sigma_3} \tag{10-36}$$

式中，μ_σ 为罗德应力参数。

取 $\dfrac{\sigma_1 - \sigma_3}{\sigma_s}$ 为纵坐标，μ_σ 为横坐标，在图 10-9 中按 Tresca 屈服准则式（10-32）为一水平直线，按 Mises 屈服准则式（10-33）为一条曲线。当 $\mu_\sigma = \pm 1$ 时，两个屈服准则的预测结果相同；当 $\mu_\sigma = 0$ 时，两个屈服准则的预测结果相差最大，即有 $\dfrac{2}{\sqrt{3}} - 1 = 0.1555$ 或 15.5%。

从图 10-9 中可以看出，试验数据处于两个屈服准则之间，但更接近于 Mises 屈服准则。

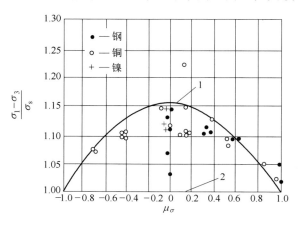

图 10-9　薄壁管承受轴向拉力 F 和内压力 p 时的试验结果

1—Mises 准则；2—Tresca 准则

由于两个屈服准则均与试验结果吻合较好，在数学运算上又各有其方便之处，并且两者的最大差别仅为 15.5％，因此，在实用上，两个屈服准则都被广泛使用。有时，也将这两个屈服准则写成同一的数学表达式，即

$$\sigma_{\max} - \sigma_{\min} = \beta\sigma_s \tag{10-37}$$

式中，β 为应力修正系数，取值范围为 $1 \leqslant \beta \leqslant 1.155$。

八、应变硬化材料的屈服准则

以上所讨论的屈服准则只适用于各向同性的理想塑性材料。即在塑性变形过程中，屈服表面或屈服轨迹保持不变。对于应变硬化材料，初始屈服可以认为仍服从前述的屈服准则，但当材料产生应变硬化后，屈服准则将发生变化，在变形过程中的某一瞬时，都有一个后继的瞬时屈服表面和屈服轨迹。后继屈服表面的变化非常复杂，尤其是随着应变的增加，材料的各向异性显著，使问题更加复杂，因此，需要对材料的应变硬化性质做出某些简单的假设。最常见的是各向同性硬化假设，即假设材料经应变硬化后仍保持各向同性，其屈服轨迹的中心位置和形状保持不变。也就是说，π 平面上的屈服轨迹仍保持为圆形或正六边形。各向同性硬化假设的含义就是屈服函数保持不变，只是用瞬时屈服应力 Y 代替屈服强度 σ_s。因此，后继屈服轨迹围绕初始屈服轨迹均匀膨胀，并与初始屈服轨迹同心，即 Tresca 屈服轨迹为一族同心正六边形，Mises 屈服轨迹为一族同心圆，如图 10-10 所示。

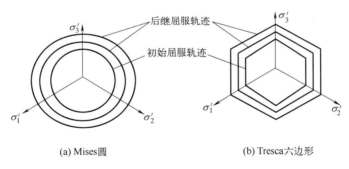

图 10-10　各向同性应变硬化材料的屈服轨迹

思考与练习

1. 解释下列概念：理想塑性；弹塑性硬化；刚塑性硬化；Tresca 屈服准则；Mises 屈服准则。

2. 如何用单向拉伸试验绘制材料的真实应力-应变曲线？有哪些常见的简化形式？

3. 理想塑性材料两个常用的屈服准则的物理意义是什么？中间主应力对屈服准则有何影响？

4. 某理想塑性材料的屈服应力为 $\sigma_s = 100$MPa，试分别用 Tresca 及 Mises 准则判断下列应力状态处于什么状态（是否存在、弹性或塑性）。

$$①\begin{pmatrix}100 & 0 & 0\\ 0 & 0 & 0\\ 0 & 0 & 100\end{pmatrix},\quad ②\begin{pmatrix}150 & 0 & 0\\ 0 & 50 & 0\\ 0 & 0 & 50\end{pmatrix},\quad ③\begin{pmatrix}120 & 0 & 0\\ 0 & 10 & 0\\ 0 & 0 & 0\end{pmatrix},\quad ④\begin{pmatrix}50 & 0 & 0\\ 0 & -50 & 0\\ 0 & 0 & 0\end{pmatrix}$$

5. 一薄壁管内径 $\phi 80\text{mm}$，壁厚 4mm，承受内压 p，材料的屈服应力为 $\sigma_s = 200\text{MPa}$，现忽略管壁上的径向应力（即设 $\sigma_r = 0$）。试用两个屈服准则分别求出下列情况下管子屈服时的 p：（1）管子两端自由；（2）管子两端封闭；（3）管子两端加 100kN 的压力。

6. 如图所示的是一薄壁管承受拉扭的复合载荷作用而屈服，管壁受均匀的拉应力 σ 和切应力 τ，试写出下列情况的 Tresca 和 Mises 屈服准则表达式。提示：利用应力莫尔圆求出主应力，再代入两准则。

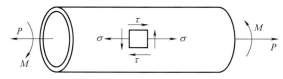

受拉扭复合的薄壁圆筒

第十一章

本 构 方 程

本构方程：塑性变形时应力状态与应变状态之间关系的数学表达式，也称物理方程。

第一节　塑性变形时应力应变关系的特点

一、应力-应变关系的特点及描述

1）弹性变形时应力应变呈线性关系且弹性变形是可逆的，可用广义胡克定律来描述。

2）塑性变形时应力应变呈非线性关系且塑性变形是不可逆的。

3）塑性应变状态和加载的历史过程相关。

4）简单加载状态：加载过程中各应力分量始终保持比例关系且主轴的方向、顺序不变，则塑性应变分量也按比例增加，这时塑性应变全量与应力状态就有相对应的函数关系。

到目前为止，所有描述塑性应力应变关系的理论可分为两大类：

1）增量理论——描述材料在塑性状态下应力与应变增量（或应变速度）之间的关系，如 Levy-Mises 理论和 Prandtl-Reuss 理论。

2）全量理论——描述材料在塑性状态下应力与应变全量之间的关系，如 Hencky 方程和伊留申理论。

一般而言，全量理论在数学上比较简单，便于实际应用，但其应用范围有限，主要适用于简单加载及小塑性变形（弹、塑性变形处于同一量级）的情况；而增量理论则不受加载方式限制，然而，由于它所描述的是应力与应变速度之间的关系，故在实际应用中需沿加载过程中的变形路径进行积分，计算相当复杂。

早在 1870 年 B. Saint-Venant 就提出应力主轴与应变增量主轴相重合，而不是与全量应变主轴重合。

二、等效应力-等效应变曲线

塑性变形时的应力与应变之间的关系，可以归结为等效应力与等效应变之间的关系，即

$\overline{\sigma}=f(\overline{\varepsilon})$。这种关系只与材料的性质、变形条件有关，而与应力状态无关。试验表明，按不同应力组合所得到的 $\overline{\sigma}$-$\overline{\varepsilon}$ 曲线与简单拉伸时的应力-应变曲线基本相同。因此，可以假设，对于同一种材料，在变形情况相同的条件下，等效应力与等效应变曲线是单一的，称为单一曲线假设。根据此假设，人们可以采取简单的试验方法来确定材料的等效应力与等效应变曲线。下面介绍最常用的三种试验方法。

1. 单向拉伸试验

对于圆柱体单向拉伸时的应力状态和应变状态为：σ_1，$\sigma_2=\sigma_3=0$；$\varepsilon_1=-(\varepsilon_2+\varepsilon_3)$，$\varepsilon_2=\varepsilon_3$。代入前述等效应力式（9-50）和等效应变式（9-69），可得 $\overline{\sigma}=\sigma_1$，$\overline{\varepsilon}=\varepsilon_1$，由此可见，采用圆柱体单向拉伸试验得到的应力-应变曲线就是等效应力-等效应变曲线。需要注意的是，该关系只适合产生缩颈之前。

2. 单向压缩试验

为了获得较大应用范围内的 $\overline{\sigma}$-$\overline{\varepsilon}$ 曲线，就需要采取圆柱体试样的轴对称单向压缩试验。单向压缩试验的主要问题是试样与工具之间的摩擦，摩擦力的存在会改变试样的单向均匀压缩状态。因此，为了获得精确的单向压缩应力-应变曲线，就必须消去接触表面间的摩擦。

圆柱体单向压缩应力状态为：$\overline{\sigma}=-\sigma_1$，$\overline{\varepsilon}=-\varepsilon_1$。

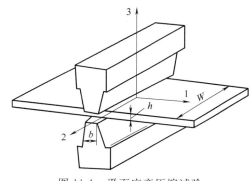

图 11-1　平面应变压缩试验

3. 平面应变压缩试验

如图 11-1 所示，平面应变压缩时的板料宽度为 W，工具宽度为 b，厚度为 h，则一般取 $W/b=6\sim10$，$b=(2\sim4)h$。此时沿板料宽度方向的宽展可以忽略，可将板料看作是处于平面应变状态。平面应变单向压缩时的应力状态与应变状态为：σ_3，$\sigma_1=0$，$\sigma_2=\dfrac{\sigma_1+\sigma_3}{2}$，$\varepsilon_2=0$，$\varepsilon_1=-\varepsilon_3$。代入前述等效应力式（9-50）和等效应变式（9-69），可得

$$\overline{\sigma}=-\frac{\sqrt{3}}{2}\sigma_3,\ \overline{\varepsilon}=-\frac{2}{\sqrt{3}}\varepsilon_3$$

三、等效应力-等效应变曲线的简化模型

采用以上试验方法获取的 $\overline{\sigma}$-$\overline{\varepsilon}$ 曲线一般比较复杂，不能用简单的函数形式来描述。在实际的应用中，通常将其简化为以下几种模型。

1. 理想弹塑性材料模型

理想弹塑性材料模型的特点是应力达到屈服应力以前，应力应变呈线性关系，应力达到屈服应力以后，保持为常数，如图 11-2（a）所示。数学表达式为

$$\left.\begin{array}{l}\overline{\sigma}=E\overline{\varepsilon},\overline{\varepsilon}\leqslant\varepsilon_e\\\overline{\sigma}=\sigma_s=E\varepsilon_e,\overline{\varepsilon}\geqslant\varepsilon_e\end{array}\right\}\tag{11-1}$$

式中，ε_e 为与弹性极限相对应的弹性应变。

2. 理想刚塑性材料模型

当材料的强化和弹性变形都可以忽略不计时，可以认为材料是理想刚塑性，如图 11-2（b）

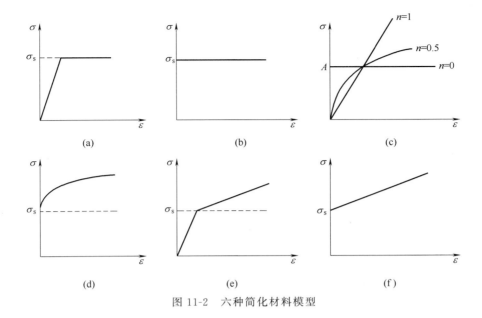

图 11-2　六种简化材料模型

所示。数学表达式为

$$\overline{\sigma}=\sigma_s \tag{11-2}$$

3. 幂指数硬化材料模型

幂指数硬化曲线如图 11-2（c）所示，数学表达式为

$$\overline{\sigma}=A\overline{\varepsilon}^n \tag{11-3}$$

式中，A 为强度系数；n 为硬化指数，$0<n<1$。

4. 刚塑性非线性硬化材料模型

该模型如图 11-2（d）所示，数学表达式为

$$\overline{\sigma}=\sigma_s+A\overline{\varepsilon}^m \tag{11-4}$$

式中，A、m 为与材料性质相关的参数。

5. 弹塑性线性硬化材料模型

该模型如图 11-2（e）所示，数学表达式为

$$\left.\begin{array}{l}\sigma=E\overline{\varepsilon},\overline{\varepsilon}\leqslant\varepsilon_e\\\sigma=\sigma_s+E'(\overline{\varepsilon}-\varepsilon_e),\overline{\varepsilon}\geqslant\varepsilon_e\end{array}\right\}$$

式中，E' 为塑性模量。

6. 刚塑性线性硬化材料模型

如果材料的强化仍可认为是线性的，但可以忽略弹性变形，则是刚塑性线性硬化材料。该模型的数学表达式为

$$\overline{\sigma}=\sigma_s+A_2\overline{\varepsilon} \tag{11-5}$$

式（11-4）中 $m=1$ 则为此种情况，如图 11-2（f）所示。

四、弹性应力应变关系

胡克定律表示单向应力状态时的弹性应力应变关系，将它推广到一般应力状态的各向同性材料，就称为广义胡克定律，即

$$\left.\begin{array}{l} \varepsilon_x = \dfrac{1}{E}\big[\sigma_x - v(\sigma_y + \sigma_z)\big], \ \gamma_{xy} = \dfrac{\tau_{xy}}{2G} \\[2mm] \varepsilon_y = \dfrac{1}{E}\big[\sigma_y - v(\sigma_x + \sigma_z)\big], \ \gamma_{yz} = \dfrac{\tau_{yz}}{2G} \\[2mm] \varepsilon_z = \dfrac{1}{E}\big[\sigma_z - v(\sigma_x + \sigma_y)\big], \ \gamma_{zx} = \dfrac{\tau_{zx}}{2G} \end{array}\right\} \tag{11-6}$$

式中，E 为弹性模量；v 为泊松比；G 为切变模量，$G = \dfrac{E}{2(1+v)}$。

广义胡克定律的张量表达式为

$$\varepsilon_{ij} = \frac{1}{2G}\sigma'_{ij} + \frac{1-2v}{E}\sigma_m\delta_{ij} \tag{11-7}$$

式中，δ_{ij} 为克氏符号，当 $i=j$ 时 $\delta_{ij}=1$，当 $i \neq j$ 时 $\delta_{ij}=0$。

第二节　塑性变形的增量理论

增量理论又称流动理论，在增量理论中应用广泛的有 Levy-Mises 理论和 Prandtl-Reuss 理论。

一、Levy-Mises 理论

假设：

1）材料为理想刚塑性材料，即弹性应变增量为零，塑性应变增量就是总应变增量；

2）材料服从 Mises 屈服准则，即 $\bar{\sigma} = \sigma_s$。

3）塑性变形时体积不变，即

$$\mathrm{d}\varepsilon_x + \mathrm{d}\varepsilon_y + \mathrm{d}\varepsilon_z = \mathrm{d}\varepsilon_1 + \mathrm{d}\varepsilon_2 + \mathrm{d}\varepsilon_3 = 0$$
$$\mathrm{d}\varepsilon_{ij} = \mathrm{d}\varepsilon'_{ij}$$

则应力应变有如下关系

$$\frac{\mathrm{d}\varepsilon_x}{\sigma'_x} = \frac{\mathrm{d}\varepsilon_y}{\sigma'_y} = \frac{\mathrm{d}\varepsilon_z}{\sigma'_z} = \frac{\mathrm{d}\gamma_{xy}}{2\tau_{xy}} = \frac{\mathrm{d}\gamma_{yz}}{2\tau_{yz}} = \frac{\mathrm{d}\gamma_{zx}}{2\tau_{zx}} = \mathrm{d}\lambda \tag{11-8}$$

简记为

$$\mathrm{d}\varepsilon_{ij} = \sigma'_{ij}\,\mathrm{d}\lambda \tag{11-9}$$

式中，σ'_{ij} 为应力偏张量；$\mathrm{d}\lambda$ 为正的瞬时比例系数。

式（11-9）表明：

1）应变增量主轴与应力偏量主轴（即应力主轴）重合。

2）应变增量与应力偏张量成正比。

利用式（11-8）并对照等效应力式（9-50）和等效应变式（9-69），可求得 $\mathrm{d}\lambda$ 为

$$\mathrm{d}\lambda = \frac{3\,\mathrm{d}\bar{\varepsilon}}{2\bar{\sigma}} \tag{11-10}$$

式中，$\mathrm{d}\bar{\varepsilon}$ 为增量形式的等效应变，称为等效应变增量；$\bar{\sigma}$ 为等效应力，由 Mises 屈服准则知 $\bar{\sigma} = \sigma_s$。

将式（11-10）代入式（11-9），可得 Levy-Mises 理论的张量表达式为

$$d\varepsilon_{ij} = \frac{3d\overline{\varepsilon}}{2\overline{\sigma}}\sigma'_{ij} \tag{11-11}$$

将式（11-11）展开得到

$$\left.\begin{aligned}
d\varepsilon_x &= \frac{d\overline{\varepsilon}}{\overline{\sigma}}\left[\sigma_x - \frac{1}{2}(\sigma_y + \sigma_z)\right] \\
d\varepsilon_y &= \frac{d\overline{\varepsilon}}{\overline{\sigma}}\left[\sigma_y - \frac{1}{2}(\sigma_z + \sigma_x)\right] \\
d\varepsilon_z &= \frac{d\overline{\varepsilon}}{\overline{\sigma}}\left[\sigma_z - \frac{1}{2}(\sigma_x + \sigma_y)\right] \\
d\gamma_{xy} &= \frac{3}{2}\frac{d\overline{\varepsilon}}{\overline{\sigma}}\tau_{xy} \\
d\gamma_{yz} &= \frac{3}{2}\frac{d\overline{\varepsilon}}{\overline{\sigma}}\tau_{yz} \\
d\gamma_{zx} &= \frac{3}{2}\frac{d\overline{\varepsilon}}{\overline{\sigma}}\tau_{zx}
\end{aligned}\right\} \tag{11-12}$$

式（11-12）前三个式子中的 $\frac{1}{2}$ 即为体积不变时的泊松比。

（注：对理想刚塑性材料应变增量与应力分量之间不完全是单值关系。）

利用式（11-12），可根据已知的应变速度来确定应力偏量。但不能根据已知的应力偏量来确定应变速度，因为对于理想塑性材料而言，在屈服后，一定的应力状态可以与无限多组应变状态相对应。

二、Prandtl-Reuss 理论

该理论与 Levy-Mises 理论的区别在于考虑了总应变增量中的弹性应变增量，即

$$d\varepsilon_{ij} = d\varepsilon_{ij}^p + d\varepsilon_{ij}^e \tag{11-13}$$

其中，塑性应变增量 $d\varepsilon_{ij}^p$ 与应力之间的关系和 Levy-Mises 理论相同，即

$$d\varepsilon_{ij}^p = d\lambda\sigma'_{ij} = \frac{3}{2}\times\frac{d\overline{\varepsilon}^p}{\overline{\sigma}}\sigma'_{ij} \tag{11-14}$$

而弹性应变增量 $d\varepsilon_{ij}^e$ 则可由广义胡克定律式（11-7）微分得到，即

$$d\varepsilon_{ij}^e = \frac{1}{2G}d\sigma'_{ij} + \frac{1-2\mu}{E}d\sigma_m\delta_{ij} \tag{11-15}$$

将式（11-14）和式（11-15）代入式（11-13），得到 Prandtl-Reuss 方程，即

$$d\varepsilon_{ij} = \left(\frac{3}{2}\times\frac{d\overline{\varepsilon}^p}{\overline{\sigma}}\right)\sigma'_{ij} + \frac{1}{2G}d\sigma'_{ij} + \frac{1-2\mu}{E}d\sigma_m\delta_{ij} \tag{11-16}$$

由上式可知，如 $d\varepsilon_{ij}$ 为已知，则应力张量 σ_{ij} 是确定的，但对于理想塑性材料，仍然不能由 σ_{ij} 求得确定的 $d\varepsilon_{ij}$ 值。对于硬化材料，变形过程每瞬时的 $d\lambda$ 是定值，因此 Prandtl-Reuss 方程中的 $d\varepsilon_{ij}$ 与 σ_{ij} 之间完全是单值关系。

显然 Prandtl-Reuss 理论要比 Levy-Mises 理论复杂得多，必须借助计算机来求解。

第三节　塑性变形的全量理论

　　由于塑性变形时全量应变主轴与应力主轴不一定重合，于是提出了增量理论。增量理论虽然比较严密，但是在解决实际问题时往往对全量应变感兴趣，仅知道每一瞬时的应变增量要积分到应变全量并非易事。因此，不少学者提出了在一定条件下直接确定全量应变的理论，即称为全量理论或形变理论，目的是建立塑性变形的全量应变与应力之间的关系。这里只介绍比较实用的伊留申提出的形变理论：在塑性变形时，只有在满足比例加载（也称简单加载）的条件下，才可以建立全量应变与应力之间的关系。所谓比例加载，是指在加载的过程中所有的外力从一开始就按照同一比例增加。因此，比例加载必须满足如下条件：

　　1）塑性变形是微小的，和弹性变形属于同一数量级。

　　2）外载荷各分量按比例增加，即单值递增，中途不能卸载，因此加载从原点开始。

　　3）在加载的过程中，应力主轴方向与应变主轴方向固定不变，且重合。这说明应力和应变的积累和递增沿同一方向，对应变增量进行积分便可得到全量应变。

　　4）变形体不可压缩，即泊松比 $v = \dfrac{1}{2}$。

　　在上述条件下，无论变形体所处的应力状态如何，应变偏张量各分量与应力偏张量各分量成正比，即

$$\varepsilon'_{ij} = \frac{1}{2G'}\sigma'_{ij} = \lambda\sigma'_{ij} \tag{11-17}$$

由于塑性变形时体积不变，即 $\varepsilon_m = 0$，则式（11-17）可写成

$$\varepsilon_{ij} = \frac{1}{2G'}\sigma'_{ij} = \lambda\sigma'_{ij} \tag{11-18}$$

式（11-18）也可写成

$$\frac{\varepsilon_x}{\sigma'_x} = \frac{\varepsilon_y}{\sigma'_y} = \frac{\varepsilon_z}{\sigma'_z} = \frac{\gamma_{xy}}{\tau'_{xy}} = \frac{\gamma_{yz}}{\tau'_{yz}} = \frac{\gamma_{zx}}{\tau'_{zx}} = \frac{1}{2G'} = \lambda \tag{11-19}$$

$$\frac{\varepsilon_x - \varepsilon_y}{\sigma_x - \sigma_y} = \frac{\varepsilon_y - \varepsilon_z}{\sigma_y - \sigma_z} = \frac{\varepsilon_z - \varepsilon_x}{\sigma_z - \sigma_x} = \frac{1}{2G'} = \lambda \tag{11-20}$$

$$\frac{\varepsilon_1 - \varepsilon_2}{\sigma_1 - \sigma_2} = \frac{\varepsilon_2 - \varepsilon_3}{\sigma_2 - \sigma_3} = \frac{\varepsilon_3 - \varepsilon_1}{\sigma_3 - \sigma_1} = \frac{1}{2G'} = \lambda \tag{11-21}$$

$$G' = \frac{E'}{2(1+v)} = \frac{E'}{3} \tag{11-22}$$

式中，G' 为塑性切变模量；E' 为塑性模量；λ 为比例系数。

　　它们不仅与材料性质有关，而且与塑性变形程度有关，而与物体所处的应力状态无关。仿造推导确定 $d\lambda$ 的方法，可得比例系数为

$$\lambda = \frac{3}{2} \times \frac{\overline{\varepsilon}}{\overline{\sigma}} \tag{11-23}$$

$$G' = \frac{1}{3} \times \frac{\overline{\sigma}}{\overline{\varepsilon}} \tag{11-24}$$

所以

$$E' = 3G' = 3 \times \frac{1}{3} \times \frac{\overline{\sigma}}{\overline{\varepsilon}} = \frac{\overline{\sigma}}{\overline{\varepsilon}} \tag{11-25}$$

因此有

$$\overline{\sigma} = E'\overline{\varepsilon} \tag{11-26}$$

式中，$\overline{\varepsilon}$ 为等效应变；$\overline{\sigma}$ 为等效应力。

若将 $\sigma_m = \frac{1}{3}(\sigma_x + \sigma_y + \sigma_z)$ 代入式（11-18），整理后得到

$$\left. \begin{array}{l} \varepsilon_x = \dfrac{1}{E'}[\sigma_x - v(\sigma_y + \sigma_z)], \gamma_{xy} = \dfrac{\tau_{xy}}{2G'} \\[2mm] \varepsilon_y = \dfrac{1}{E'}[\sigma_y - v(\sigma_x + \sigma_z)], \gamma_{yz} = \dfrac{\tau_{yz}}{2G'} \\[2mm] \varepsilon_z = \dfrac{1}{E'}[\sigma_z - v(\sigma_x + \sigma_y)], \gamma_{zx} = \dfrac{\tau_{zx}}{2G'} \end{array} \right\} \tag{11-27}$$

式（11-27）与弹性变形时广义胡克定律式（11-6）相似，只是式中的 G'、E' 与广义胡克定律中 G、v、E 相当。但在胡克定律中弹性模量 E 和切变模量 G 均为材料常数，而式（11-27）中塑性模量 E' 和塑性切变模量 G' 都是与材料性质和加载历史有关的变量。

课程思政内容的思考

从本构方程的物理意义可以认识到，各学科之间并不是孤立地存在而是互相影响、互相联系，应树立科学的辩证的世界观。

思考与练习

1. 解释下列概念：简单加载；增量理论；全量理论。

2. 塑性应力应变曲线关系有何特点？为什么说塑性变形时应力和应变之间的关系与加载历史有关？

3. 已知塑性状态下某质点的应力张量为 $\sigma_{ij} = \begin{bmatrix} -50 & 0 & 5 \\ 0 & -150 & 0 \\ 5 & 0 & -350 \end{bmatrix}$（MPa），应变增量 $\mathrm{d}\varepsilon_x = 0.1\delta$（$\delta$ 为一无限小）。试求应变增量的其余分量。

4. 某塑性材料，屈服应力为 $\sigma_s = 150\mathrm{MPa}$，已知某质点的应变增量为应变增量 $\mathrm{d}\varepsilon_{ij} =$

$$\begin{bmatrix} 0.1 & 0.05 & -0.05 \\ 0.05 & 0.1 & 0 \\ -0.05 & 0 & -0.2 \end{bmatrix} \delta \quad (\delta \text{ 同上题})。平均应力 } \sigma_m = 50\text{MPa，求该点的应力状态。}$$

5. 有一薄壁管，材料的屈服应力为 σ_s，承受拉力和扭矩的联合作用而屈服。现已知轴向正应力分量 $\sigma_z = \dfrac{\sigma_s}{2}$，试求切应力分量 $\tau_{z\theta}$ 以及应变增量各分量之间的比值。

6. 已知两段封闭的长薄壁管，半径为 r 壁厚为 t，受内压 p 作用而引起塑性变形，材料各向同性，忽略弹性变形，试求周向、轴向和径向应变增量之间的比值。

7. 黏性对材料的本构方程有何影响？

参考文献

［1］ 刘全坤.材料成形基本原理［M］.北京：机械工业出版社，2010.

［2］ 吴树森.材料成形原理［M］.北京：机械工业出版社，2008.

［3］ 胡汉起.金属凝固［M］.北京：冶金工业出版社，1985.

［4］ 安阁英.铸件形成理论［M］.北京：机械工业出版社，1990.

［5］ 周尧和，胡壮麒，介万奇.凝固技术［M］.北京：机械工业出版社，1998.

［6］ 董若璟.铸造合金熔炼原理［M］.北京：机械工业出版社，1991.

［7］ 吴树森.材料加工冶金传输原理［M］.北京：机械工业出版社，2019.

［8］ 张承甫，龚建森，黄杏蓉，等.液态金属的净化与变质［M］.上海：上海科学技术出版社，1989.

［9］ 董湘怀.材料成型理论基础［M］.北京：化学工业出版社，2008.

［10］ 孙康宁，张景德.现代工程材料成形与机械制造基础.上册.2版［M］.北京：高等教育出版社，2010.

［11］ 庞国星.工程材料与成形技术基础［M］.3版.北京：机械工业出版社，2018.

［12］ 童幸生.材料成形技术基础［M］.北京：机械工业出版社，2006.

［13］ 沈其文.材料成形工艺基础［M］.武汉：武汉华中科技大学出版社，2004.

［14］ 刘建华.材料成形工艺基础［M］.西安：西安电子科技大学出版社，2007，

［15］ 施江澜.材料成形技术基础［M］.北京：机械工业出版社，2007.

［16］ 汤酞则.材料成形工艺基础［M］.长沙：中南大学出版社，2003.

［17］ 杨慧智.工程材料及成形工艺基础［M］.北京：机械工业出版社，1999.

［18］ 崔忻圻，覃耀春.金属学与热处理［M］.北京：机械工业出版社，2007.

［19］ 高红霞.工程材料成形基础［M］.北京：机械工业出版社，2021.

［20］ 康永林，毛卫民，胡壮麒.金属材料半固态加工理论与技术［M］.北京：科学出版社，2004.

［21］ 陈玉喜.材料成形原理［M］.北京：中国铁道出版社，2002.

［22］ Marcus Y.Introduction to Liquid State Chemistry［M］.Lodon：Wiley，1977.

［23］ 张承甫，肖理明，黄志光.凝固理论与凝固技术［M］.武汉：华中工学院出版社，1985.

［24］ 张文钺.焊接冶金学（基本原理）［M］.北京：机械工业出版社，1995.

［25］ 周振丰，张文钺.焊接冶金与金属焊接性［M］.2版.北京：机械工业出版社，1988.

［26］ 林松波.铸件的缺陷和防止方法［M］.北京：机械工业出版社，1986.

［27］ 李培杰，曾大本，贾均，等.铝硅合金中的结构遗传及其控制［J］.铸造.1999（6）：10-14.

［28］ 陈伯蠡.焊接工程缺欠分析与对策［M］.北京：机械工业出版社，1998.

［29］ 陈伯蠡.金属焊接性基础［M］.北京：机械工业出版社，1982.

［30］ 吴德海.近代材料加工原理［M］.北京：清华大学出版社，1997.

［31］ 周振丰.铸铁焊接冶金与工艺［M］.北京：机械工业出版社，2001.

［32］ 李庆春.铸件形成理论基础［M］.北京：机械工业出版社，1982.

［33］ 李魁盛.铸造工艺及原理［M］.北京：机械工业出版社，1989.

［34］ 陈平昌，朱六妹，李赞.材料成形原理［M］.北京：机械工业出版社，2001.

［35］ 王国凡.材料成形与失效［M］.北京：化学工业出版社，2002.

［36］ 雷永泉.铸造过程物理化学［M］.北京：新时代出版社，1982.

［37］ 中国机械工程学会焊接学会.焊接手册：材料的焊接［M］.3版.北京：机械工业出版社，2014.

［38］ 李尚健.金属塑性成形过程模拟［M］.北京：机械工业出版社，1999.

［39］ 曾光廷.材料成型加工工艺及设备［M］.北京：化学工业出版社，2001.

［40］ 何红媛.材料成形技术基础［M］.南京：东南大学出版社，2000.

［41］ 李梅娥，邢建东.铸造应力场数值模拟的研究进展［J］.铸造，2002（3）.

［42］ 张鉴.冶金熔体的计算热力学［M］.北京：冶金工业出版社，1998.

［43］ 梅炽.冶金传递过程原理［M］.长沙：中南工业大学出版社，1987.

［44］ 黄希祜.钢铁冶金原理［M］.4版.北京：冶金工业出版社，2013.

［45］ 陈丙森.计算机辅助焊接技术［M］.北京：机械工业出版社，1999.

［46］ 王寿彭.铸件形成理论及工艺基础［M］.西安：西北工业大学出版社，1994.

［47］ 张文钺.焊接传热学［M］.北京：机械工业出版社，1989.

［48］ 汪大年.金属塑性成形原理［M］.2版.北京：机械工业出版社，1986.

［49］ 陈金德，邢建东.材料成型技术基础［M］.2版.北京：机械工业出版社，2007.

［50］ 陈伯蠡.焊接冶金原理［M］.北京：清华大学出版社，1991.

［51］ 陆文华.铸造合金及其熔炼［M］.北京：机械工业出版社，1996.

［52］ 张文钺.焊接物理冶金［M］.天津：天津大学出版社，1991.

［53］ 中国机械工程学会铸造专业委员会，铸造手册：第2卷铸钢［M］.3版.北京：机械工业出版社，2012.

［54］ 商宝禄.冶金过程原理［M］.北京：西北工业大学出版社，1986.

［55］ （德）F.奥特斯.钢冶金学［M］.倪瑞明，译.北京：冶金工业出版社，1997.

［56］ 陈铮.材料连接原理［M］.哈尔滨：哈尔滨工业大学出版社，2001.

［57］ Minkoff I.Solidification and Cast Structure［M］.New York：John Wiley & Sons Ltd，1986.

［58］ 徐洲，姚寿山.材料加工原理［M］.北京：科学出版社，2003.

［59］ 胡礼木，崔令江，李慕勤.材料成形原理［M］.北京：机械工业出版社，2005.

［60］ 王仲仁.塑性加工力学基础［M］.北京：国防工业出版社，1989.

［61］ 王仲仁.弹性与塑性力学基础［M］.2版.哈尔滨：哈尔滨工业大学出版社，2007.

［62］ 丁厚福，王立人.工程材料［M］.武汉：武汉理工大学出版社，2001.

［63］ 洪深泽.挤压工艺及模具设计［M］.北京：机械工业出版社，1996.

［64］ 刘助柏.塑性成形新技术及其力学原理［M］.北京：机械工业出版社，1995.

［65］ 万胜狄.金属塑性成形原理［M］.北京：机械工业出版社，1994.

［66］ 杨雨笙.金属塑性成形力学原理［M］.北京：北京工业大学出版社，1999.

［67］ 蒋成禹，胡玉洁，马明臻.材料加工原理［M］.哈尔滨：哈尔滨工业大学出版社，2003.

［68］ 俞汉清，陈金德.金属塑性成形原理［M］.北京：机械工业出版社，1999.

［69］ 汪大年.金属塑性成形原理［M］，北京：机械工业出版社，1982.

［70］ 王祖唐，关廷栋，肖景容，等.金属塑性成形理论［M］：北京：机械工业出版社，1989.

［71］ 林治平.锻压变形力学的工程计算［M］.北京：机械工业出版社，1986.

［72］ 高锦张.塑性成形工艺与模具设计［M］.3版.北京：机械工业出版社，2015.

［73］ 中国机械工程学会焊接学会.焊接手册：焊接结构［M］.3版.北京：机械工业出版社，2015.

［74］ 曹文龙.铸造工艺学［M］.北京：机械工业出版社，1989.

［75］ 胡赓祥，钱苗根.金属学［M］.上海：上海科学技术出版社，1980.

［76］ 张承甫.液态金属的净化与变质［M］.上海：上海科学技术出版社，1989.

［77］ 王仁，黄克智，朱兆祥.塑性力学进展［M］.北京：中国铁道出版社，1988.

［78］ 王仲仁.塑性加工力学基础［M］.北京：国防工业出版社，1989.

［79］ Hu X，Wang Z.Microstructure and forming mechanism of metals subjected to ultrasonic vibration plastic forming：A mini-review.Journal of Minerals，Metallurgy and Materials，（2023）30（5），707-716.

［80］ Liu Y，Li H.Feedstock preparation，microstructures and mechanical properties for laser-based additive manufacturing of steel matrix composites.International Materials Reviews，（2023）68（8），691-721.

［81］ Zhang Y，Wang X.A review of additive manufacturing of metamaterials and developing trends.Materials Today，（2023）66，122-140.

［82］ Mykola Chausov，et al.Plastic anisotropy effect on variation of mechanical and structural properties of VT23 titanium alloy subjected to impact-oscillatory loading.Materials，（2023）.16（5），1785-1801.